职业教育课程改革与创新系列教材

# 模具零件数控车削加工及技能训练

主　编　潘克江　孙潘罡
副主编　李　宁　郝　明　于万成
参　编　刘红伟　刘军壮　宁　宇

机械工业出版社

本书以 FANUC 系统为主线，根据数控车削加工及技能训练知识技能要求和全国职业院校技能大赛典型模具零件加工任务，经过分析确定 10 个典型项目。这 10 个项目涵盖了数控车削加工的基本知识与模具零件生产加工过程中应用较为广泛的操作技能，操作技能项目加工任务也是近几年模具技能大赛考核的重点内容。本书每个项目任务实施通过图样分析、制订加工工艺、程序编制、轨迹仿真、加工零件 5 个步骤，详细列出了操作步骤的具体内容和技术参数，具有很强的指导性和操作性，便于职业院校开展理实一体化教学。

本书分为 10 个项目，内容包括：数控车削技术基础、数控车削编程基础、数控车削加工工艺、加工阶梯轴类零件、加工沟槽轴类零件、加工圆弧轴类零件、加工螺纹轴类零件、加工套类零件、加工复杂螺纹轴和数控车床的简单维护。

本书配有电子课件等教学资源，选择本书作为教材的教师可登录机械工业出版社教育服务网（http://www.cmpedu.com），注册后免费下载电子课件。

本书可作为中职学校、技工院校和高职院校数控、模具和机械制造等专业理实一体化课程教材和参加模具工中级考试考证用书，也可作为机械工人的培训教材。

## 图书在版编目（CIP）数据

模具零件数控车削加工及技能训练/潘克江，孙潘罡主编. —北京：机械工业出版社，2022.12
职业教育课程改革与创新系列教材
ISBN 978-7-111-71908-3

Ⅰ. ①模⋯ Ⅱ. ①潘⋯ ②孙⋯ Ⅲ. ①模具-零部件-数控机床-车削-职业教育-教材 Ⅳ. ①TG760.6

中国版本图书馆 CIP 数据核字（2022）第 201322 号

机械工业出版社（北京市百万庄大街22号　邮政编码100037）
策划编辑：汪光灿　　　　　责任编辑：汪光灿　王　良
责任校对：贾海霞　李　婷　封面设计：张　静
责任印制：单爱军
北京虎彩文化传播有限公司印刷
2023 年 2 月第 1 版第 1 次印刷
184mm×260mm・14.75 印张・251 千字
标准书号：ISBN 978-7-111-71908-3
定价：48.00 元

电话服务　　　　　　　　　网络服务
客服电话：010-88361066　　机　工　官　网：www.cmpbook.com
　　　　　010-88379833　　机　工　官　博：weibo.com/cmp1952
　　　　　010-68326294　　金　书　网：www.golden-book.com
**封底无防伪标均为盗版**　机工教育服务网：www.cmpedu.com

# 前　言

本书按照以岗位需求为导向，以数控车工职业技能实践为主线，以任务训练为主体的原则，着力促进知识传授与生产实践紧密结合，在总结近年来中高等职业学校数控车削编程与操作教学经验的基础上编写而成。本书主要特点如下：

1）借鉴国内外职业教育先进教学模式，突出项目教学，顺应现代职业教育教学制度的改革趋势。在内容的选择、安排和编写上，坚持以必需、够用、可教为原则，突出体现培养技能型人才的特点。

2）本书采用项目式编写模式，加强了理论与实践的结合，内在联系密切，衔接与呼应合理，强化了知识性和实践型的统一，保证学生在掌握基本技能的同时，提高基本专业素质，为将来从事专业工作和继续深造奠定良好的基础。

3）在内容设置上，注重培养学生的动手能力、分析问题和解决问题的能力，以适应新技术快速发展带来的职业岗位变化，为学生的可持续发展奠定基础。

4）本书对接职业标准和岗位能力要求，反映产业结构调整与技术升级，体现新知识、新技术、新工艺、新方法，能够使学生掌握数控车削加工的相关知识，熟练进行典型的数控车削类零件加工工艺分析，掌握一般典型零件的数控车削编程技术，具备对较复杂零件进行数控车削加工的技能。

5）任务实施中不仅关注学生对知识的理解、技能的掌握和能力的提高，更重视规范操作、安全文明生产、职业道德等职业素质的形成，以及节约能源、节省原材料与爱护工具设备、保护环境等意识与观念的树立。

6）任务的考核与评价坚持结果性评价和过程性评价相结合，定量评价和定性评价相结合，教师评价和学生自评、互评相结合，注重学生的参与。通过学习本书，使学生具备考取数控车床操作工中级职业资格证书的能力。

本书可作为数控、模具、机械制造等专业的教材，也可供其他相关专业（如机械、机电等专业）学生及相关工程技术人员参考。本书由青岛工程职业学院潘克江、青岛工贸职业学校孙潘罡担任主编,由青岛工程职业学院李宁、郝明,青岛工贸职业学校于万成担任副主编,参加编写的还有青岛工程职业学院刘红伟、刘军壮、宁宇。

  在本书的编写过程中,特别感谢深圳市德立天科技有限公司的通力合作与技术支持。

  由于作者水平有限,书中疏漏和错误之处在所难免,敬请广大读者提出宝贵意见。

编　者

# 二维码索引

| 名　称 | 图形 | 页码 | 名　称 | 图形 | 页码 |
| --- | --- | --- | --- | --- | --- |
| 凹槽轴右端外轮廓加工 | | 83 | 8012 加工导套右端内轮廓 | | 157 |
| 凹槽轴右端外槽加工 | | 83 | 复杂轴车槽加工 | | 204 |
| 凹槽轴左端外轮廓加工 | | 83 | 导套钻削内孔 | | 204 |
| 凹槽轴左端外槽加工 | | 83 | 复杂轴右端外轮廓加工 | | 204 |
| 8011 加工导套右端外轮廓 | | 157 | 复杂轴螺纹加工 | | 205 |
| 8011 复杂轴左端外轮廓加工 | | 157 | | | |

# 目　录

**前言**
**二维码索引**
**项目一　数控车削技术基础** ····················································· 1
　任务一　认识数控车床 ·························································· 1
　任务二　认识数控车床的控制面板 ········································· 3
　任务三　数控车床的基本操作 ················································ 9
**项目二　数控车削编程基础** ···················································· 15
**项目三　数控车削加工工艺** ···················································· 22
　任务一　确定数控车削加工方案 ············································ 22
　任务二　学会数控车床的对刀 ·············································· 25
**项目四　加工阶梯轴类零件** ···················································· 28
　任务一　加工阶梯轴 ·························································· 28
　任务二　加工导柱 ····························································· 43
　任务三　加工锥轴 ····························································· 57
**项目五　加工沟槽轴类零件** ···················································· 75
**项目六　加工圆弧轴类零件** ···················································· 93
　任务一　加工圆弧轴 ·························································· 93
　任务二　加工圆球轴 ························································ 108
**项目七　加工螺纹轴类零件** ··················································· 125
**项目八　加工套类零件** ························································· 148
　任务一　加工导套 ···························································· 148
　任务二　加工螺纹套 ························································ 166
**项目九　加工复杂螺纹轴** ······················································ 192
**项目十　数控车床的简单维护** ················································ 216
　任务一　数控车床的安全操作规程 ······································· 216
　任务二　数控车床的维护 ··················································· 218
　任务三　数控车床的维修技术简介 ······································· 222
**参考文献** ············································································ 227

# 项目一　数控车削技术基础

| 知识目标 | 1. 掌握数控车床的定义及基本类型。能够对数控车床进行简单的分类。<br>2. 掌握数控车床型号代码的含义。 |
|---|---|
| 技能目标 | 能够熟练操作数控车床 FANUC 0i MATE-TC 系统控制面板,掌握各按键的功能。 |
| 素养目标 | 1. 具有安全文明生产和遵守操作规程的意识。<br>2. 具有人际交往和团队协作能力。 |

## 任务一　认识数控车床

### 一、数控车床的定义

数控即数字控制（Numerical Control，简称NC），是用数字化信号进行自动控制的技术。采用数字化控制技术控制的车床称为数控车床，也称为NC车床。随着数控技术的发展，现代数控系统采用微处理器或者专用计算机来实现全部或者部分数控功能，称为计算机数控（Computer Numerical Control）系统，简称CNC系统，具有CNC系统的车床称为CNC车床。图1-1所示为卧式数控车床。

图1-1　卧式数控车床

### 二、数控车床型号代码的含义

根据数控车床加工零件的尺寸、轮廓特征等的不同，生产厂商会提供各种型号的数控车床，通过规格型号显示机床的基本信息，例如常见的CKA6150型数控车床和CJK6140A型数控车床，其型号的具体含义分别如图1-2、图1-3所示。

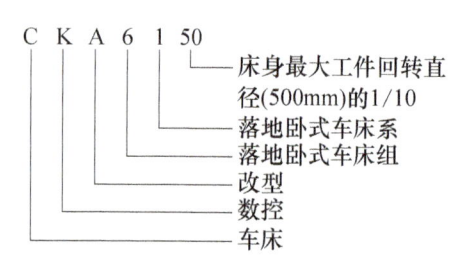

```
C K A 6 1 50
        │ │ │ └── 床身最大工件回转直
        │ │ │     径(500mm)的1/10
        │ │ └──── 落地卧式车床系
        │ └────── 落地卧式车床组
        └──────── 改型
                  数控
                  车床
```

图1-2　CKA6150型数控车床型号代码的含义

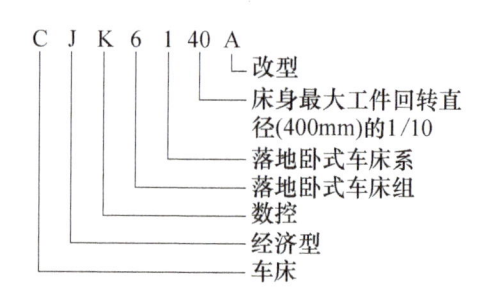

```
C J K 6 1 40 A
          │  └── 改型
          │      床身最大工件回转直
          │      径(400mm)的1/10
                 落地卧式车床系
                 落地卧式车床组
                 数控
                 经济型
                 车床
```

图1-3　CJK6140A型数控车床型号代码的含义

## 三、数控车床的基本结构

数控车床种类繁多，但其主体结构都是由车床床身、主轴箱、刀架进给系统、冷却润滑系统及数控系统组成的。按照主轴的布置形式可分为卧式数控车床和立式数控车床，图1-4所示为卧式数控车床的基本结构，图1-5所示为立式数控车床的基本结构。

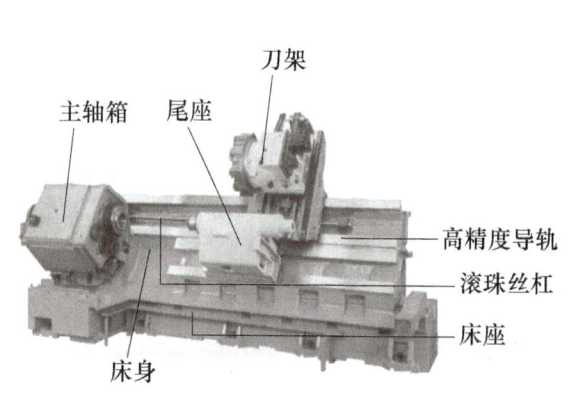

图1-4　卧式数控车床的基本结构

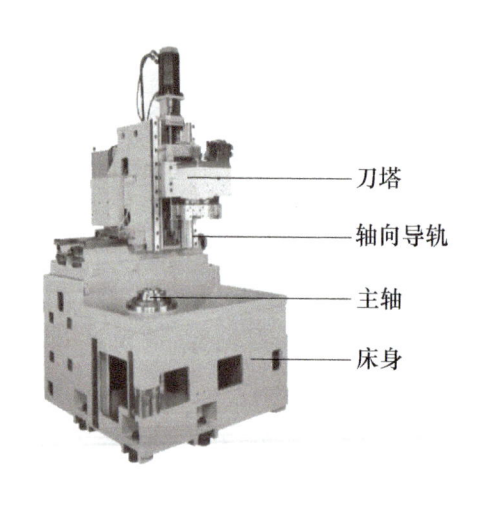

图1-5　立式数控车床的基本结构

## 四、数控车床的加工特点

数控车床是使用最广泛的数控机床之一，主要用于加工轴类、盘类等回转体类零件。它能够通过程序控制自动完成内外圆柱面、锥面、圆弧、螺纹等工序的切削加工，并能进行车槽、钻孔、扩孔、铰孔等加工。由于数控车床在一次装夹中能完成多个表面的连续加工，因此，提高了加工质量和生产率，特别适用于形状复杂的回转体类零件的加工。现代数控车床通常具备如下特点。

### 1. 节省调整时间

现代数控车床采用快速夹紧卡盘、快速夹紧刀具和快速换刀机构，从而缩短了调整时间。现代数控车床具有刀具补偿功能，节省了刀具补偿的计算和调整时间。工件自动测量系统节省了测量时间并提高了加工质量。

### 2. 操作方便

现代数控车床采用倾斜式床身，有利于切屑流动和调整夹紧压力、顶尖压力以及滑动面润滑油的供给，便于操作者操作车床。现代数控车床采用高精度伺服电动机和滚珠丝杠间隙消除装置，进给速度快，并有良好的定位精度。

### 3. 效率高

现代数控车床采用机械手和棒料工件供给装置，因此，省力又安全，并提高了自动化程度和操作效率。加工合理化和工序集中化的数控车床可完成高速度、高精度的加工，达到复合加工的目的。

## 任务二 认识数控车床的控制面板

数控车床的控制面板主要是控制车床的运行方式、运行状态，其操作会直接引起车床相应部件的动作。数控车床的所有动作指令都是通过车床控制面板输入执行的，熟悉控制面板上所有按钮的功能并能熟练操作控制面板是操作数控车床的基础。

### 一、数控车床控制面板种类

不同数控系统的数控车床控制面板都会有所不同，下面是常见的几种数控车床控制面板。图1-6所示为FANUC数控车床控制面板、图1-7所示为华中世纪星控制面板、图1-8所示为西门子数控车床控制面板、图1-9所示为广州数控980TD控制面板。

图 1-6　FANUC 数控车床控制面板 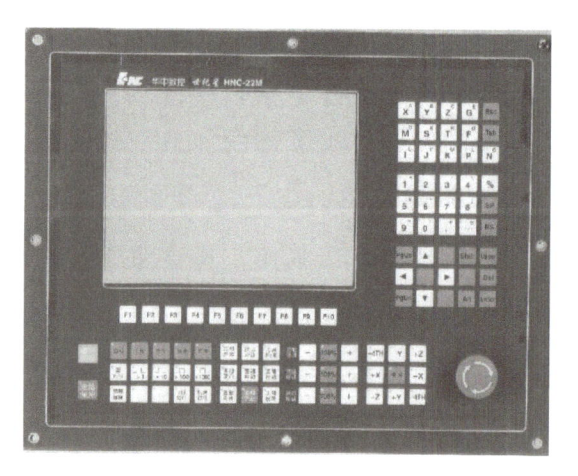　　　　　　图 1-7　华中世纪星控制面板

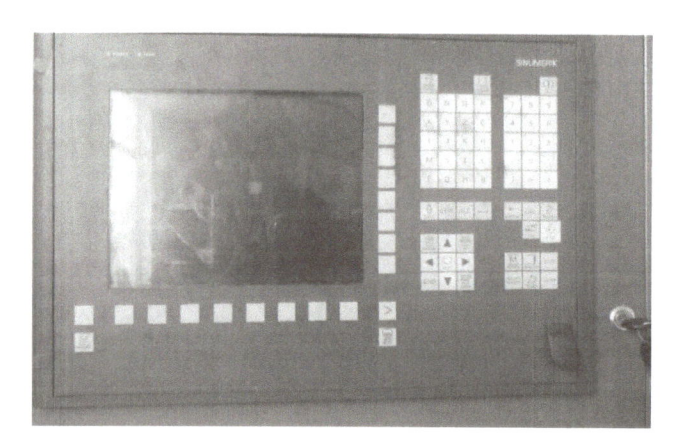

图 1-8　西门子数控车床控制面板 　　　　　　图 1-9　广州数控 980TD 控制面板

## 二、FANUC 0i MATE-TC 数控系统控制面板

### 1. 系统控制面板

FANUC 0i MATE-TC 数控系统控制面板主要由系统控制面板和机床操作面板两部分组成，系统控制面板主要完成数控程序的各项操作任务，机床操作面板主要用来控制机床操作的各项动作。数控系统控制面板上的 MDI 键盘（用于手动输入数据）的结构及功能如图 1-10 所示。

MDI 键盘的功能键用于选择各种显示界面。在液晶屏（CRT）中显示的每一主菜单下又细分为一些子菜单，选择子菜单通过软键完成。软键功能显示在 CRT 的最下端。最左端的软键用于从子菜单返回主菜单的初始状态，最右端的软键用

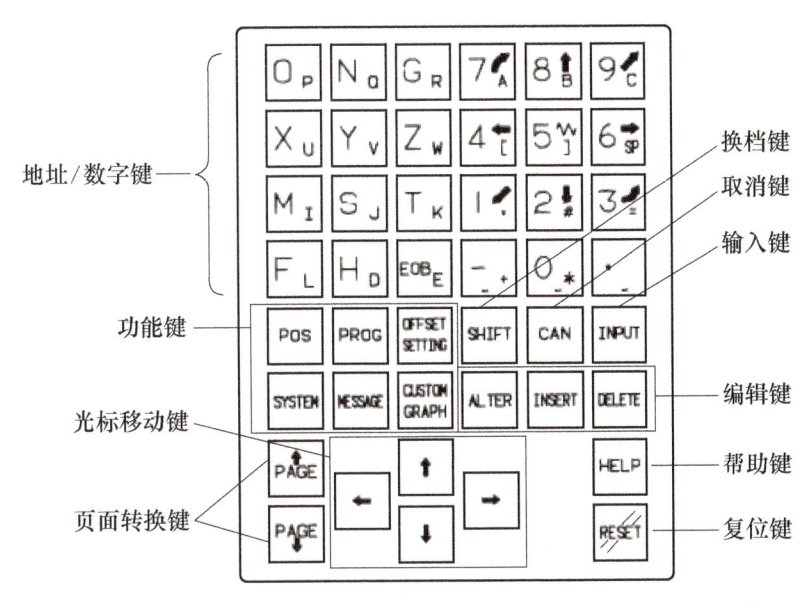

图 1-10  FANUC 0i MATE-TC 数控系统 MDI 键盘的结构及功能

于选择同级菜单的其他菜单内容。MDI 键盘（不含功能键）的说明见表 1-1。

表 1-1  MDI 键盘（不含功能键）的说明

| 键 | 名称 | 功能说明 |
| --- | --- | --- |
| RESET | 复位键 | 按下此键，复位 CNC 系统，包括取消报警、主轴故障复位、中途退出自动操作循环和中途退出输入、输出过程等 |
| 光标移动键图标 | 光标移动键 | 移动光标至编辑处 |
| PAGE | 页面转换键 | CRT 画面向前变换页面<br>CRT 画面向后变换页面 |
| 地址/数字键图标 | 地址/数字键 | 按下这些键，输入字母、数字和其他字符 |
| INPUT | 输入键 | 用于参数或偏置值的输入；MDI 方式下的指令数据的输入 |
| ALTER | 修改键 | 修改存储器中程序的字符或符号 |
| INSERT | 插入键 | 在光标后插入字符或符号 |
| CAN | 取消键 | 取消已输入缓冲器的字符或符号 |
| DELETE | 删除键 | 删除存储器中程序的字符或符号 |

功能键用于选择显示的屏幕（功能）类型。功能键名称及说明见表 1-2。

表 1-2  功能键名称及说明

| 键 | 名称 | 功能说明 |
| --- | --- | --- |
| POS | 坐标键 | 按此键显示位置画面 |

(续)

| 键 | 名称 | 功能说明 |
|---|---|---|
| PROG | 程序键 | 按此键显示程序画面 |
| OFFSET SETTING | 偏置键 | 按此键显示刀补/设定（SETTING）画面 |
| SYSTEM | 系统键 | 按此键显示系统画面 |
| MESSAGE | 信息键 | 按此键显示报警信息画面 |
| CUSTOM GRAPH | 图形显示键 | 按此键显示用户图形显示画面 |

**2. 数控系统操作面板**

FANUC 数控系统机床操作面板因机床生产厂家的不同而不同，但其基本功能和用途大致相同，都是对数控机床进行开/关机、手动方式、手轮方式、编辑方式、自动加工方式等基本操作和控制。下面以常见的沈阳机床厂生产的 FANUC 0i MATE-TC CA6140 型数控车床为例介绍其上各按键及旋钮的名称和使用说明。操作面板结构如图 1-11 所示，机床操作面板按键名称及功能见表 1-3。

图 1-11 FANUC 0i MATE-TC 数控系统操作面板结构

### 表1-3 机床操作面板按键名称及功能

| 按键及名称 | | 功能 |
|---|---|---|
| 机床控制按钮/手轮 | 系统启动 | 车床主电源开启后,按下此按钮,车床CNC装置开始通电,5~10s后,CRT显示初始画面,等待操作。当急停按钮按下时,CRT将显示报警 |
| | 系统停止 | 车床完成工作后,需先按下此按钮,系统断电,关闭机床主电源。若以相反方式切断电源使车床停止,则有可能损坏CNC装置 |
| | 紧急停止 | 按下此按钮,断开伺服驱动器电源,使车床紧急停止,此时CRT显示报警。顺时针旋转此按钮,紧急停止按钮释放,报警将从CRT上消失 |
| | 手轮(手摇脉冲发生器) | 在手轮方式下执行选定轴的手轮进给操作 |
| 循环启动开关 | 循环启动 | MDI或自动方式下,绿色为循环启动,红色为进给保持 |
| 工作方式 | 手动 | 手动方式也称JOG方式,通过X轴、Z轴方向移动按钮,实现两轴各自的连续移动,并通过进给倍率开关选择连续移动的速度,而且还可以按下快速按钮实现快速连续移动 |
| | 自动 | 选择好要运行的加工程序,设置好刀具补偿。在防护门关好的前提下,按下循环启动按钮,机床就按加工程序运行。若要使机床暂停,则按进给保持按钮。如有意外事件发生,按下急停按钮 |

(续)

| 按键及名称 | | 功能 |
|---|---|---|
| 工作方式 | MDI | MDI方式也称手动数据输入方式,它可以从CRT/MDI操作面板输入一个程序段的指令,并执行该程序段的功能 |
| | 编辑 | 在程序保护开关通过钥匙接通的条件下,可以编辑、修改、删除或传输零件的加工程序 |
| | 手摇 (X手摇/Z手摇) | 手轮/单步方式,只有在这种方式下,手摇脉冲发生器(手轮)才起作用,通过轴选择开关,选择X、Z方向,同时选择好手轮的倍率(有×1、×10、×100、×1000几种)。在这种方式下,也能实现单步移动功能 |
| | 回零 | 机床工作前,一般需返回参考点。选择回零方式,按下X轴正方向移动功能键、Z轴正方向移动功能键按钮后,用快速移动速度回参考点。机床回零时,要求先回X轴再回Z轴,以防止刀架碰撞尾座 |
| 操作选择 | 单段 | 按下此键,灯亮,执行一个程序段,执行完后,机床停止进给;按循环启动按钮后,再执行下一个程序段 |
| | 跳步 | 按下此键,灯亮,当程序运行到前面带有跳选符号"/"的程序段时就跳过;灯灭时,程序跳选无效 |
| | 选择停止 | 按下此键,灯亮,当程序运行遇到M01指令时,车床处于程序停止状态;灯灭时,程序运行遇到M01指令时无效 |
| | 换刀 (手动选刀) | 在手动方式下,按下此键,实现换刀功能,按一下换刀一次 |
| | 冷却 | 按下此键,灯亮,切削液可通过冷却管道流出;当此键关闭时,切削液的开关可通过程序中的M08和M09指令来控制 |

(续)

| 按键及名称 | | 功能 |
|---|---|---|
| 主轴手动控制 | 正转 | 在手动(JOG)方式下,主轴处于夹紧状态时,按下此键,主轴正转启动(主轴转速执行前一次转速) |
| | 停止 | 在手动(JOG)方式下按下此键,主轴停转 |
| | 反转 | 在手动(JOG)方式下,主轴处于夹紧状态时,按下此键,主轴反转启动(主轴转速执行前一次转速) |
| 手轮移动量与快速移动倍率 | 快速倍率 | 手动方式或自动方式下,设定坐标轴快速移动倍率,共有四种:F0、25%、50%和100% |
| 主轴转速倍率 | 主轴倍率 | 主轴当前转速的速度调节。此功能在任何状态下均起作用 |
| 进给倍率 | 进给倍率 | 在手动及程序执行状态下,调整各进给轴运动速度的倍率。当进给倍率切换到"0"时,CRT上将出现FEED ZERO的警示信息 |

## 任务三　数控车床的基本操作

### 一、开机操作

先将电柜箱中电源开关闭合,再将数控车床的总电源由"OFF"转到"ON"位置,电源指示灯亮。检查风扇电动机是否旋转,按下数控系统控制面板上的系统电源开启按钮,启动数控装置,旋转打开急停开关。

## 二、数控车床回参考点

1）按数控系统控制面板上的车床回参考点方式选择键▢，选择车床回参考点方式。

2）选择速度倍率，降低快速运行速度。

3）选择要返回参考点的轴和方向。坐标轴选择开关转换到 X 轴，按▢返回参考点后，▢指示灯亮；Z 轴返回参考点方法同 X 轴，按坐标轴选择控制按键▢返回 Z 轴参考点，▢指示灯亮。坐标轴选择控制按键如图 1-12 所示。

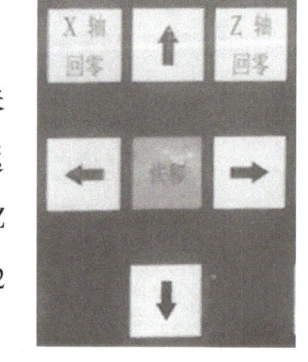

图 1-12 坐标轴选择控制按键

## 三、程序的输入和编辑

### 1. 程序输入

在 FANUC 0i MATE-TC 数控系统中，新建程序首先要输入程序号并保存，再输入程序字，具体操作步骤如下。

1）按编辑方式选择键，进入 EDIT 方式。

2）按【PROG】键，进入程序编辑画面。

3）键入程序号，例如 O1011，按【INSERT】键，用来保存程序号。以后在每个程序段的后面输入程序，都要用【INSERT】键保存，如图 1-13 所示。

图 1-13 输入程序

### 2. 插入一段程序

该功能用于输入或编辑程序，方法如下：

1）调出需要编辑或输入的程序。

2）使用翻页键▢和上下光标键▢将光标移动到插入位置的前一个字下。

3）键入需要插入的内容，按【INSERT】键保存被插入的字。

### 3. 删除一段程序

1）调出需要编辑或输入的程序，使用翻页键和上下光标键将光标移动到需要删除内容的第一个字下。

2）按【DELETE】键删除。

3）若键入一个程序号后按【DELETE】键，指定程序号的程序将被删除。

4）当输入内容在输入缓存区时，使用【CAN】键可以从光标所在位置起一个一个地向前删除字符。程序段结束符";"使用【EOB】键输入。

### 四、MDI 方式下执行可编程指令

MDI 方式下可以从 CRT/MDI 面板上直接输入并执行单个程序段，被输入并执行的程序段不被存入程序存储器。例如要在 MDI 方式下输入并执行程序段 X40.0 Z-26.7；操作方法如下：

1）将方式选择开关置为 MDI。

2）按【PROG】键使 CRT 显示屏显示程序页面。

3）依次按 X、4、0 键。

4）按【INSERT】键保存。

5）按 Z、-、2、6、.、7 键。

6）按【INSERT】键保存。

7）按循环启动按钮使该程序段执行。

在 MDI 方式下按下循环启动按钮，当系统执行到程序段结束符";"时，系统自动清空临时程序。

### 五、手动操作

#### 1. 手动（JOG）连续进给

在手动方式下，按机床操作面板上的进给轴和方向选择开关，机床沿选定轴的选定方向移动。手动连续进给速度可用手动连续进给速度倍率调节。

按快速移动倍率开关，以快速移动速度移动机床，此功能称为手动快速移动。

#### 2. 手轮移动

选择手摇方式，可用操作面板上的手摇脉冲发生器连续旋转来控制机床实现连续不断的移动。当手摇脉冲发生器旋转一个刻度时，刀具移动相应的距离，刀具移动的速度由移动倍率开关确定。手摇脉冲发生器如图 1-14 所示。

图 1-14 手摇脉冲发生器

## 六、自动运行方式下执行加工程序

### 1. 启动运行程序

首先将方式选择开关置于"自动运行",然后选择需要运行的加工程序,完成上述操作后按循环启动按钮。

### 2. 停止运行程序

当 NC 执行完一个 M00 指令时,会立即停止,但所有的模态信息都保持不变,并点亮主操作面板上的选择停指示灯,此时按循环起动按钮可以使程序继续执行。当选择停止开关置有效位置时,M01 指令会起到同 M00 指令一样的作用。

M02 指令和 M30 指令是程序结束指令,NC 执行到该指令时,停止程序的运行并发出复位信号。如果是 M30 指令,则光标还会返回程序头。

按进给保持按钮也可以停止程序的运行。在程序运行中,按下进给保持按钮,使循环启动灯灭,进给保持的红色指示灯点亮,各轴进给运动立即减速至停止,如果正在执行可编程暂停,则暂停计时也停止,如果有辅助功能正在执行,则辅助功能将继续执行完毕。按循环启动按钮可使程序继续执行。按 RESET 键可以使程序执行停止并使 NC 复位。

## 七、图形显示

图形显示功能可以在 CRT 上显示编程的刀具轨迹,通过观察屏幕显示的轨迹可以检查加工过程。

### 1. 图形显示及参数的设定

显示的图形可以放大/缩小,显示刀具轨迹前必须设定画图坐标(参数)和绘图参数,绘图参数画面如图 1-15 所示。

1)按功能键 [GRAPH] 显示绘图参数画面(图 1-15,如果不显示该画面按软键 [G.PRM])。

2)用光标箭头将光标移动到所需

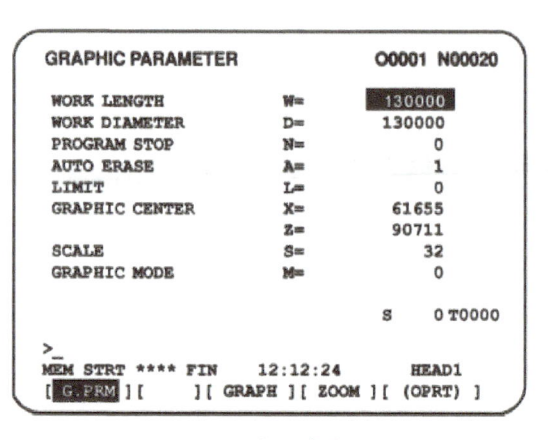

图 1-15 绘图参数画面

设定的参数处，输入数据然后按 [INPUT] 键。

3）重复第 2 步和第 3 步直到设定完所有需要的参数，按下软键［GRAPH］。

4）启动自动或手动方式运行，于是机床开始移动并且在画面上绘出刀具的运动轨迹，如图 1-16 所示。

### 2. 图形放大

图形放大功能可以使图形整体或局部放大。

1）按下 ZOOM 软键可以显示放大图，画面有 2 个放大光标（■）（图 1-17），用 2 个放大光标定义的对角线的矩形区域被放大到整个画面。

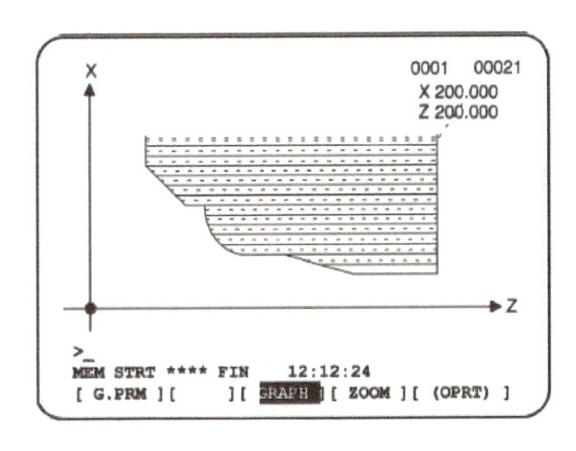

图 1-16　刀具的运动轨迹　　　　图 1-17　放大图画面

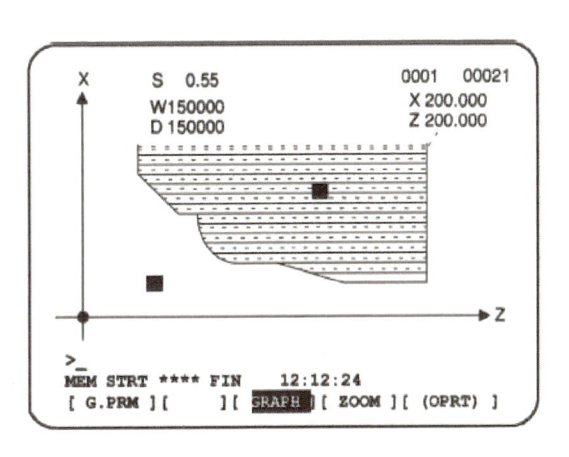

2）用光标键 ↓ ↑ → ← 移动放大光标。

## 八、安全功能

### 1. 紧急停止

如果按了机床操作面板上的急停按钮，机床立即停止运动。该按钮被按下时是自锁的，虽然它的操作方式随机床制造厂而异，但通常是旋转按钮即可释放。建议除非发生紧急情况，一般不要使用该按钮。急停按钮如图 1-18 所示。

### 2. 超程检查

在 X 轴、Z 轴两轴返回参考点后，机床坐标系被建立，同时参数给定的各轴行程极限变为有效，如果试图执行超出行程极限的操作，则运动轴到达极限位置时减

图 1-18　急停按钮

速停止，并给出软极限报警。需手动使该轴离开极限位置，并按复位键后，报警才能解除。该极限由NC直接监控各轴位置来实现，称为软极限。

在各轴的正负向行程软极限外侧，由行程极限开关和撞块构成的超程保护系统被称为硬极限。当撞块压上硬极限开关时，机床各轴停止，伺服系统断开，NC给出硬极限报警。此时需在手动方式下按超程解除按钮，使伺服系统通电，然后继续按超程解除按钮并手动使超程轴离开极限位置。

# 项目二　　数控车削编程基础

| | |
|---|---|
| 知识目标 | 1. 掌握数控车床的坐标系统与编程方式。<br>2. 掌握 FANUC 0i MATE-TC 数控系统 G 指令。<br>3. 掌握 M、F、S、T 指令的功能。 |
| 技能目标 | 1. 熟练使用 M、F、S、T 指令编程。<br>2. 能够正确操作数控车床 FANUC 0i MATE-TC 系统控制面板。 |
| 素养目标 | 1. 培养学生独立思考的能力。<br>2. 具有安全文明生产和遵守操作规程的意识。<br>3. 培养学生细心观察及动手能力。 |

## 一、数控车床的坐标系统与编程方式

### 1. 数控车床坐标系统

数控车床的坐标系统如图 2-1 所示，其中：图 2-1a 所示为前置刀架数控车床，图 2-1b 所示为后置刀架数控车床，图 2-1c 所示为前置刀架数控车床的坐标系统，

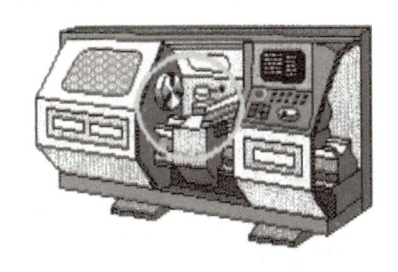

a) 前置刀架数控车床 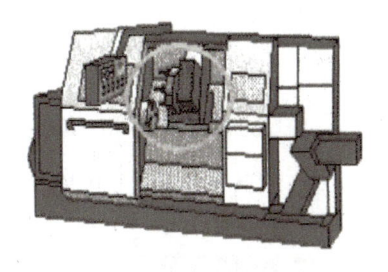　　　　　　　　b) 后置刀架数控车床

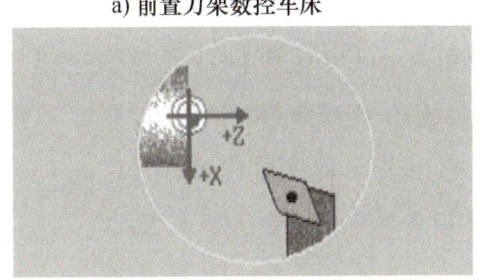

c) 前置刀架数控车床的坐标系统 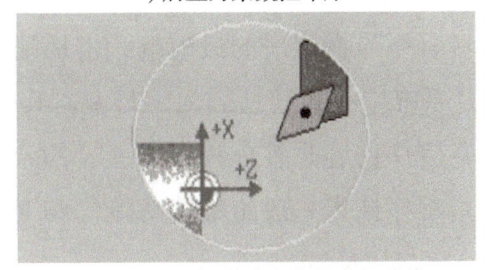　　　　d) 后置刀架数控车床的坐标系统

图 2-1　数控车床及其坐标系统

图 2-1d 所示后置刀架数控车床的坐标系统。

数控车床的机床原点为主轴回转中心与卡盘后端面的交点，如图 2-2 所示 O 点。参考点也是机床上一个固定的点，这个点一般取工件和刀具的最远点，通常用来作为刀具交换的位置，如图中 O′点。

#### 2. 数控车床的编程方式

（1）绝对坐标编程和增量坐标编程　数控车床的坐标允许在一个程序段中，根据图样标注尺寸，可以是绝对坐标值编程或增量坐标值编程，也可以是二者的混合编程。绝对坐标编程坐标用 X、Z 表示，增量坐标编程坐标用 U、W 表示。

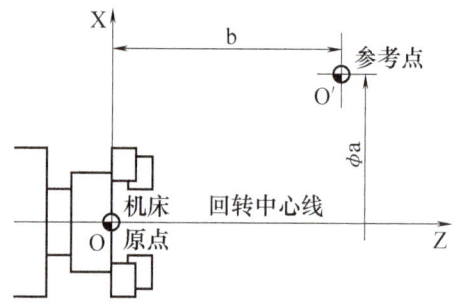

图 2-2　数控车床机床原点和参考点

（2）直径编程与半径编程　由于回转体零件图样尺寸的标注和测量都是直径值，因此，为了提高径向尺寸精度和便于编程与测量，X 向脉冲当量取为 Z 向的一半。数控车床直径方向用绝对坐标值编程时，X 以直径值表示。用增量坐标值编程时，以径向实际位移量的 2 倍编程，并附上方向符号（正向省略）。

## 二、程序的结构与格式

### 1. 程序的结构

一个完整的程序由程序号、程序内容和程序结束三部分组成。

程序名：O1234；

程序内容：N01　T0101；

　　　　　N02　M03　S1000；

　　　　　N03　G00　X100　Z100；

　　　　　　　　…

程序结束：M30；

1）程序号在程序的最前端，由地址码和 1~9999 范围内的任意数字组成，在 FANUC 系统中一般地址码为字母 O，其他系统用 P 或%等。

2）程序内容是整个程序的主要部分，它由若干程序段组成。

3）程序结束一般用辅助功能代码 M02 指令或 M30 指令等来表示。

### 2. 程序段格式

程序段格式是指一个程序中的字、字符和数据的书写规则。它由程序段号字、数据字和程序段结束符组成。该格式的特点是对一个程序段中字的排列顺序要求不严格，数据的位数可多可少，与上一个程序段相同的字可以不写。字地址可变程序段格式如下：

N＿ G＿ X＿ Z＿ F＿ S＿ T＿ M＿LF；

### 3. 程序段内容字说明

N 为程序段号字，是程序段的编号，由地址码和后面的若干位数字表示。G 为准备功能字，G 功能是控制数控机床进行操作的指令。X、Z 为尺寸字，尺寸字由地址码、"+""-"符号及绝对值或增量值构成，地址码有 X、Z、U、W、R、I、K 等。F 为进给功能字，表示刀具运动时的速度。S 为主轴转速功能字，表示主轴的转速。T 为刀具功能字，表示刀具所处的位置。M 为辅助功能字，表示一些机床的辅助动作指令。LF 为程序段结束符，写在每段程序之后，表示程序段结束，FANUC 系统程序段结束符为"；"。

## 三、FANUC 0i MATE-TC 数控系统 G 指令

G 指令又称准备功能指令，用来规定刀具和零件的相对运动轨迹、车床坐标系、刀具补偿和固定循环等多种操作。G 指令分为模态指令和非模态指令。模态指令又称续效指令，一经程序段中指定，便一直有效，直到以后程序段中出现同组另一指令或被取消时才失效。编写程序时，与上段相同的模态指令可省略不写。不同组模态指令编在同一程序段内，不影响其续效。非模态指令只是在该指令的程序段中有效。FANUC 0i MATE-TC 数控系统 G 指令见表 2-1。

表 2-1　FANUC 0i MATE-TC 数控系统 G 指令

| G 指令 | 组 | 功能 | 模态 |
| --- | --- | --- | --- |
| G00 | 01 | 点定位 | ◆ |
| G01 | 01 | 直线插补 | ◆ |
| G02 | 01 | 顺时针圆弧插补 | ◆ |
| G03 | 01 | 逆时针圆弧插补 | ◆ |
| G04 | 00 | 暂停 |  |
| G20 | 06 | 英寸输入 | ◆ |
| G21 | 06 | 毫米输入 | ◆ |
| G27 | 00 | 返回参考点检查 |  |

（续）

| G指令 | 组 | 功能 | 模态 |
|---|---|---|---|
| G28 | 00 | 返回参考位置 | |
| G32 | 01 | 螺纹切削 | ◆ |
| G34 | 01 | 变螺距螺纹切削 | ◆ |
| G40 | 07 | 刀具半径补偿取消 | ◆ |
| G41 | 07 | 刀具半径左补偿 | ◆ |
| G42 | 07 | 刀具半径右补偿 | ◆ |
| G50 | 00 | 最大主轴速度设定 | |
| G70 | 00 | 精加工复合循环 | |
| G71 | 00 | 内外径粗车复合循环 | |
| G72 | 00 | 端面粗车复合循环 | |
| G73 | 00 | 固定形状粗车循环 | |
| G74 | 00 | 排屑钻端面孔 | |
| G75 | 00 | 外径切槽固定循环 | |
| G76 | 00 | 螺纹切削复合循环 | |
| G90 | 01 | 外径/内径车削循环 | ◆ |
| G92 | 01 | 螺纹切削循环 | ◆ |
| G94 | 01 | 端面车削循环 | ◆ |
| G96 | 02 | 主轴恒线速度控制 | ◆ |
| G97 | 02 | 主轴恒线速度控制取消 | ◆ |
| G98 | 05 | 每分钟进给 | ◆ |
| G99 | 05 | 每转进给 | ◆ |

注：表2-1中的G功能按组别可区分为两类，属于"00"组别者，为非模态指令；属于"非00"组别者，为模态指令。

## 四、M指令

辅助功能字由地址字符M后接两位数字组成，亦称M功能。它用来指定数控机床辅助装置的接通和断开，表示机床的各种辅助动作及其状态。常用的辅助功能编程指令见表2-2。

表 2-2　常用的辅助功能编程指令

| 代码 | 功能 | 模态 | 代码 | 功能 | 模态 |
| --- | --- | --- | --- | --- | --- |
| M00 | 程序停止 |  | M08 | 液态切削液开 | ◆ |
| M01 | 选择停止 |  | M09 | 切削液关 | ◆ |
| M02 | 程序结束 |  | M41 | 主轴低速度范围 |  |
| M03 | 主轴顺时针转动 | ◆ | M42 | 主轴中速度范围 |  |
| M04 | 主轴逆时针转动 | ◆ | M43 | 主轴高速度范围 |  |
| M05 | 主轴停止 | ◆ | M98 | 子程序调用 | ◆ |
| M06 | 换刀 |  | M99 | 子程序调用返回 | ◆ |
| M07 | 气态切削液开 | ◆ | M30 | 程序结束并返回 | ◆ |

### 1. 程序停止指令 M00

当执行 M00 指令时，将暂停执行当前程序，以方便操作者进行刀具和工件的尺寸测量、工件移动、手动变速等操作。暂停时，主轴停转、进给停止，而全部现存的模态信息保持不变，欲继续执行后续程序，按"循环启动"按钮。

### 2. 选择停止指令 M01

该指令的作用与 M00 指令相似，不同的是必须在操作面板上预先按下"选择停止"按键，当执行完 M01 指令程序段之后，程序停止，按"循环启动"按钮之后，继续执行下一段程序；如果没有预先按下"选择停止"按键，则会跳过该 M01 指令程序段，即 M01 无效。

### 3. 程序结束指令 M02

执行 M02 指令后，主程序结束，切断机床所有动作，并使程序复位。执行程序的光标在原来位置保持不变。

### 4. 主轴正转指令/反转指令/停止指令 M03/M04/M05

M03 指令、M04 指令可使主轴正转、反转，M05 指令可使主轴停止转动。

### 5. 程序结束并返回指令 M30

该指令在完成程序段的所有指令后，使主轴停转、进给停止和切削液关闭，将程序指针返回到第一个程序段并停下来。

## 五、F、S、T 指令功能

### 1. 进给量指令

指令格式：F＿＿；

指令说明：F 指令表示进给功能。F 表示主轴每转进给量，单位为 mm/r；也可以表示进给速度，单位为 mm/min。其量纲通过 G 指令设定。

### 2. 每转进给指令

指令格式：G99 F＿；

指令说明：F 后面的数字表示的是每转进给量，单位为 mm/r。例：G99 F0.2；表示进给量为 0.2mm/r。

### 3. 每分进给指令

指令格式：G98 F＿；

指令说明：F 后面的数字表示的是每分钟进给量，单位为 mm/min。例：G98 F100；表示进给量为 100mm/min。

### 4. 主轴转速指令

指令格式：S＿；

指令说明：S 表示主轴转速，单位为 r/min；也可以表示切削速度，单位为 m/min。其量纲通过 G 指令设定。

### 5. 恒线速控制指令

指令格式：G96 S＿；

指令说明：S 后面的数字表示的是恒定的线速度，单位为 m/min。例：G96 S150；表示切削点线速度控制在 150m/min。

对图 2-3 中所示的零件，为保持 A、B、C 各点的线速度在 150m/min，则各点在加工时的主轴转速分别为

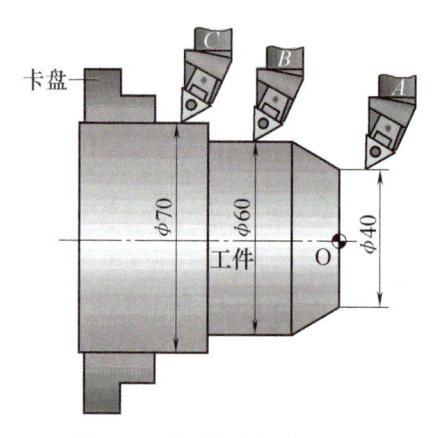

图 2-3 恒线速切削方式

$A: n = 1000 \times 150 \div (\pi \times 40) = 1193 (r/min)$

$B: n = 1000 \times 150 \div (\pi \times 60) = 795 (r/min)$

$C: n = 1000×150÷(π×70) = 682(r/min)$

### 6. 恒线速取消指令

指令格式：G97 S __ ；

指令说明：S 后面的数字表示恒线速度控制取消后的主轴转速，如 S 未指定，将保留 G96 的最终值。例：G97 S3000；表示恒线速控制取消后主轴转速为 3000r/min。

### 7. 刀具指令

指令格式：T ××××；

指令说明：T 表示刀具地址符，T 后面前两位数字表示刀具号，后两位数字表示刀具补偿号，通过刀具补偿号调用刀具数据库内刀具补偿参数。

例：T0303 表示选用 3 号刀及 3 号刀具补偿值和刀尖圆弧半径补偿值。T0300 表示 3 号刀具及 00 号刀具补偿值。

# 项目三　　数控车削加工工艺

| | |
|---|---|
| 知识目标 | 1. 掌握加工方案的确定原则。<br>2. 掌握数控车削加工工序的划分原则。<br>3. 掌握数控车床的对刀方法。 |
| 技能目标 | 1. 能够正确划分数控车削加工工序。<br>2. 能够准确完成数控车床的对刀。 |
| 素养目标 | 1. 具有安全文明生产和遵守操作规程的意识。<br>2. 具有人际交往和团队协作能力。 |

## 任务一　　确定数控车削加工方案

### 一、加工方案的确定原则

加工方案又称工艺方案，数控车床的加工方案包括制订工序、工步及走刀路线等内容。在数控车床加工过程中，由于加工对象复杂多样，特别是轮廓曲线的形状及位置千变万化，加上材料、批量等多方面因素的影响，在对具体零件制订加工方案时，应该具体分析和区别对待，做到灵活处理，只有这样，才能使所制订的加工方案合理，从而达到质量优、效率高和成本低的目的。制订加工方案的一般原则为：先粗后精，先近后远，先内后外，程序段最少，走刀路线最短以及特殊情况特殊处理。

#### 1. 先粗后精

为了提高生产效率并保证零件的加工质量，在切削加工时，应先安排粗加工工序，在较短的时间内，在精加工前将大量的加工余量去掉，同时尽量满足精加工余量均匀性的要求。当粗加工工序安排完后，安排换刀后进行的半精加工和精加工。其中，安排半精加工的目的是：当粗加工后所留余量的均匀性满足不了精

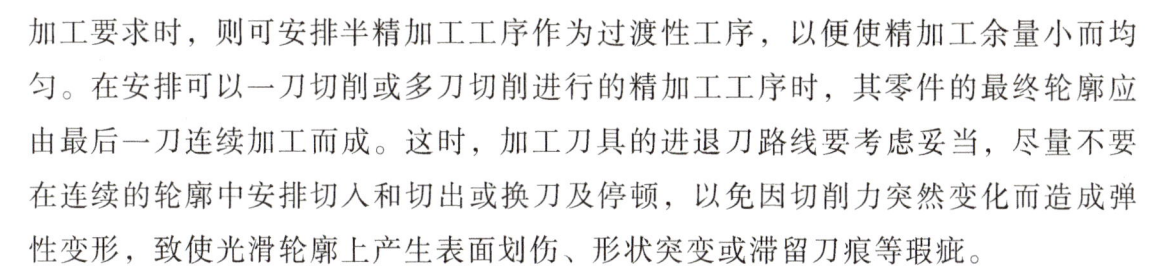

加工要求时，则可安排半精加工工序作为过渡性工序，以便使精加工余量小而均匀。在安排可以一刀切削或多刀切削进行的精加工工序时，其零件的最终轮廓应由最后一刀连续加工而成。这时，加工刀具的进退刀路线要考虑妥当，尽量不要在连续的轮廓中安排切入和切出或换刀及停顿，以免因切削力突然变化而造成弹性变形，致使光滑轮廓上产生表面划伤、形状突变或滞留刀痕等瑕疵。

### 2. 先近后远

在一般情况下，特别是在粗加工时，通常安排离对刀点近的部位先加工，离对刀点远的部位后加工，以便缩短刀具移动距离，减少空行程时间。对于车削加工，先近后远有利于保持毛坯件或半成品件的刚性，改善其切削条件。

### 3. 先内后外

对既要加工内表面，又要加工外表面的零件，在制订其加工方案时，通常应安排先加工内表面，后加工外表面。这是因为加工中控制内表面的尺寸和形状较困难，刀具刚性较差，加注切削液困难、刀具寿命短，同时在加工中排屑较困难。

### 4. 走刀路线最短

确定走刀路线的工作重点，主要在于确定粗加工及空行程的走刀路线，精加工的走刀路线基本上都是沿零件轮廓顺序进行的。走刀路线泛指刀具从对刀点开始运动起，直至返回该点并结束加工程序所经过的路径，包括切削加工的路径及刀具引入、切出等非切削空行程。在保证加工质量的前提下，使加工程序具有最短的走刀路线，不仅可以节省整个加工过程的执行时间，还能减少一些不必要的刀具消耗及车床进给机构滑动部件的磨损。

## 二、数控车削加工工序的划分

加工工序规划是针对整个工艺过程而言的，不能以某一工序的性质和某一表面的加工来判断，例如，有些定位基准面，在半精加工阶段甚至在粗加工阶段中就需加工得很准确。

### 1. 加工工序划分的方法

在数控车床上加工的零件，一般按工序集中的原则划分工序，划分的方法有以下几种：

（1）按使用刀具划分  以同一把刀具完成的工艺过程作为一道工序，这种划分方法适用于工件的待加工表面较多的情形，加工中心常采用这种方法。

（2）按工件安装次数划分  以零件一次装夹能够完成的工艺过程作为一道工

序。这种方法适合于加工内容不多的零件，在保证零件加工质量的前提下，一次装夹完成全部的加工内容。

（3）按粗精加工划分　将粗加工中要完成的那一部分工艺过程作为一道工序，将精加工中要完成的那一部分工艺过程作为另一道工序，这种划分方法适用于零件有强度和硬度要求，需要进行热处理或零件精度要求较高，需要有效去除内应力，以及零件加工后变形较大，需要按粗、精加工阶段进行划分的零件加工。

（4）按加工部位划分　将完成相同形状的面的那一部分工艺过程作为一道工序，对于加工表面多而且比较复杂的工件，应合理安排数控加工、热处理和辅助工序，并解决好工序间的衔接问题。

### 2. 加工工序划分的原则

零件是由多个表面构成的，这些表面有自己的精度要求，各表面之间也有相应的精度要求。为了达到零件的设计精度要求，加工顺序的安排应遵循一定的原则。

（1）先粗后精的原则　各表面的加工顺序按照粗加工、半精加工、精加工和光整加工的顺序进行，目的是逐步提高零件加工精度和表面质量。如果零件的全部表面均由数控车床加工，工序安排一般按粗加工、半精加工和精加工的顺序进行，即粗加工全部完成后再进行半精加工和精加工。粗加工时可快速去除大部分加工余量，再依次精加工各个表面，这样可提高生产效率，又可保证零件的加工精度和表面粗糙度值。该方法适用于位置精度要求较高的加工表面。但这并不是绝对的，如对于一些尺寸精度要求较高的加工表面，考虑到零件的刚度、变形及尺寸精度等要求，也可以考虑将这些加工表面分别按粗加工、半精加工和精加工的顺序完成。对于精度要求较高的加工表面，在粗、精加工工序之间，零件最好放置一段时间，使粗加工后的零件表面应力得到完全释放，以减小零件表面的应力变形程度，这样有利于提高零件的加工精度。

（2）基准面先加工的原则　任何零件的加工过程，总是先对定位基准面进行粗加工和半精加工。基准面作为其他表面的参照面，其精度直接或间接影响其他表面的加工精度以及测量精度。先加工基准面，以基准面定位，再加工其他表面，可以保证各加工表面间的位置精度与尺寸稳定性。例如，轴类零件总是先对定位基准面进行粗加工和半精加工，再进行精加工，因此，轴类零件总是先加工中心孔，再以中心孔面和定位孔为基准加工孔系和其他表面。如果基准面不止一个，则应该按照基准转换的顺序和逐步提高加工精度的原则来安排基准面的加工。

(3) 先面后孔的原则  对于箱体类、支架类、机体类等零件，平面轮廓尺寸较大，用平面定位比较稳定可靠，故应先加工平面，后加工孔，这样，不仅使后续的加工有一个稳定可靠的平面作为定位基准面，而且在平整的表面上加工孔，加工也变得容易一些，也有利于提高孔的加工精度。通常，可按零件的加工部位划分工序，一般先加工简单的几何形状，后加工复杂的几何形状；先加工精度较低的部位，后加工精度较高的部位；先加工平面，后加工孔。

(4) 先内后外的原则  对于精密套筒，其外圆与孔的同轴度要求较高，一般采用先孔后外圆的原则，即先以外圆作为定位基准加工孔，再以精度较高的孔作为定位基准加工外圆，这样可以保证外圆和孔之间具有较高的同轴度，而且使用的夹具结构也很简单。

(5) 减少换刀次数的原则  在数控加工中，应尽可能按刀具进入加工位置的顺序安排加工顺序，这就要求在不影响加工精度的前提下，尽量减少换刀次数，减少空行程，节省辅助时间。零件装夹后，尽可能使用同一把刀具完成较多的表面加工，当一把刀具完成可能加工的所有部位后，尽量与为下道工序做些预加工，然后再换刀完成精加工或加工其他部位，对于一些不重要的部位，尽可能使用同一把刀具完成同一个工序的多个工步的加工。

(6) 连续加工的原则  在加工半封闭或封闭的内外轮廓时，应尽量避免数控加工过程中的停顿现象。由于零件、刀具、车床这一工艺系统在加工过程中暂时处于动态的平衡状态下，若设备由于数控程序的安排出现突然进给停顿的现象，切削力会明显减小，就会失去原工艺系统的稳定状态，使刀具在停顿处留下划痕或凹痕。因此，在轮廓加工中应避免出现进给停顿的现象，以保证零件的加工质量。

## 任务二  学会数控车床的对刀

对刀是数控加工中的重要操作技能。在一定条件下对刀的精度可以决定零件的加工精度，同时对刀效率还直接影响数控加工效率。数控系统的各种刀具偏置设置方式各有不同，下面以 FANUC 0i MATE-TC 数控系统为例进行学习。

### 一、对刀原理

零件的数控加工编程和操作加工是分开进行的。数控编程员根据零件的设计图样，选定一个方便编程的坐标系及其原点，称之为程序坐标系和程序原点。程序原点一般与零件的工艺基准或设计基准重合，因此又称为工件原点。

数控车床通电后，需进行回零（参考点）操作，其目的是建立数控车床进行位置测量、控制、显示的统一基准，该点就是所谓的机床原点，它的位置由机床生产厂商设定。机床原点固定不变的。

在图3-1中，O是程序原点，O′是机床回零后以刀尖位置为参照的机床原点。

编程员按程序坐标系中的坐标数据编制刀具（刀尖）的运行轨迹。由于刀尖的初始位置（机床原点）与程序原点存在X向偏移距离和Z向偏移距离，使得实际的刀尖位置与程序指令的位置有同样的偏移距离，因此，

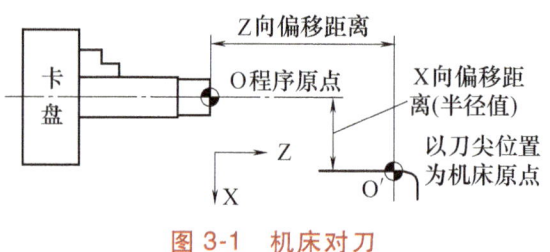

图 3-1 机床对刀

需将该距离测量出来并设置进数控系统，使系统据此调整刀尖的运动轨迹。

所谓对刀，其实质就是测量程序原点与机床原点之间的偏移距离并设置程序原点在以刀尖为参照的机床坐标系里的坐标。

## 二、试切对刀操作

对刀本质上就是设置刀具偏移量补偿。车床的刀具偏移量补偿包括刀具的"磨损量"补偿参数和"形状"补偿参数，两者之和构成车刀偏移量补偿参数。试切法对刀获得的偏移量一般设置在"形状"补偿参数中。

对刀的方法有很多种，按对刀的精度可分为粗略对刀和精确对刀；按是否采用对刀仪可分为手动对刀和自动对刀；按是否采用基准刀，又可分为绝对对刀和相对对刀等。但无论采用哪种对刀方式，都离不开试切对刀，试切对刀是最根本的对刀方法。试切对刀如图3-2所示。

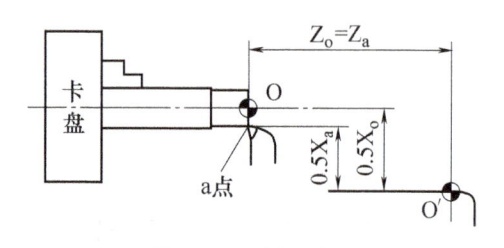

图 3-2 试切对刀

试切对刀并设置刀具偏置量步骤如下：

1）用外圆车刀试车外圆，沿+Z轴方向退出并保持X坐标不变。

2）记下此时显示屏中的X坐标值，记为Xa。（注意：数控车床显示和编程的X坐标一般为直径值）。

3）按【刀补/偏置】键→进入"形状"补偿参数设定界面→将光标移到与刀

位号相对应的位置后,输入Xa(注意:此处的a代表直径值,而不是符号,以下同),按"测量"键,系统自动计算出X方向刀具偏移量。

4)用外圆车刀试车工件端面,将刀具沿+X方向退回到工件端面余量处一点(假定为α点),保持Z坐标不变。

5)按【刀补/偏置】键→进入"形状"补偿参数设定界面→将光标移到与刀位号相对应的位置后,输入Z0,按"测量"键,系统自动计算出Z方向刀具偏移量。

# 项目四　加工阶梯轴类零件

## 任务一　加工阶梯轴

| | |
|---|---|
| 知识目标 | 1. 掌握简单轴类零件数控车削工艺制定方法。<br>2. 掌握 G00 指令、G01 指令的应用和手动编程方法。 |
| 技能目标 | 1. 能够完成数控车床上工件的装夹、找正。<br>2. 能够完成试切对刀。<br>3. 能够独立加工简单阶梯轴。 |
| 素养目标 | 1. 具有安全文明生产和遵守操作规程的意识。<br>2. 具有人际交往和团队协作能力。 |

### 【任务要求】

如图 4-1 所示的阶梯轴零件，材料为 2A12 铝合金，毛坯尺寸为 $\phi$40mm×

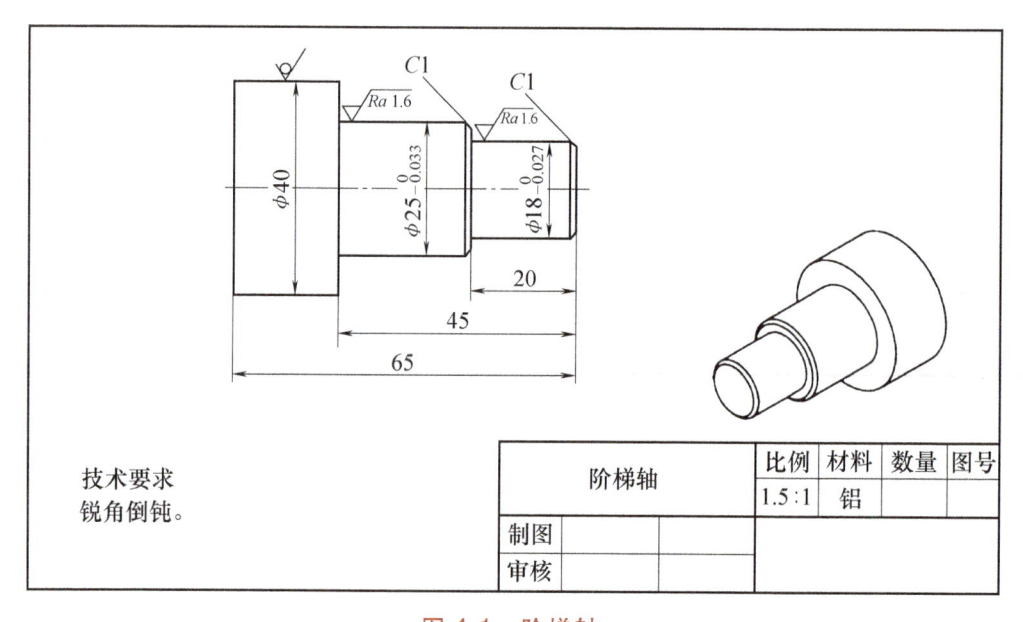

技术要求
锐角倒钝。

图 4-1　阶梯轴

70mm。请根据图样要求，合理制订加工工艺，安全操作机床，达到规定的精度和表面质量要求。

## 【任务准备】

完成该任务需要准备的实训物品清单见表 4-1。

表 4-1 实训物品清单

| 序号 | 实训资源 | 种类 | 数量 | 备注 |
| --- | --- | --- | --- | --- |
| 1 | 机床 | CKA6150 型数控车床 | 6 台 | 或者其他数控车床 |
| 2 | 参考资料 | 《数控车床使用说明书》《FANUC 0i MATE-TC 车床编程手册》《FANUC 0i MATE-TC 车床操作手册》《FANUC 0i MATE-TC 车床连接调试手册》 | 各 6 本 | |
| 3 | 刀具 | 90°外圆车刀 | 6 把 | QEFD2020R10 |
| 4 | 量具 | 0~150mm 游标卡尺 | 6 把 | |
| | | 0~100mm 千分尺 | 6 把 | |
| | | 百分表 | 6 块 | |
| 5 | 辅具 | 百分表架 | 6 套 | |
| | | 内六角扳手 | 6 把 | |
| | | 套管 | 6 把 | |
| | | 卡盘扳手 | 6 把 | |
| | | 毛刷 | 6 把 | |
| 6 | 材料 | 2A12 | 6 根 | $\phi$40mm×70mm |
| 7 | 工具车 | | 6 辆 | |

## 【相关知识】

### 一、相关知识

对数控车床来说，采用不同的数控系统，其编程方法也不尽相同。因此，在编程之前一定要了解机床数控系统的功能及有关参数。为使机床能按要求运动而编写的数控指令的集合称之为程序。程序是由多个程序段构成的，而程序段又是由程序字构成的，各程序段用程序段结束符";"来隔开。

### 1. 加工程序的一般格式

加工程序一般由程序名、程序主体、程序结束组成。

### 2. 坐标系的设定

数控机床在加工时，坐标系页面上一般都显示三个坐标系：机床坐标系、绝对坐标系（工件坐标系）和相对坐标系。在数控编程时，需要重点掌握和了解的是机床坐标系和工件坐标系。

（1）机床坐标系的设定　机床要实现对工件车削程序的控制，必须首先设定机床坐标系，数控车床坐标系的概念涉及机床原点、机床坐标系以及机床参考点。

1）机床原点。机床上的一个固定点，数控车床一般将其定义在主轴前端面的中心，如图4-2所示。

2）机床坐标系。机床坐标系是以机床原点为坐标原点建立的X轴、Z轴两维坐标系，Z轴与主轴中心线重合，为纵向进刀方向；X轴与主轴垂直，为横向进刀方向，如图4-3所示。

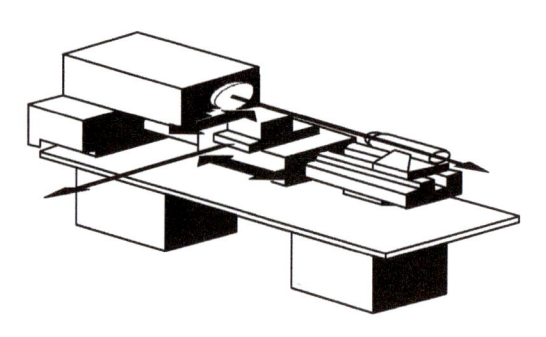

图 4-2　机床原点

3）机床参考点。机床参考点是指刀架中心退离距机床原点最远的一个固定点，该点在机床制造出厂时已调试好，并将数据输入到数控系统中，如图4-4所示。

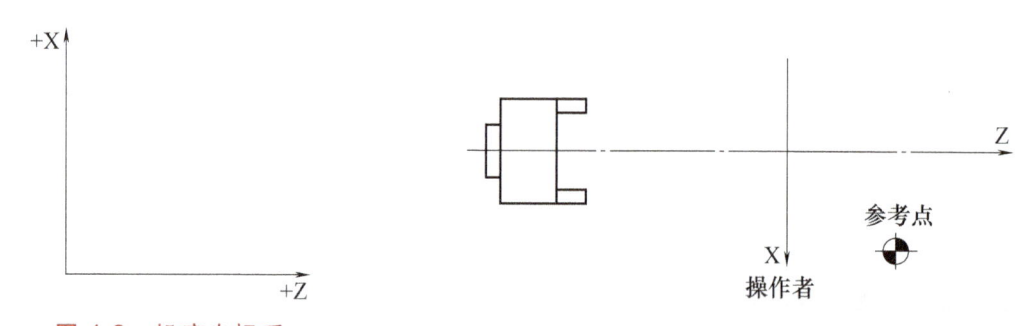

图 4-3　机床坐标系

图 4-4　机床参考点

数控车床开机时，必须先确定机床参考点，也称之为刀架返回机床参考点的操作。只有当机床参考点确定以后，车刀移动才有了依据，否则，不仅编程无基准，还会发生碰撞等事故。

机床参考点的位置设置在机床X向、Z向滑板上的机械挡块上，通过行程开关来确定。当刀架返回机床参考点时，装在 X 向和 Z 向滑板上的两机械挡块分别压下对应的开关，向数控系统发出信号，停止滑板运动，即完成了回机床参考点的操作。

（2）工件坐标系的设定　当采用绝对值编程时，必须首先设定工件坐标系，该坐标系与机床坐标系是不重合的。工件坐标系的原点就是工件原点，而工件原点是人为设定的。数控车床工件原点一般设在主轴中心线与工件左端面或右端面的交点处，如图 4-5 所示。

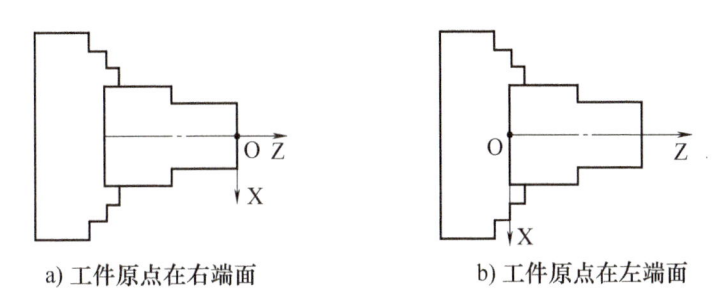

a) 工件原点在右端面　　　　b) 工件原点在左端面

图 4-5　工件原点

设定工件坐标系就是以工件原点为坐标原点，确定刀具起始点的坐标值。工件坐标系设定后，屏幕上显示的是车刀刀尖相对工件原点的坐标值。编程时，工件各尺寸的坐标值都是相对工件原点而言的，因此，数控车床的工件原点又是程序原点。

### 3. 准备功能（G 代码）

准备功能是由 G 代码及后接 2 位数字表示的，其规定了机床的运动方式。G 代码有以下两种类型：

1) 非模态 G 代码：非模态 G 代码只在被调用的指令程序段中有效。

2) 模态 G 代码：在同组其他 G 代码指令前一直有效，直到被取消或者被代替。

如：G01 和 G00 是同组的模态 G 代码：

G01　X__　F__；表示 X 轴以 F 速度加工进给。

　　　Z__；表示 Z 轴以 F 速度加工进给，相当于有 G01 指令。

G00　Z__；G01 无效，G00 有效。

### 4. 快速定位指令 G00

指令格式：G00　X(U)__　Z(W)__；

指令功能：X 轴和 Z 轴同时从起点快速移动到指定的位置。

X、Z——绝对编程时表示目标点在工件坐标系中的绝坐标值。

U、W——增量编程时表示目标点相对当前点的移动距离与方向。

指令说明：

1）X（U）、Z（W）为指定的坐标值，取值范围：-9999.999~+9999.999。

2）G00 移动时，各轴以各自设定的速度快速移动到终点，互不影响。任何一轴到位自动停止运行，另一轴继续移动直到到达指令位置。

3）G00 快速移动的速度由参数设定，用 F 指定的进给速度无效。G00 快速移动的速度可分为 100%、50%、25%、F0 四档，四档速度可通过面板上的快速倍率上下调节键来选择。其四档移动速度的百分比可在位置页面的左下角显示。

4）G00 是模态指令，下一段指令也是 G00 时，可省略不写。G00 可编写成 G0，G0 与 G00 等效。

5）指令 X 轴、Z 轴同时快速移动时应特别注意刀具的位置是否在安全区域，以避免撞刀。

### 5. 直线插补指令 G01

指令格式：G01　X（U）__　Z（W）__　F __；

指令功能：G01 指令是使刀具按设定的 F 速度沿当前点移动到 X（U）、Z（W）指定的位置点，其两个轴是沿直线同时到达终点坐标。

X、Z——绝对坐标编程，表示目标点在工件坐标系中的绝对坐标值。

U、W——增量坐标编程，表示目标点相对当前点的移动距离与方向。

指令说明：

1）X（U）、Z（W）为指定的坐标值，取值范围：-9999.999~+9999.999。

2）F 是模态值，在没有新的指定以前，总是有效的，因此不需要每一句都指定进给速度。

3）G01 指令也可以单独指定 X 轴或 Z 轴的移动。

4）G01 指令的 F 进给速度可以通过面板上的进给倍率上下调整，调整范围是 0%~150%。

5）G01 指令也可直接写成 G1。

例题：如图 4-6 所示，设零件各表面已完成粗加工，试分别用绝对编程方式和增量编程方式编写 G00、G01 程序段。

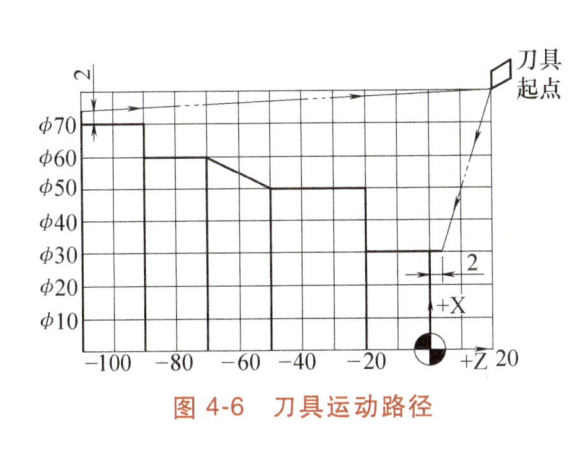

| 绝对编程方式编程: |||| 增量编程方式编程: |||
|---|---|---|---|---|---|
| 指令 | X | Z | 指令 | U | W |
| G00 | X80 | Z20 | G00 | U0 | W0 |
| G00 | X30 | Z2 | G00 | U−50 | W−18 |
| G01 |  | Z−20 | G01 |  | W−22 |
| G01 | X50 |  | G01 | U20 |  |
| G01 |  | Z−50 | G01 |  | W−30 |
| G01 | X60 | Z−70 | G01 | U10 | W−20 |
| G01 |  | Z−90 | G01 |  | W−20 |
| G01 | X70 |  | G01 | U10 |  |
| G01 |  | Z−110 | G01 |  | W−20 |
| G01 | X74 |  | G01 | U4 |  |
| G00 | X80 | Z20 | G00 | U6 | W110 |

图 4-6 刀具运动路径

## 二、相关工艺知识

### 1. 轴类零件车削加工工艺分析

1) 车较短零件时，一般先车端面，这样便于确定长度方向的尺寸。

2) 轴类工件的定位基准通常选用中心孔，加工中心孔时，应先车端面后钻中心孔，以保证中心孔的加工精度。

3) 在轴上车槽，一般安排在粗车或半精车之后，精车之前进行，如果工件刚度或精度要求不高，也可安排在精车之后再车槽。

4) 工件车削后还需要磨削时，只需粗车或半精车，并注意留磨削余量。

### 2. 粗加工车刀车轴类零件刀具参数选择

粗加工时必须适应切削深、进给快的特点，要求车刀有足够的强度，能一次进给去除较多的余量，粗加工车刀几何参数选择的一般原则是：

1) 为了增加刀头强度，前角（$\gamma_o$）和后角（$\alpha_o$）应小些，但必须注意，前角过小会使切削力增大。

2) 主偏角（$\kappa_r$）不宜太小，否则容易引起车削时振动。当工件外圆形状允许时，最好选用75°，因为这样刀尖角较大，能承受较大的切削力，而且有利于切削刃散热。

3) 一般粗车时采用0°~3°的刃倾角（$\lambda_s$）以增加刀头强度。

4) 为了增加切削刃强度，主切削刃上应有倒棱，倒棱宽度 $b_{r1}=(0.5~0.8)f$，倒棱前角 $\lambda_{o1}=-(5°~10°)$。

5) 为了增加刀尖强度，改善散热条件，使车刀耐用，倒角处应磨有过渡刃。

### 3. 精加工车刀车轴类零件刀具参数选择

精车时要求达到工件的尺寸精度和较小的表面粗糙度，并且切去的金属较少，因此要求车刀锋利，切削刃平直光洁，刀尖处还要刃磨修光刃，切削时必须使切屑排向工件待加工表面。选择精加工车刀几何参数的一般原则是：

1) 前角（$\gamma_o$）一般应大些，使车刀锋利，切削轻快。

2) 后角（$\alpha_o$）也应大些，以减小车刀和工件之间的摩擦，精车时对车刀强度要求不高，也允许取较大后角。

3) 为了减小工件表面粗糙度值，应取较小的副偏角（$\kappa_r'$）或在刀尖处刃磨修光刃。修光刃长度一般取（$1.2~1.5$）$f$。

4) 为了控制切屑排向工件待加工表面，应选用正值的刃倾角（$\lambda_s=3°~8°$）。

5) 精车塑性金属时，前刀面应磨相应的断屑槽。

## 【任务实施】

### 1. 工艺分析

1) 该零件毛坯为 $\phi40mm×70mm$ 铝料，材料的长度足够，所以在加工时选择夹住零件左端加工零件右端各表面的加工方法。

2) 由于零件的前两个圆柱尺寸要求较高，所以要分粗精加工以保证零件的表面质量和尺寸精度。

### 2. 根据图样填写阶梯轴加工工艺卡（表 4-2）

表 4-2 阶梯轴加工工艺卡

| 零件名称 | 材料 | 设备名称 | | | 毛坯 | | | | | |
|---|---|---|---|---|---|---|---|---|---|---|
| 阶梯轴 | 2A12 | CKA6150 | 种类 | 圆铝棒 | 规格 | $\phi40mm×70mm$ | | | | |
| 任务内容 | | 程序号 | O1234 | 数控系统 | FANUC 0i MATE-TC | | | | | |
| 工序号 | 工步 | 工步内容 | 刀号 | 刀具名称 | 主轴转速 $n/(r/min)$ | 进给量 $f/(mm/r)$ | 背吃刀量 $a_p/(mm/r)$ | 余量/mm | 备注 | |
| 1 | 1 | 粗加工外圆各表面 | 1 | 90°外圆车刀 | 800 | 0.2 | 2.0 | 0.5 | | |
| | 2 | 精加工外圆各表面 | 1 | 90°外圆车刀 | 1000 | 0.08 | 0.5 | 0 | | |
| 编制 | | | | 教师 | | | 共1页 | 第1页 | | |

## 3. 准备材料、设备及工、量具（表 4-3）

表 4-3　准备材料、设备及工、量具

| 序号 | 材料、设备及工、量具名称 | 规格 | 数量 |
| --- | --- | --- | --- |
| 1 | 圆铝棒 | φ40mm×70mm | 6 块 |
| 2 | 数控车床 | CKA6150 | 6 台 |
| 3 | 千分尺 | 0~25mm | 6 把 |
| 4 | 游标卡尺 | 0~150mm | 6 把 |
| 5 | 90°外圆车刀 | 25mm×25mm | 6 把 |

## 4. 加工参考程序

根据 FANUC 0i MATE-TC 编程要求制订的加工工艺，编写零件加工程序见（参考）表 4-4。

表 4-4　程序

| 程序段号 | 程序内容 | 说明注释 |
| --- | --- | --- |
| N10 | O1011； | 程序名 |
| N20 | G40　G97　G99； | 取消刀尖半径补偿,恒转速,转进给 |
| N30 | T0101； | 1号刀具1号刀补 |
| N40 | M03　S800； | 转速 800r/min |
| N50 | G00　X42.　Z2.； | 刀具定位点 |
| N60 | G01　X36.　F0.2； | 进给量设定为每转 0.2mm |
| N70 | Z-45.； | |
| N75 | G00　X42.； | |
| N80 | Z2.； | |
| N90 | G01　X32.； | |
| N100 | Z-45.； | |
| N110 | G00　X42.； | |
| N120 | Z2.； | |
| N130 | G01　X28.； | |
| N140 | Z-45.； | |
| N150 | G00　X42.； | |
| N160 | Z2.； | |
| N190 | G01　X25.5； | X 向精加工余量为 0.5mm |
| N200 | Z-45.； | |
| N210 | G00　X42.； | |
| N220 | Z2； | |
| N230 | G01　X21.5； | |
| N240 | Z-20.； | |

(续)

| 程序段号 | 程序内容 | 说明注释 |
|---|---|---|
| N250 | G00　X26.； | |
| N260 | Z2； | |
| N270 | G01　X18.5； | X向精加工余量为0.5mm |
| N280 | Z-20.； | |
| N290 | G00　X26.； | |
| N300 | Z2.； | |
| N310 | G01　X16.　S1000　F0.08； | 精加工开始，转速1000r/min，进给量为每转0.08mm |
| N320 | Z0； | |
| N330 | X18.　Z-1.； | |
| N340 | Z-20.； | |
| N350 | X23.； | |
| N360 | X25.　Z-21.； | |
| N370 | Z-45.； | |
| N380 | X42.； | |
| N390 | G00　X150.； | X向退刀 |
| N400 | Z200.； | Z向退刀 |
| N410 | M30； | 程序结束 |

**5. 程序录入及轨迹仿真**

用 FANUC 0i MATE-TC 数控系统进行程序录入及轨迹仿真的步骤见表4-5。

表4-5　FANUC 0i MATE-TC 数控系统进行程序录入及轨迹仿真的步骤

| 步骤 | 操作过程 | 图示 |
|---|---|---|
| 输入程序 | 数控车床开机，在机床索引页面找到程序功能软键，按 [PROG] 软键进入"程序"界面，在"编辑方式"下输入程序"O1011" | 程序　　　　　　　　　　O1011<br>O1011；<br>G40 G97 G99；<br>M03 S800；<br>T0101；<br>G00 X42. Z2.；<br>G01 X36. F0.2；<br>Z-45.；<br>G00 X42.；<br>Z2.；<br>G01 X32.；<br>Z-45.；<br>G00 X42.；<br>Z2.；<br>G01 X28.；<br>Z-45.；<br>G00 X42.；<br>Z2.；<br>>_<br>编辑方式 |

（续）

| 步骤 | 操作过程 | 图示 |
|---|---|---|
| 轨迹仿真 | 选择"自动方式"，按"机床锁住"和"空运行"功能键，按  CSTM/GR 软键进入图形画面，在图形页面按下"〔图形〕"下方对应的软键，按"循环启动"按钮运行程序，检查刀轨是否正确 | 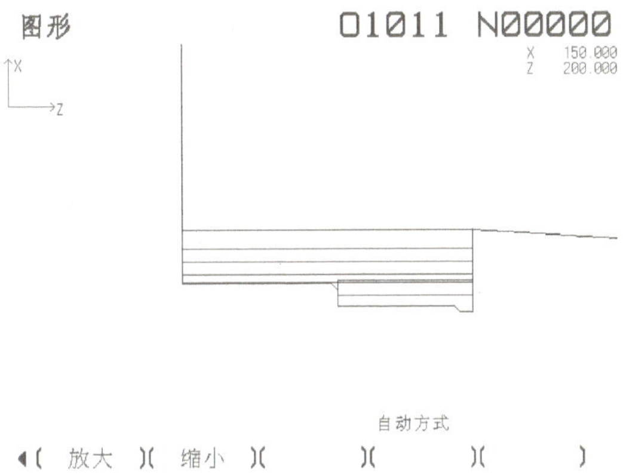 |

## 6. 加工零件

加工零件操作步骤见表 4-6。

表 4-6　加工零件操作步骤

| 步骤 | 操作过程 | 图示 |
|---|---|---|
| 装夹零件毛坯 | 对数控车床进行安全检查，打开机床电源并开机，将毛坯装夹到卡盘上，伸出长度≥50mm | 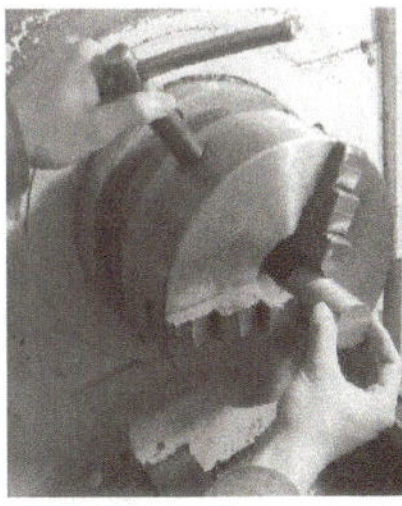  |
| 安装车刀 | 将 90°外圆车刀安装在 1 号刀位，利用垫刀片调整刀尖高度，并使用顶尖检验刀尖高度位置 |  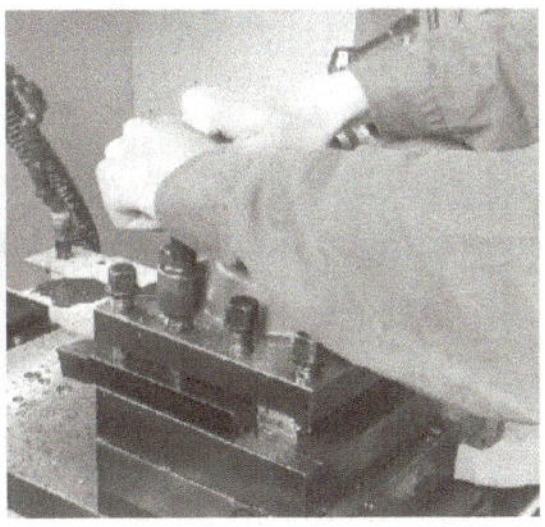 |

37

(续)

| 步骤 | 操作过程 | 图示 |
|---|---|---|
| 试切法 Z 轴对刀 | 主轴正转,用快速进给方式控制车刀靠近工件,然后用手轮进给方式的×10 档位慢速靠近毛坯端面,沿 X 向切削毛坯端面,切削深度约 0.5mm,刀具切削到毛坯中心,沿 X 向退刀。按 [OFS/SET] 软键切换至刀补测量页面,光标移到 01 号刀补位置,输入"Z0"后按【测量】键,完成 Z 轴对刀 | |
| 试切法 X 轴对刀 | 主轴正转,手动控制车刀靠近工件,然后用手轮方式的×10 档位慢速靠近工件 φ40mm 外圆面,沿 Z 方向切削毛坯料约 1mm,切削长度以方便卡尺测量为准,沿 Z 向退出车刀,主轴停止,测量工件外圆,按 [OFS/SET] 软键切换至刀补测量页面,光标在 01 号刀补位置,输入测量值"X36.770"后按【测量】键,完成 X 轴对刀 | |

（续）

| 步骤 | 操作过程 | 图示 |
|---|---|---|
| 运行程序加工工件 | 手动方式将刀具退出一定距离，按 PROG 软键进入程序画面，检索到"O1011"程序，选择单段运行方式，按"循环启动"按钮，开始程序自动加工，当车刀完成一段单段运行后，可以关闭单段模式，让程序连续运行 | |
| 测量工件修改刀补并精车工件 | 程序运行结束后，用千分尺测量零件外径尺寸，根据实测值计算出刀补值，对刀补进行修整。按"循环启动"按钮，再次运行程序，完成工件加工，并测量各尺寸是否符合图样要求 | |
| 维护保养 | 卸下工件，清扫维护机床，刀具、量具擦净 | |

### 【任务检测】

小组成员分工检测零件，并将检测结果填入表 4-7。

表 4-7 零件检测表

| 序号 | 检测项目 | 检测内容 | 配分/分 | 检测要求 | 学生自评 自测 | 学生自评 得分/分 | 老师测评 检测 | 老师测评 得分/分 |
|---|---|---|---|---|---|---|---|---|
| 1 | 直径 | $\phi 18_{-0.027}^{0}$mm | 15 | 超差不得分 | | | | |
| 2 | 直径 | $\phi 25_{-0.033}^{0}$mm | 15 | 超差不得分 | | | | |
| 3 | 长度 | 20mm | 10 | 超差不得分 | | | | |
| 4 | 长度 | 45mm | 10 | 超差不得分 | | | | |
| 5 | 倒角 | C1 两处 | 8 | 超差不得分 | | | | |
| 6 | 表面质量 | $Ra1.6\mu m$ 两处 | 6 | 超差不得分 | | | | |
| 7 | 表面质量 | 去除毛刺飞边 | 6 | 未处理不得分 | | | | |
| 8 | 时间 | 工件按时完成 | 10 | 未按时完成不得分 | | | | |
| 9 | 现场操作规范 | 安全操作 | 10 | 违反操作规程按程度扣分 | | | | |
| 10 | 现场操作规范 | 工、量具使用 | 5 | 工、量具使用错误,每项扣2分 | | | | |
| 11 | 现场操作规范 | 设备维护保养 | 5 | 违反维护保养规程,每项扣2分 | | | | |
| 12 | | 合计(总分) | 100 | 机床编号 | 总得分 | | | |
| 13 | | 开始时间 | | 结束时间 | 加工时间 | | | |

## 【工作评价与鉴定】

### 1. 评价（90%）

综合评价表见表 4-8。

表 4-8 综合评价表

| 项目 | 出勤情况（10%） | 工艺编制、编程（20%） | 机床操作能力（10%） | 零件质量（30%） | 职业素养（20%） | 成绩合计 |
|---|---|---|---|---|---|---|
| 个人评价 | | | | | | |
| 小组评价 | | | | | | |
| 教师评价 | | | | | | |
| 平均成绩 | | | | | | |

## 2. 鉴定（10%）

实训鉴定表见表 4-9。

表 4-9　实训鉴定表

| | |
|---|---|
| 自我鉴定 | 通过本节课我有哪些收获：<br><br><br><br><br><br><br>学生签名：_____<br>　　　年　　月　　日 |
| 指导教师鉴定 | <br><br><br><br><br><br><br><br>指导教师签名：_____<br>　　　年　　月　　日 |

## 【知识拓展】

直线后倒角、倒圆弧功能。

倒角控制功能可以在两相邻轨迹的程序段之间插入直线倒角或直线倒圆弧，这样可以简化编程，减少计算过程。

指令格式：

G01　X(U)__　Z(W)__　C__;（直线倒角）

G01　X(U)__　Z(W)__　R__;（直线倒圆弧）

参数说明：

X、Z——在绝对编程时，是两相邻直线的交点，即假想拐角交点（G点）的坐标值。

U、W——在增量编程时，是假想拐角交点相对于起始直线轨迹的始点E的移动距离。

C——假想拐角交点（G点）相对于倒角始点（F点）的距离。

R——倒圆弧的半径值。

图4-7所示为直线后倒角、倒圆弧。

举例说明：图4-8所示为倒角举例。

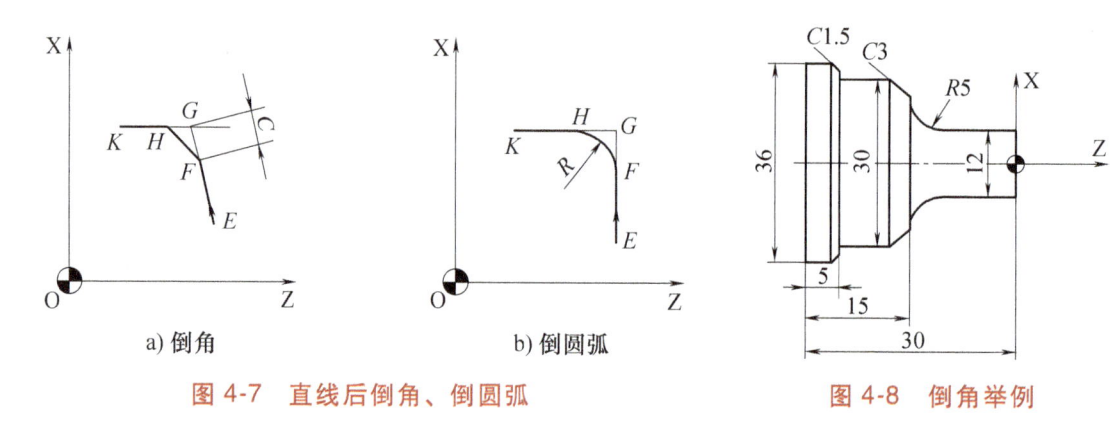

图4-7　直线后倒角、倒圆弧

图4-8　倒角举例

参考程序：

G01　X12.　F0.2;

Z0;

Z-10　R5.;

X30　C3;

Z-25.;

X36　C1.5;

Z-30.;

【巩固与提高】

请对图4-9所示的阶梯轴实施加工任务。

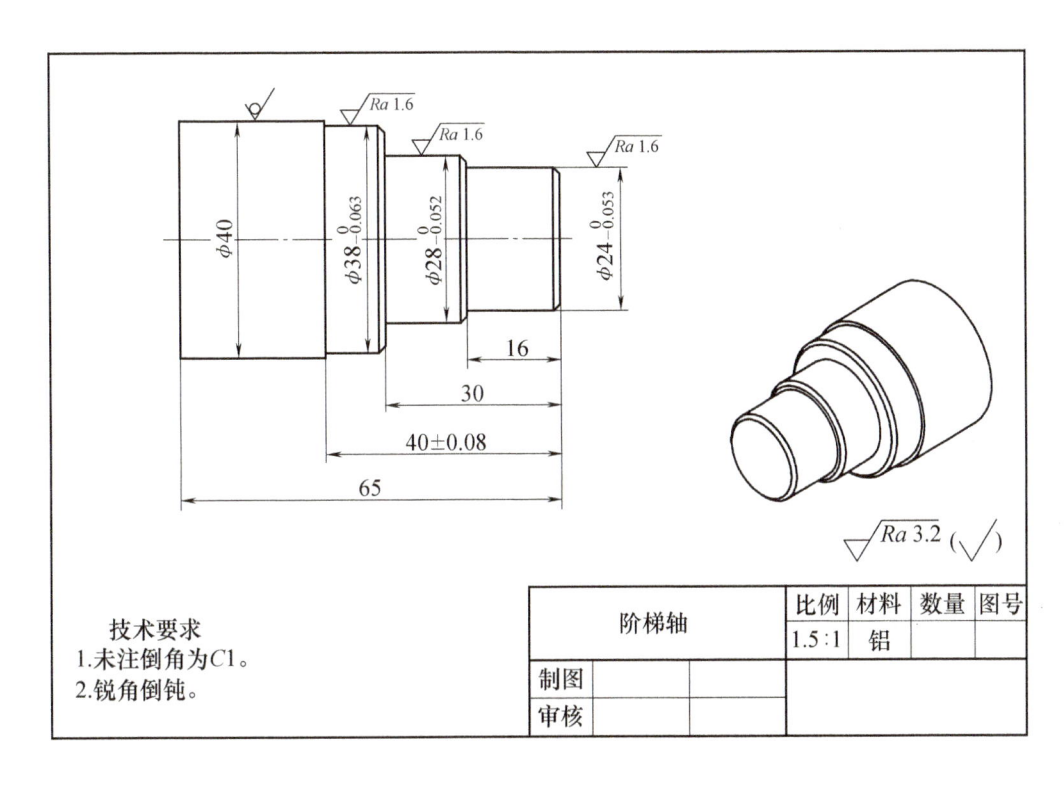

技术要求
1. 未注倒角为C1。
2. 锐角倒钝。

图 4-9　阶梯轴

## 任务二　加工导柱

| 知识目标 | 1. 掌握简单细长轴类零件进行数控车削工艺分析的方法。<br>2. 掌握 G90 指令的应用和编程方法。 |
| --- | --- |
| 技能目标 | 1. 能够在数控车床上完成细长轴零件的装夹和找正。<br>2. 能够完成细长轴零件的加工。 |
| 素养目标 | 1. 具有安全文明生产和遵守操作规程的意识。<br>2. 具有人际交往和团队协作能力。 |

### 【任务要求】

如图 4-10 所示的导柱零件，材料为 2A12 铝合金，毛坯为 $\phi 40\text{mm} \times 150\text{mm}$，请根据图样要求，合理制订加工工艺，安全操作机床，达到规定的精度和表面质量要求。

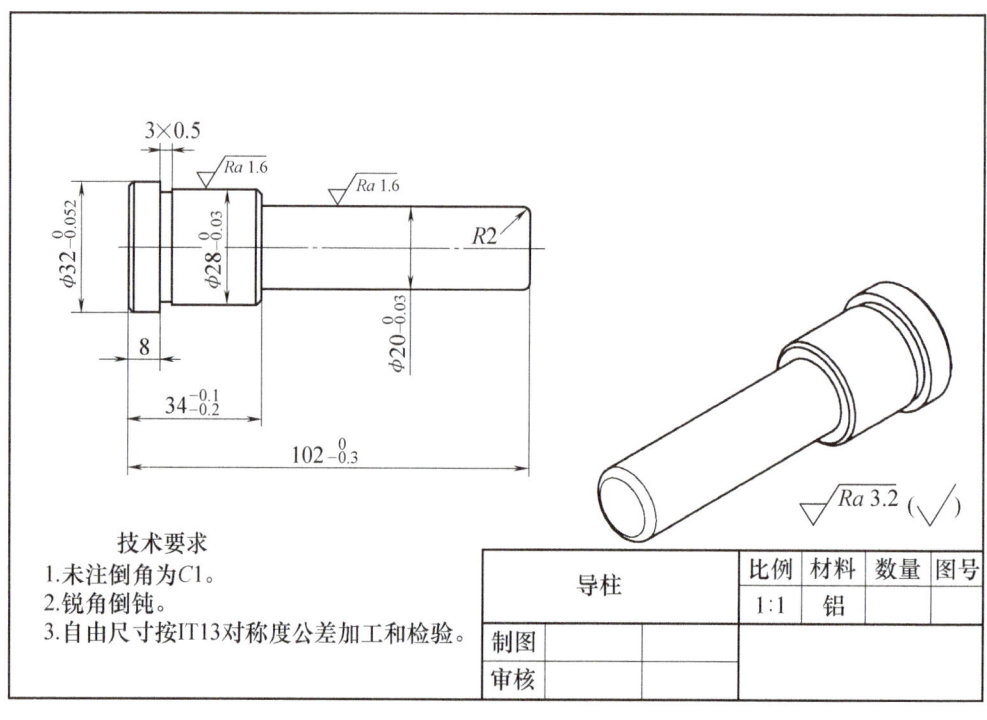

图 4-10　导柱

### 【任务准备】

完成该任务需要准备的实训物品清单见表 4-10。

表 4-10　实训物品清单

| 序号 | 实训资源 | 种类 | 数量 | 备注 |
| --- | --- | --- | --- | --- |
| 1 | 机床 | CKA6150 型数控车床 | 6 台 | 或者其他数控车床 |
| 2 | 参考资料 | 《数控车床使用说明书》《FANUC 0i MATE-TC 车床编程手册》《FANUC 0i MATE-TC 车床操作手册》《FANUC 0i MATE-TC 车床连接调试手册》 | 各 6 本 | |
| 3 | 刀具 | 90°外圆车刀 | 6 把 | |
| | | 3mm 车槽刀 | 6 把 | |
| 4 | 量具 | 0~200mm 游标卡尺 | 6 把 | |
| | | 0~100mm 千分尺 | 6 把 | |
| | | 百分表 | 6 块 | |
| 5 | 辅具 | 百分表架 | 6 套 | |
| | | 内六角扳手 | 6 把 | |

(续)

| 序号 | 实训资源 | 种类 | 数量 | 备注 |
|---|---|---|---|---|
| 5 | 辅具 | 套管 | 6把 | |
| | | 卡盘扳手 | 6把 | |
| | | 毛刷 | 6把 | |
| 6 | 材料 | 2A12 | 6根 | |
| 7 | 工具车 | | 6辆 | |

## 【相关知识】

### 一、相关知识

**1. 简单圆柱面切削循环指令 G90**

指令格式：

G90　X(U)__　Z(W)__　F__;

参数说明：

X、Z——外圆切削终点的绝对工件坐标值。

U、W——外圆切削终点相对于循环起点的坐标。

　　F——进给速度。

指令说明：X、Z 为圆柱面切削终点坐标值，可用增量值 U、W 表示，也可用绝对值 X、Z 表示。注意用绝对坐标编程时，X 以直径值表示；用增量坐标值编程时，U 为实际径向位移量的 2 倍值。F 为进给速度。如图 4-11 所示，刀具从循环起点开始按矩形循环，最后又回到循环起点。图中虚线轨迹 1、4 为快速运动，实线轨迹 2、3 为切削进给。

例：加工如图 4-12 所示的工件，使用 G90 固定循环指令编制的程序如下：

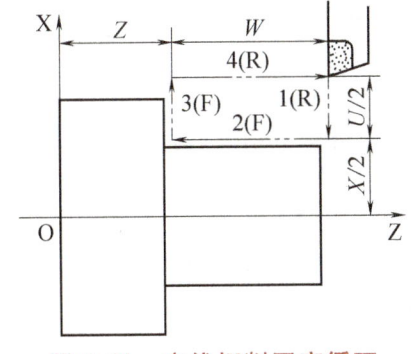

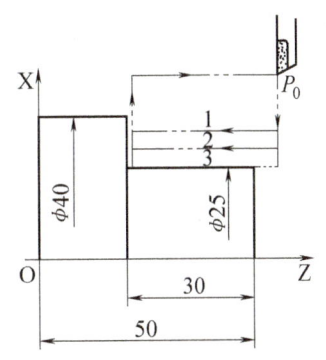

图 4-11　直线切削固定循环　　　图 4-12　直线切削固定循环指令编程实例

```
G90  X35  Z30  F0.2；      以0.2mm/r进给速度第一次循环
     X30；                  以0.2mm/r进给速度第二次循环
     X25；                  以0.2mm/r进给速度第三次循环
```

### 2. 简单圆锥面切削循环指令 G90

指令格式：

G90  X(U)__  Z(W)__  R__  F__；

参数说明：

X、Z——外圆切削终点的绝对工件坐标值。

U、W——外圆切削终点相对于循环起点的增量值。

R——车圆锥时切削起点相对于切削终点的半径差值，该值有正负号，若起点半径值小于终点半径值，R取负值；反之，R取正值。

F——进给速度。

指令说明：坐标X(U)、Z(W)的用法与直线切削固定循环相同，U和W的符号仍根据轨迹1和2的方向确定。R是锥度大、小端的半径差，用增量坐标表示，当沿轨迹使锥度值（即R的绝对值）增大的方向与X轴正向一致时，R取正号，反之取负号。锥度切削固定循环的方式如图4-13所示，图中R为负值。

例：加工如图4-14所示的工件，使用G90锥度切削固定循环指令编制的程序如下：

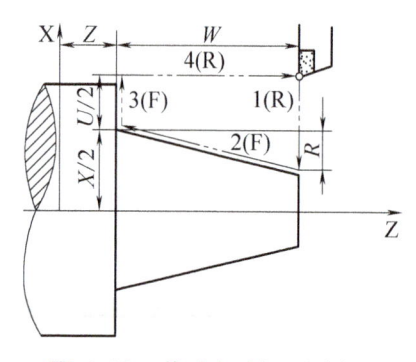

图4-13 锥度切削固定循环

图4-14 锥度切削固定循环指令编程实例

```
G90  X40  Z20  R-5  F0.2；   以0.2mm/r进给速度第一次循环
     X30；                    以0.2mm/r进给速度第二次循环
     X20；                    以0.2mm/r进给速度第三次循环
```

## 二、相关工艺知识

轴类零件加工的工艺路线如下：

外圆加工的方法很多，基本加工路线可归纳为四条。

（1）粗车→半精车→精车  对于一般常用材料，这是外圆表面加工采用的最主要的工艺路线。

（2）粗车→半精车→粗磨→精磨  对于钢铁材料，当精度要求高和表面粗糙度值要求较小、零件需要淬硬时，其后续工序只能用磨削而采用的加工路线。

（3）粗车→半精车→精车→金刚石车  对于非铁金属材料，用磨削加工通常不易得到所要求的表面粗糙度值，因为非铁金属材料一般比较软，容易堵塞沙粒间的空隙，因此其最终工序多用精车和金刚石车。

（4）粗车→半精→粗磨→精磨→光整加工  对于钢铁材料的淬硬零件，精度要求高和表面粗糙度值要求很小的，常用此加工路线。

### 【任务实施】

#### 1. 工艺分析

1）该零件毛坯为 $\phi$40mm×150mm 铝料，零件足够长，可以直接将零件的全部轮廓加工出，留出一定余量将零件切断，调头平端面，保总长。

2）由于零件的圆柱尺寸要求较高，所以要分粗、精加工以保证零件的表面质量和尺寸精度。

#### 2. 根据图样填写导柱加工工艺卡（表 4-11）

表 4-11  导柱加工工艺卡

| 零件名称 | 材料 | 设备名称 | 毛坯 ||||
|---|---|---|---|---|---|---|
| 导柱 | 2A12 | CKA6150 | 种类 | 圆铝棒 | 规格 | $\phi$40mm×150mm |
| 任务内容 || 程序号 | O2011 | 数控系统 | FANUC 0i MATE-TC ||

| 工序号 | 工步 | 工步内容 | 刀号 | 刀具名称 | 主轴转速 $n$/(r/min) | 进给量 $f$/(mm/r) | 背吃刀量 $a_p$/(mm/r) | 余量/mm | 备注 |
|---|---|---|---|---|---|---|---|---|---|
| 1 | 1 | 粗加工外圆各表面 | 1 | 90°外圆车刀 | 500 | 0.2 | 2.0 | 0.5 | |
| | 2 | 精加工外圆各表面 | 1 | 90°外圆车刀 | 800 | 0.08 | 0.5 | 0 | |

(续)

| 工序号 | 工步 | 工步内容 | 刀号 | 刀具名称 | 主轴转速 n/(r/min) | 进给量 f/(mm/r) | 背吃刀量 $a_p$/(mm/r) | 余量/mm | 备注 |
|---|---|---|---|---|---|---|---|---|---|
| 2 | 3 | 手动车槽 | 2 | 3mm厚的车槽刀 | 400 | 0.1 |  | 0 |  |
| 3 | 4 | 平端面保总长 | 1 | 90°外圆车刀 | 800 | 0.08 | 0.5 | 0 |  |
| 编制 |  |  |  | 教师 |  |  |  | 共1页 | 第1页 |

### 3. 准备材料、设备及工、量具（表4-12）

表4-12 材料、设备及工、量具

| 序号 | 材料、设备及工、量具名称 | 规格 | 数量 |
|---|---|---|---|
| 1 | 2A12 | $\phi 40mm \times 150$ | 6块 |
| 2 | 数控车床 | CKA6150 | 6台 |
| 3 | 千分尺 | 0~25mm | 6把 |
| 4 | 千分尺 | 25~50mm | 6把 |
| 5 | 游标卡尺 | 0~150mm | 6把 |
| 6 | 90°外圆车刀 | 25mm×25mm | 6把 |
| 7 | 3mm厚的车槽刀 | 25mm×25mm | 6把 |

### 4. 加工参考程序

根据FANUC 0i MATE-TC编程要求制订的加工工艺，编写零件加工程序（参考）见表4-13。

表4-13 程序

| 程序段号 | 程序内容 | 说明注释 |
|---|---|---|
|  | O2011; | 程序名 |
| N20 | G40 G97 G99; | 取消刀尖半径补偿,恒转速,转进给 |
| N30 | M03 S800; | 转速800r/min |
| N40 | T0101; | 1号刀具1号刀补 |
| N50 | G00 X42. Z2.; | 刀具定位点 |
| N60 | G90 X37 Z-102 F0.2; | 调用单一圆柱面切削循环指令 |
| N70 | X34; |  |
| N75 | X32.5; | X向留精加工余量0.5mm |
| N80 | X29.5 Z-94.; |  |
| N90 | X28.5; | X向留精加工余量为0.5mm |

（续）

| 程序段号 | 程序内容 | 说明注释 |
|---|---|---|
| N100 | X25.5　Z-68； | |
| N110 | X22.5； | |
| N120 | X20.5； | X向精加工余量为0.5mm |
| N130 | G01　X0　F0.1　S1000； | 精加工路线开始，G90单一循环指令结束 |
| N140 | Z0； | |
| N150 | X20.　R2.； | |
| N160 | Z-68.； | |
| N190 | X26.； | |
| N200 | X28.　；Z-69.； | |
| N210 | Z-94.； | |
| N220 | X30.； | |
| N230 | X32.　Z-95.； | |
| N240 | Z-102.； | |
| N250 | X40.； | |
| N260 | G00　X150； | X向退刀 |
| N270 | Z200； | Z向退刀 |
| N280 | M05； | 主轴停转 |
| N290 | M30； | 程序结束 |

**5. 程序录入及轨迹仿真**

用FANUC 0i MATE-TC数控系统进行程序录入及轨迹仿真的步骤见表4-14。

**表4-14　FANUC 0i MATE-TC数控系统进行程序录入及轨迹仿真步骤**

| 步骤 | 操作过程 | 图示 |
|---|---|---|
| 输入主程序 | 数控车床开机，在机床索引页面找到程序功能软键，按 软键进入"程序"界面，在"编辑方式"下输入程序"O2011" | 程序　　　　O2011<br>O2011；<br>G40 G97 G99；<br>M03 S800；<br>T0101；<br>G00 X42. Z2.；<br>G90 X37. Z-102. F0.2；<br>X34.；<br>X32.5；<br>X29.5 Z-94.；<br>X28.5；<br>X25.5 Z-68.；<br>X22.5；<br>X20.5；<br>G01 X0. F0.1 S1000；<br>Z0.；<br>X20. R2.；<br>Z-68.；<br>＞_<br>编辑方式 |

(续)

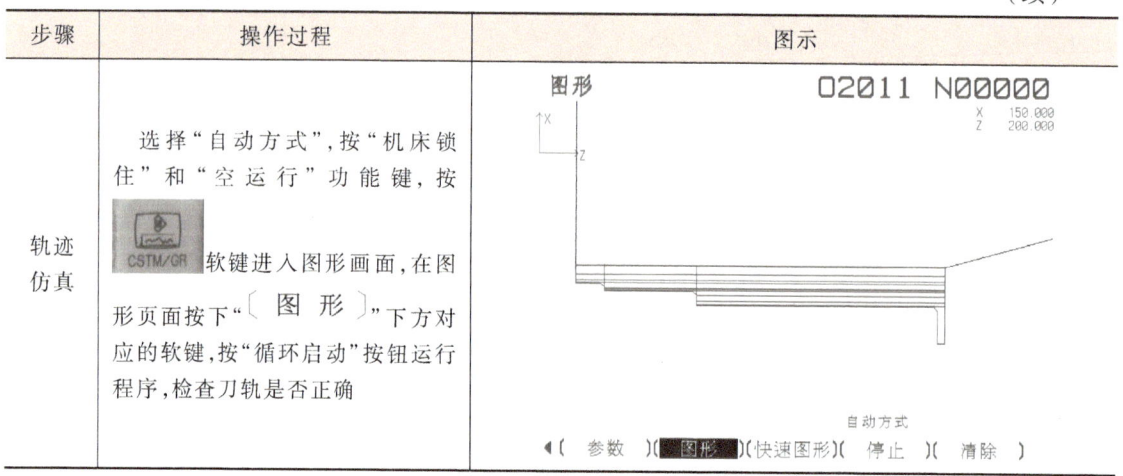

| 步骤 | 操作过程 | 图示 |
|---|---|---|
| 轨迹仿真 | 选择"自动方式",按"机床锁住"和"空运行"功能键,按 CSTM/GR 软键进入图形画面,在图形页面按下"〔图形〕"下方对应的软键,按"循环启动"按钮运行程序,检查刀轨是否正确 | |

### 6. 加工零件

加工零件操作步骤见表 4-15。

**表 4-15　加工零件操作步骤**

| 步骤 | 操作过程 | 图示 |
|---|---|---|
| 装夹零件毛坯 | 对数控车床进行安全检查,打开机床电源并开机,将毛坯装夹到卡盘上,伸出长度≥110mm | |
| 安装车刀 | 将 90°外圆车刀安装在 1 号刀位,利用垫刀片调整刀尖高度,并使用顶尖检验刀尖高度位置 | |
| | 将车槽刀装在 2 号刀位,利用垫刀片调整刀尖高度,并使用顶尖检验刀尖高度位置 | |

（续）

| 步骤 | 操作过程 | 图示 |
|---|---|---|
| 试切法 Z 轴对刀 | 主轴正转，用快速进给方式控制车刀靠近工件，然后用手轮进给方式的×10 档位慢速靠近毛坯端面，沿 X 向切削毛坯端面，切削深度约 0.5mm，刀具切削到毛坯中心，沿 X 向退刀。按 [OFS/SET] 软键切换至刀补测量页面，光标移到 01 号刀补位置，输入"Z0"后按【测量】键，完成 Z 轴对刀 | |
| 试切法 X 轴对刀 | 主轴正转，手动控制车刀靠近工件，然后用手轮方式的×10 档位慢速靠近工件 $\phi$40mm 外圆面，沿 Z 向切削毛坯料约 1mm，切削长度以方便卡尺测量为准，沿 Z 向退出车刀，主轴停止，测量工件外圆，按 [OFS/SET] 软键切换至刀补测量页面，光标移到 01 号刀补位置，输入测量值"X38.92"后按【测量】键，完成 X 轴对刀 | |

（续）

| 步骤 | 操作过程 | 图示 |
|---|---|---|
| 运行程序加工工件 | 手动方式将刀具退出一定距离，按  PROG 软键进入程序界面，检索到"O2011"程序，选择单段运行方式，按"循环启动"按钮，开始程序自动加工，当车刀完成一次单段运行后，可以关闭单段模式，让程序连续运行 |  |
| 测量工件修改刀补并精车工件 | 程序运行结束后，用千分尺测量零件外径尺寸，根据实测值计算出刀补值，对刀补进行修整。按"循环启动"按钮，再次运行程序，完成工件加工，并测量各尺寸是否符合图样要求 | 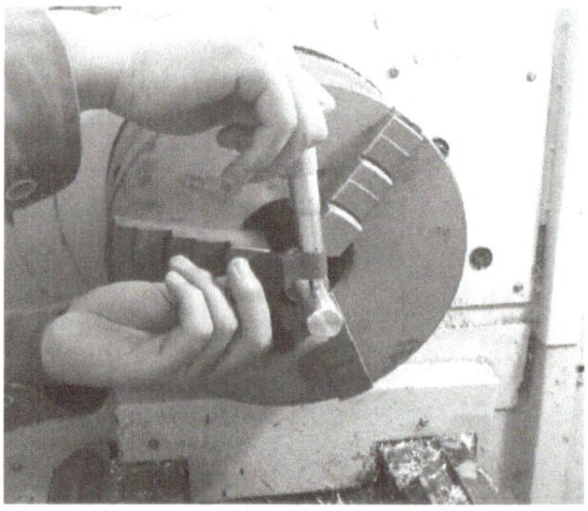 |
| 车槽 | 调用车槽刀，手动移动刀具到车槽位置，进给倍率调低，切削深度为 0.5mm 的槽 |  |
| 零件调头切削 | 将零件切断，调头切削端面，保证工件总长 |  |

(续)

| 步骤 | 操作过程 | 图示 |
|---|---|---|
| 维护保养 | 卸下工件,清扫维护机床,刀具、量具擦净 | |

## 【任务检测】

小组成员分工检测零件,并将检测结果填入表4-16中。

表4-16 零件检测表

| 序号 | 检测项目 | 检测内容 | 配分/分 | 检测要求 | 学生自评 自测 | 学生自评 得分/分 | 老师测评 检测 | 老师测评 得分/分 |
|---|---|---|---|---|---|---|---|---|
| 1 | 直径 | $\phi 20_{-0.03}^{0}$ mm | 10 | 超差不得分 | | | | |
| 2 | 直径 | $\phi 28_{-0.03}^{0}$ mm | 10 | 超差不得分 | | | | |
| 3 | 直径 | $\phi 32_{-0.052}^{0}$ mm | 10 | 超差不得分 | | | | |
| 4 | 长度 | $34_{-0.2}^{-0.1}$ mm | 10 | 超差不得分 | | | | |
| 5 | 长度 | $102_{-0.3}^{0}$ mm | 10 | 超差不得分 | | | | |
| 6 | 倒角 | C1 四处 | 10 | 超差不得分 | | | | |
| 7 | 表面质量 | Ra1.6μm 两处 | 6 | 超差不得分 | | | | |
| 8 | 表面质量 | 去除毛刺飞边 | 4 | 未处理不得分 | | | | |
| 9 | 时间 | 工件按时完成 | 10 | 未按时完成不得分 | | | | |
| 10 | 现场操作规范 | 安全操作 | 10 | 违反操作规程按程度扣分 | | | | |
| 11 | 现场操作规范 | 工、量具使用 | 5 | 工、量具使用错误,每项扣2分 | | | | |
| 12 | 现场操作规范 | 设备维护保养 | 5 | 违反维护保养规程,每项扣2分 | | | | |
| 13 | 合计(总分) | | 100 | 机床编号 | | 总得分 | | |
| 14 | 开始时间 | | 结束时间 | | | 加工时间 | | |

## 【工作评价与鉴定】

### 1. 评价（90%）

综合评价表见表 4-17。

表 4-17　综合评价表

| 项目 | 出勤情况（10%） | 工艺编制、编程（20%） | 机床操作能力（10%） | 零件质量（30%） | 职业素养（20%） | 成绩合计 |
|---|---|---|---|---|---|---|
| 个人评价 |  |  |  |  |  |  |
| 小组评价 |  |  |  |  |  |  |
| 教师评价 |  |  |  |  |  |  |
| 平均成绩 |  |  |  |  |  |  |

### 2. 鉴定（10%）

实训鉴定表见表 4-18。

表 4-18　实训鉴定表

| | |
|---|---|
| 自我鉴定 | 通过本节课我有哪些收获？<br><br><br><br><br>学生签名：＿＿＿＿＿＿<br>＿＿＿＿年＿＿月＿＿日 |
| 指导教师鉴定 | <br><br><br><br><br>指导教师签名：＿＿＿＿＿＿<br>＿＿＿＿年＿＿月＿＿日 |

## 【知识拓展】

### 1. 轴类零件的装夹与定位

（1）自定心卡盘（俗称三爪卡盘）装夹　自定心卡盘装夹工件方便、省时，但夹紧力没有单动卡盘大，适用于装夹外形规则的中、小型工件。

（2）单动卡盘（俗称四爪卡盘）装夹　单动卡盘找正比较费时，但夹紧力较大，适用于装夹大型或形状不规则的工件。

（3）一顶一夹装夹　为了防止由于进给力的作用而使工件产生轴向位移，可在主轴前端锥孔内安装一限位支撑，如图 4-15 所示；也可利用工件的台阶进行限位，如图 4-16 所示。这种方法装夹安全可靠，能承受较大的进给力，应用广泛。

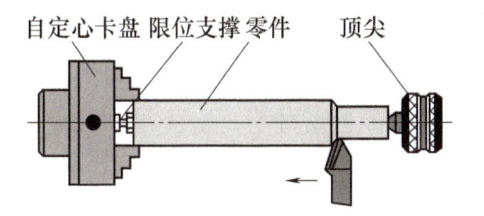

图 4-15　一夹一顶带限位支撑　　　　图 4-16　一夹一顶台阶限位

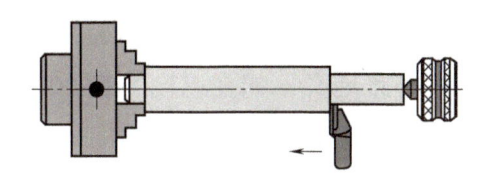

（4）用两顶尖装夹　两顶尖装夹工件方便，不需找正，定位精度高，但比一夹一顶装夹的刚度低，影响了切削用量的提高，如图 4-17 所示。较长或必须经过多次装夹后才能加工好的工件，或工序较多，在车削后还要铣削或磨削的工件多采用两顶尖装夹。

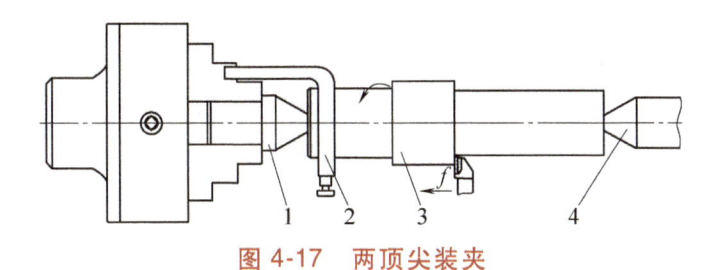

图 4-17　两顶尖装夹

1—前顶尖　2—鸡心夹头　3—工件　4—后顶尖

### 2. 切削用量

在一般加工中，切削用量包括切削速度、进给量、背吃刀量这三个要素。

（1）切削速度 $v_c$　切削刃上选定点相对于工件的主运动的瞬时速度。计算公式如下：

$$v_c = (\pi d n)/1000$$

式中　$v_c$——切削速度（m/s）；
　　　$d$——工件待加工表面直径（mm）；
　　　$n$——工件转速（r/s）。

在计算时应以最大的切削速度为准，如车削时以待加工表面直径的数值进行计算，因为此处速度最高，刀具磨损最快。

(2) 进给量 $f$　工件或刀具每转一周时，刀具与工件在进给运动方向上的相对位移量。进给速度 $v_f$ 是指切削刃上选定点相对工件进给运动的瞬时速度。

$$v_f = fn$$

式中　$v_f$——进给速度（mm/min）；
　　　$n$——主轴转速（r/min）；
　　　$f$——进给量（mm/r）。

(3) 背吃刀量 $a_p$　通过切削刃基点并垂直于工作平面的方向上测量的吃刀量。根据此定义，如在纵向车圆时，其背吃刀量可按下式计算：

$$a_p = (d_w - d_m)/2$$

式中　$d_w$——工件待加工表面直径（mm）；
　　　$d_m$——工件加工后直径（mm）。

### 3. 切削用量的选择

切削用量三要素中影响刀具寿命最大的首先是切削速度，其次是进给量，最后是背吃刀量。所以在粗加工中应优先考虑用大的背吃刀量，其次考虑用大的进给量，最后选择合理的切削速度。半精加工和精加工时首先要保证加工精度和表面质量，同时也要兼顾刀具寿命和生产效率，一般在保证合理刀具寿命前提下确定合理的切削速度，选用较小背吃刀量和进给量。

(1) 背吃刀量的选择　背吃刀量 $a_p$ 的选择按零件的加工余量而定，在中等功率的机床上，粗加工时背吃刀量可达 4~8mm，在保留后续加工余量的前提下，尽可能的一次走刀完成。当采用不重磨刀具时，背吃刀量所形成的实际切削刃长度不宜超过总切削刃的三分之二。

(2) 进给量的选择　粗加工时进给量 $f$ 的选择按刀杆强度、刚度和刀片强度、机床功率和转矩许可的条件，选一个最大值；精加工时，在获得良好的表面粗糙度值的前提下选一个较大值。

(3) 切削速度的选择　在 $a_p$ 和 $f$ 已定的基础上，再按选定的刀具寿命值确定切削速度。

## 【巩固与提高】

请对图 4-18 所示导柱实施加工任务。

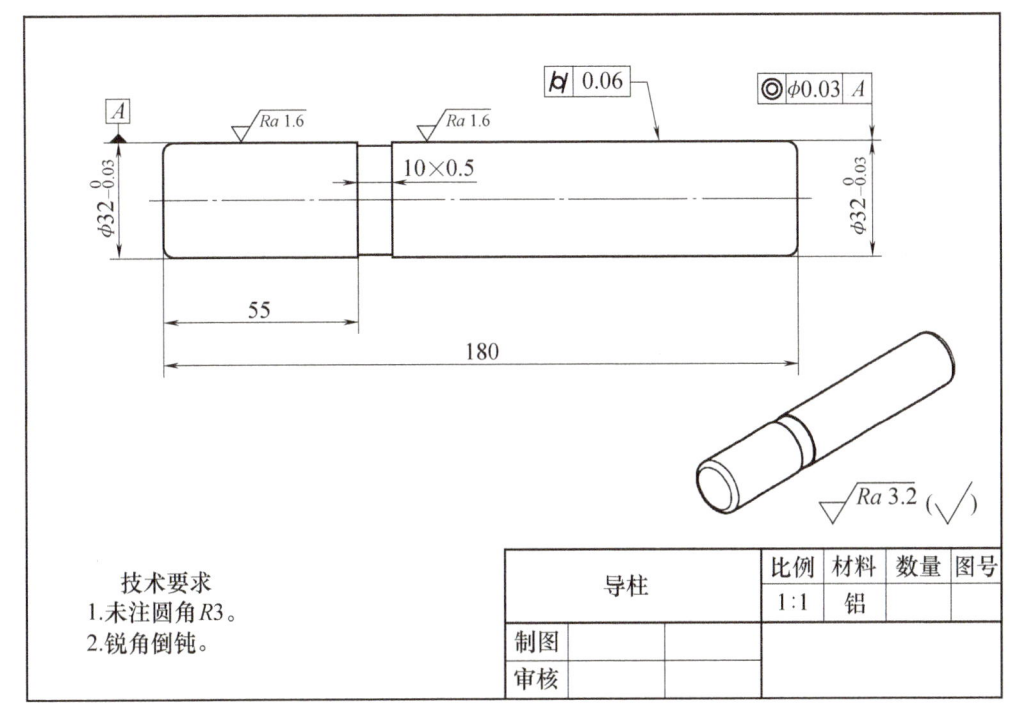

图 4-18 导柱

## 任务三　加 工 锥 轴

| 知识目标 | 1. 掌握简单轴类零件数控车削工艺分析。<br>2. 掌握 G40 指令、G41 指令、G42 指令、G71 指令、G70 指令的应用和编程方法。<br>3. 掌握锥度的计算方法。 |
|---|---|
| 技能目标 | 1. 能够完成圆锥工件的装夹、找正。<br>2. 能够完成圆锥工件自动加工的过程。<br>3. 能够独立地加工锥轴工件。 |
| 素养目标 | 1. 具有安全文明生产和遵守操作规程的意识。<br>2. 具有人际交往和团队协作能力。 |

## 【任务要求】

图 4-19 所示为锥轴零件，材料为 2A12 铝合金，请根据图样要求，合理制订加工工艺，安全操作机床，达到规定的精度和表面质量要求。

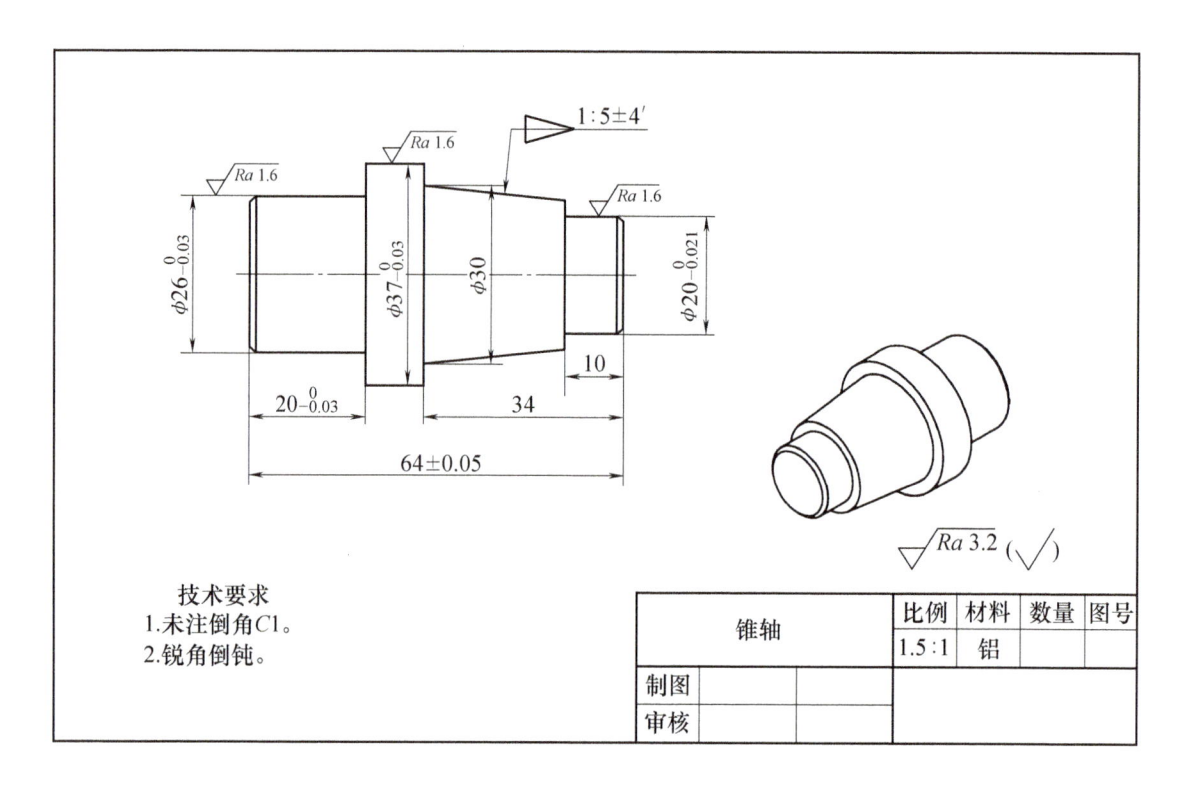

图 4-19 锥轴

### 【任务准备】

完成该任务需要准备的实训物品清单见表 4-19。

表 4-19 实训物品清单

| 序号 | 实训资源 | 种类 | 数量 | 备注 |
|---|---|---|---|---|
| 1 | 机床 | CKA6150 型数控车床 | 6 台 | 或者其他数控车床 |
| 2 | 参考资料 | 《数控车床使用说明书》《FANUC 0i MATE-TC 车床编程手册》《FANUC 0i MATE-TC 车床操作手册》《FANUC 0i MATE-TC 车床连接调试手册》 | 各 6 本 | |
| 3 | 刀具 | 90°外圆车刀 | 6 把 | QEFD2020R10 |
| 4 | 量具 | 0~150mm 游标卡尺 | 6 把 | |
| | | 0~100mm 千分尺 | 6 把 | |
| | | 百分表 | 6 块 | |

(续)

| 序号 | 实训资源 | 种类 | 数量 | 备注 |
|---|---|---|---|---|
| 5 | 辅具 | 百分表架 | 6 套 | |
| | | 内六角扳手 | 6 把 | |
| | | 套管 | 6 把 | |
| | | 卡盘扳手 | 6 把 | |
| | | 毛刷 | 6 把 | |
| 6 | 材料 | 2A12 | 6 根 | |
| 7 | 工具车 | | 6 辆 | |

## 【相关知识】

### 一、相关知识

**1. 外圆锥面加工编程的工艺知识**

如图 4-20 所示，常用的圆台参数有：圆锥台最大直径 $D$；圆锥台最小直径 $d$；圆锥台长度 $L$；圆锥半角 $\alpha/2$；锥度 $C$。

锥度是锥台最大直径和最小直径差值与圆锥台长度 $L$ 的比值，即 $C=(D-d)/L$。

**2. 外圆锥加工的编程方法**

（1）刀尖圆弧自动补偿功能　编程时，通常都将车刀刀尖作为一点来考虑，但实际上刀尖处存在圆角，如图 4-21 所示。当用按理论刀尖点编出

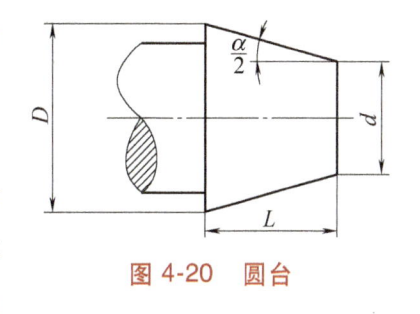

图 4-20　圆台

的程序进行端面、外径、内径等与轴线平行或垂直的表面加工时，是不会产生误差的。但在进行倒角、锥面及圆弧切削时，则会产生少切或过切现象，如图 4-22 所示。具有刀尖圆弧自动补偿功能的数控系统能根据刀尖圆弧半径计算出补偿量，避免少切或过切现象的产生。

（2）刀尖圆弧半径补偿指令

指令格式：

G01/G00　G40　X(U)__　Z(W)__;

G01/G00　G41　X(U)__　Z(W)__;

G01/G00　G42　X(U)__　Z(W)__;

图 4-21 刀尖圆角 R

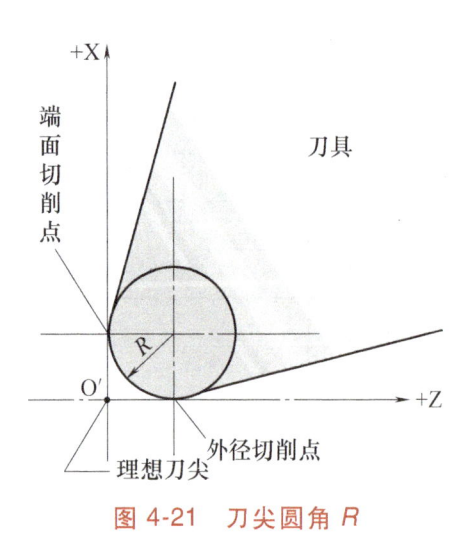

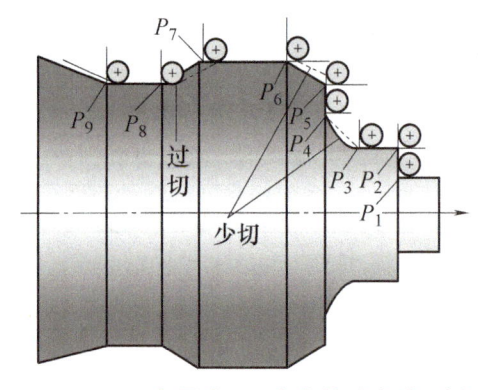

图 4-22 刀尖圆角 R 造成的少切与过切

指令功能：

G40 指令是取消刀尖圆弧半径补偿。

G41 指令为刀尖圆弧半径左补偿。

G42 指令为刀尖圆弧半径右补偿。

指令说明：前置刀架顺着刀具运动方向看，工件在刀具的左边为刀尖圆弧半径左补偿；工件在刀具的右边为刀尖圆弧半径右补偿。后置刀架顺着刀具运动方向看，刀具在工件的左边为刀尖圆弧半径左补偿；刀具在工件的右边为刀尖圆弧半径右补偿，如图 4-23 所示。

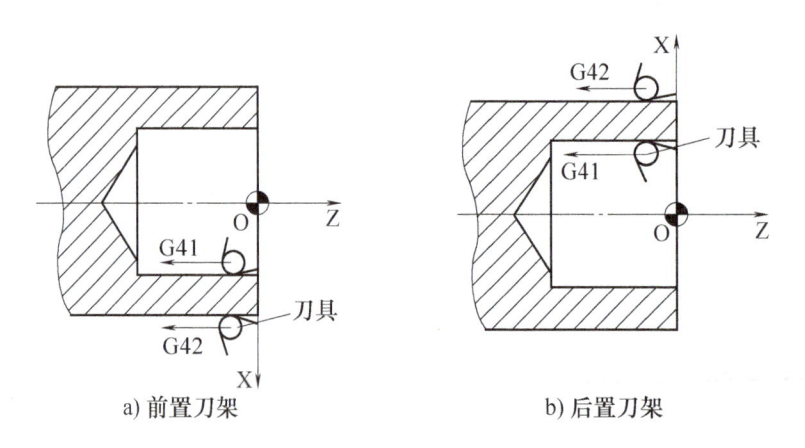

a) 前置刀架　　b) 后置刀架

图 4-23 刀尖圆弧半径补偿示意图

注意：

1）G41 指令、G42 指令、G40 指令只能与 G01 指令、G00 指令结合使用编程，不允许与 G02 指令、G03 指令等其他指令结合编程，否则车床报警。

2）在编入 G41 指令、G42 指令、G40 指令的 G01 指令、G00 指令前后的两个程序段中，X 值、Z 值中至少有一个值是变化的，否则报警。

3）在调用新的车刀前，必须取消刀具补偿，否则车床报警。

4）在使用 G40 指令前，刀具必须已经离开工件加工表面。

补偿的基准点是刀尖中心，刀尖半径 R，以及用于假想刀尖半径补偿所需的刀尖形式号 1~9。刀尖方向代码，如图 4-24 所示，图 4-24a 为后置刀架，图 4-24b 为前置刀架。这些内容应当在加工前输入进刀具偏置表中，进入刀具偏置页面，将刀尖圆弧半径值输入 R 地址中，刀尖方位号输入 T 地址中。

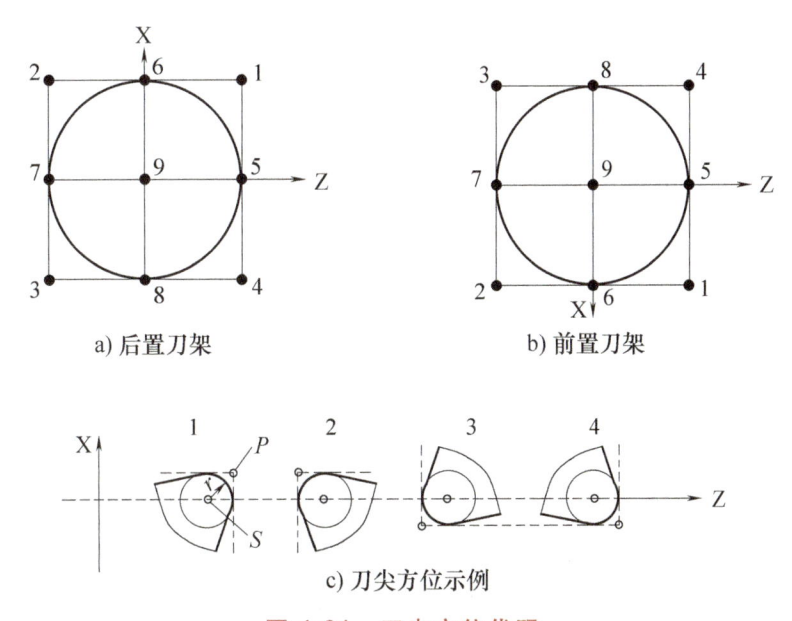

a) 后置刀架　　　　b) 前置刀架

c) 刀尖方位示例

图 4-24　刀尖方位代码

### 3. 外圆粗加工复合循环 G71 指令

指令功能：切除棒料毛坯大部分加工余量，切削是沿平行 Z 轴方向进行，如图 4-25 所示 A 为循环起点，$A-A'-B$ 为精加工路线。使用该循环指令编程，首先要确定循环点 A、切削始点 $A'$ 和切削终点 B 的坐标位置。为节省数控机床的辅助工作时间，从换刀点至循环点 A 使用 G00 快速定位指令，循环点 A 的 X 坐标位于毛坯尺寸之外。$A' \rightarrow B$ 是工件的轮廓线，$A \rightarrow$

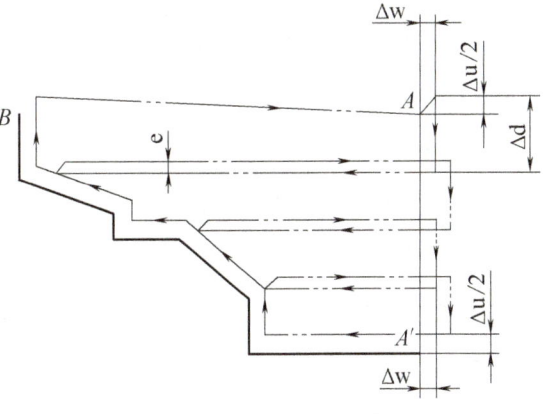

图 4-25　外圆粗加工循环

$A'→B$ 为精加工路线，粗加工时刀具从 $A$ 点后退 $\Delta u/2$、$\Delta w$，即自动留出精加工余量。顺序号 $n_s$ 至 $n_f$ 之间的程序段描述刀具切削加工的路线。

指令格式：

G71　U($\Delta d$)　R($e$);

G71　P($n_s$) Q($n_f$) U($\Delta u$) W($\Delta w$);

参数说明：

$\Delta d$——每次背吃刀量（半径值），无正负号。

　$e$——退刀量（半径值），无正负号。

　$n_s$——精加工路线第一个程序段的顺序号。

　$n_f$——精加工路线最后一个程序段的顺序号。

$\Delta u$——X方向的精加工余量，直径值。

$\Delta w$——Z方向的精加工余量。

使用 G71 指令时需要注意的问题：

1) G71 指令中关键的参数背吃刀量 U 要选择适当值，当 U 过大时会产生扎刀，U 过小时生产效率低下，特别应该注意 U 为半径值并且 U 后面的数值必须有小数点。

2) 退刀量 R 不能为 0，通常取 0.5~1.mm。

3) $\Delta u$ 为 X 方向精加工余量，通常取 0.3~0.5mm（直径值）。

4) $\Delta w$ 为 Z 方向的精加工余量，通常取 0.03~0.05mm。

5) 循环指令格式中的 $n_s$、$n_f$ 精加工路线第一个和最后一个程序段的顺序号要与精加工程序中的顺序号相对应。

### 4. 精加工循环

由 G71 指令完成粗加工后，可以用 G70 指令进行精加工。精加工时，G71 指令程序段中的 F、S、T 指令无效，只有在 $n_s$~$n_f$ 程序段中的 F、S、T 指令才有效。

编程格式：G70　P($n_s$)　Q($n_f$)。

参数说明：

$n_s$——精加工轮廓程序段中开始程序段的段号。

$n_f$——精加工轮廓程序段中结束程序段的段号。

例：如图 4-26 所示，在 G71 指令程序应用例中的 $n_f$ 程序段后再加上 G70 P$n_s$ Q$n_f$; 程序段，并在 $n_s$~$n_f$ 程序段中加上精加工适用的 F、S、T 指令，就可以完成从粗加工到精加工的全过程。

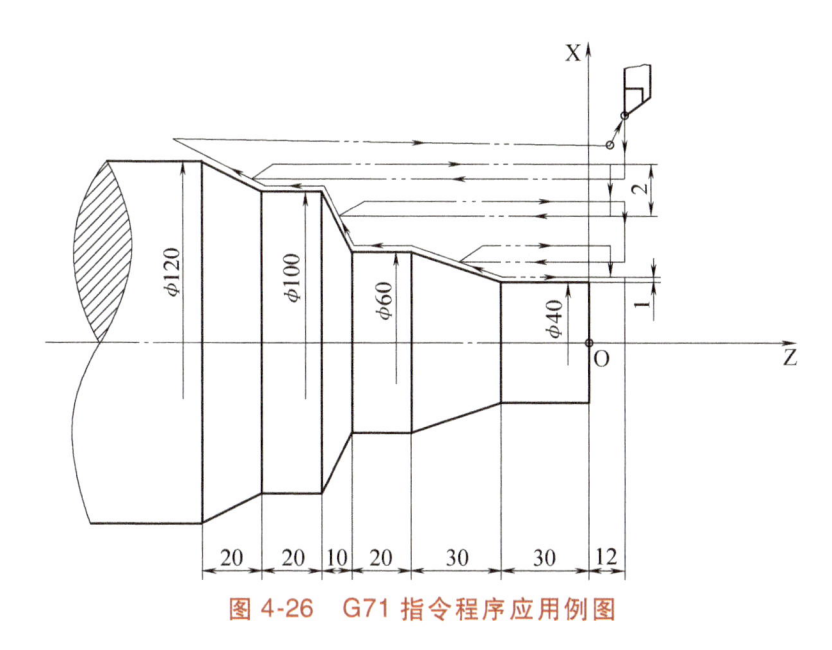

图 4-26　G71 指令程序应用例图

例：表 4-20 为按图 4-26 所示尺寸编写的外圆粗切循环加工程序。

表 4-20　外圆粗切循环加工程序

| 程序段号 | 程序内容 | 说明注释 |
| --- | --- | --- |
| N10 | O1; | 程序名 |
| N20 | G97　G99　S800　M03　F0.2; | 转速800r/min 进给量设定为每转0.2mm |
| N30 | T0101; | 1号刀具1号刀补 |
| N40 | G00　X122.0　Z12.0; | 刀具加工循环起点 |
| N50 | G71　U2.0　R1.0; | 背吃刀量 2mm 退刀量 1mm |
| N60 | G71　P70　Q160　U0.5　W0.05; | X向精加工余量为 0.5mm，Z向精加工余量为 0.05mm |
| N70 | G00　X40　S800; | 精加工起始段 |
| N80 | G01　Z-30.　F0.08; | |
| N90 | X60.　Z-60.; | |
| N100 | W-20.; | |
| N110 | X100.　W-10.; | |
| N115 | W-20.; | |
| N120 | X120.　W-20.; | |
| N160 | G00　X122.0; | 精加工结束段 |
| N170 | X200.0　Z100.0; | 退刀 |
| N180 | M00; | 程序停止 |
| N190 | S1000　M03　F0.08; | 转速1000r/min，进给量设定为每转0.08mm |
| N200 | T0101; | 1号刀具1号刀补 |
| N210 | G00　X47.0　Z2.0; | 刀具加工循环起点 |
| N220 | G70　P70　Q160; | 精加工 |
| N230 | X200.0　Z100.0; | 退刀 |
| N240 | M30; | 程序结束 |

## 二、圆锥零件的检验方法

### 1. 单项测量法

（1）锥（角）度的测量  用游标万能角度尺检验锥（角）度，游标万能角度尺是测量大小锥（角）度的精密量具，测量精度为 5′~2′，游标万能角度尺的角尺面应通过工件中心，使量具的基面跟工件测量基准吻合，并用透光法检查。读数时，应将量具上的固定螺钉拧紧，然后离开工件，以免将测得的角度值移动。

（2）直径的测量  一个合格的圆锥，不但需要有准确的锥（角）度，同时还要有正确的直径尺寸。在车削圆锥工件时，有时锥度很准确，但它的大小端直径尺寸不正确，这个零件也是不合格的。所以在车削圆锥的时候，还必须重视大小端面直径尺寸的检查。

### 2. 综合测量

对圆锥的综合测量，可选用标准圆锥塞规和套规进行。如果需要测量非标准的圆锥体或圆锥孔时，也可自制圆锥塞规和塞规。

（1）用塞规测量圆锥孔  标准塞规除了有一个精确的圆锥之外，在塞规的一个端面上还有一个阶台，在大端锥面上刻有两条线，这一阶台和刻线就是圆锥公差的范围。

（2）用套规测量圆锥体  标准套规除了有一个精确的内圆锥之外，在套规的端面上也有一个阶台，这个阶台就是圆锥体的公差范围。圆锥体的综合测量方法与测量圆锥孔相同，但是显示剂不涂在套规的锥孔里，而是涂在被检验的工件圆锥体的表面上。

## 【任务实施】

### 1. 工艺分析

1）该零件毛坯为 $\phi 40mm \times 68mm$ 铝料，该零件采用调头车削的方法，先加工 $\phi 26mm$ 和 $\phi 37mm$ 外圆，调头夹持 $\phi 26mm$ 外圆并找正，车削剩余左端轮廓。

2）由于零件的尺寸要求较高，所以要分粗、精加工以保证零件的表面质量和尺寸精度。

## 2. 根据图样填写锥轴加工工艺卡（表4-21）

表4-21 锥轴加工工艺卡

| 零件名称 | 材料 | 设备名称 | 毛坯 | | | |
|---|---|---|---|---|---|---|
| 锥轴 | 2A12 | CKA6150 | 种类 | 圆铝棒 | 规格 | $\phi40mm\times68mm$ |
| 任务内容 | | 程序号 | O1 | 数控系统 | | FANUC 0i MATE-TC |

| 工序号 | 工步 | 工步内容 | 刀号 | 刀具名称 | 主轴转速 $n/(r/min)$ | 进给量 $f/(mm/r)$ | 背吃刀量 $a_p/(mm/r)$ | 余量 /mm | 备注 |
|---|---|---|---|---|---|---|---|---|---|
| 1 | 1 | 粗加工左端$\phi26mm$、$\phi37mm$外圆 | 1 | 90°外圆车刀 | 800 | 0.2 | 2.0 | 0.5 | |
| | 2 | 精加工左端$\phi26mm$、$\phi37mm$外圆 | 1 | 90°外圆车刀 | 1000 | 0.08 | 0.5 | 0 | |
| 2 | 3 | 调头车端面保总长 | 1 | 90°外圆车刀 | 800 | 0.1 | 0.5 | 0 | |
| 3 | 4 | 粗加工$\phi20mm$外圆及圆锥面 | 1 | 90°外圆车刀 | 800 | 0.2 | 2.0 | 0.5 | |
| | 5 | 精加工$\phi20mm$外圆及圆锥面 | 1 | 90°外圆车刀 | 1000 | 0.08 | 0.5 | 0 | |
| 编制 | | | 教师 | | | 共1页 | 第1页 | | |

## 3. 准备材料、设备及工、量具（表4-22）

表4-22 准备材料、设备及工、量具

| 序号 | 材料、设备及工、量具名称 | 规格 | 数量 |
|---|---|---|---|
| 1 | $\phi40mm$圆铝棒 | $\phi40mm\times90mm$ | 6根 |
| 2 | 数控车床 | CKA6150 | 6台 |
| 3 | 千分尺 | 0~25mm | 6把 |
| 4 | 千分尺 | 25~50mm | 6把 |
| 5 | 游标卡尺 | 0~150mm | 6把 |
| 6 | 90°外圆车刀 | 20mm×20mm | 6把 |

## 4. 加工参考程序

根据FANUC 0i MATE-TC编程要求制订的加工工艺，编写零件加工程序（参考）见表4-23，表4-24。

表4-23 程序1

| 程序段号 | 左端轮廓程序 | 说明注释 |
|---|---|---|
| N10 | O3011; | 程序名 |
| N20 | G40 G97 G99; | 取消刀尖半径补偿，恒转速，转进给 |

(续)

| 程序段号 | 左端轮廓程序 | 说明注释 |
|---|---|---|
| N30 | M03 S800; | 转速800r/min |
| N40 | T0101; | 1号刀具1号刀补 |
| N50 | G00 X42. Z2.; | 刀具定位点 |
| N60 | G71 U1.5 R0.5; | 粗加工循环,背吃刀量1.5mm,退刀量0.5mm |
| N70 | G71 P75 Q140 U0.5 W0.05 F0.2; | X方向精加工余量0.5mm,Z方向精加工余量0.05mm |
| N75 | G01 X24. F0.1; | |
| N80 | Z0; | |
| N90 | X26. Z-1.; | |
| N100 | Z-20.; | |
| N110 | X37.; | |
| N120 | Z-32.; | |
| N130 | X40.; | |
| N140 | G00 X42.; | |
| N150 | G70 P75 Q140; | 精加工循环 |
| N160 | G00 X150.; | 退刀 |
| N190 | Z200.; | 退刀 |
| N200 | M05; | 主轴停转 |
| N210 | M30; | 程序结束 |

表4-24 程序2

| 程序段号 | 右端轮廓程序 | 说明注释 |
|---|---|---|
| N10 | O3012; | 程序名 |
| N20 | G40 G97 G99; | 取消刀尖半径补偿,恒转速,转进给 |
| N30 | M03 S800; | 转速800r/min |
| N40 | T0101; | 1号刀具1号刀补 |
| N50 | G00 X42. Z2.; | 刀具定位点 |
| N60 | G71 U1.5 R0.5; | 粗加工循环,背吃刀量1.5mm,退刀量0.5mm |
| N70 | G71 P75 Q140 U0.5 W0.05 F0.2; | X方向精加工余量0.5mm,Z方向精加工余量0.05mm |
| N75 | G42 G01 X18. F0.1; | 调用刀补 |
| N80 | Z0; | |
| N90 | X20. Z-1.; | |
| N100 | Z-10.; | |
| N110 | X25.2; | |

（续）

| 程序段号 | 右端轮廓程序 | 说明注释 |
|---|---|---|
| N120 | X30. Z-34. ; | |
| N130 | X40. ; | |
| N140 | G40 G00 X42. ; | 取消刀补 |
| N150 | G70 P75 Q140; | 精加工循环 |
| N160 | G00 X150. ; | 退刀 |
| N190 | Z200. ; | 退刀 |
| N200 | M05; | 主轴停转 |
| N210 | M30; | 程序结束 |

### 5. 程序录入及轨迹仿真

用 FANUC 0i MATE-TC 数控系统进行程序录入及轨迹仿真的步骤见表 4-25。

表 4-25　FANUC 0i MATE-TC 数控系统进行程序录入及轨迹仿真步骤

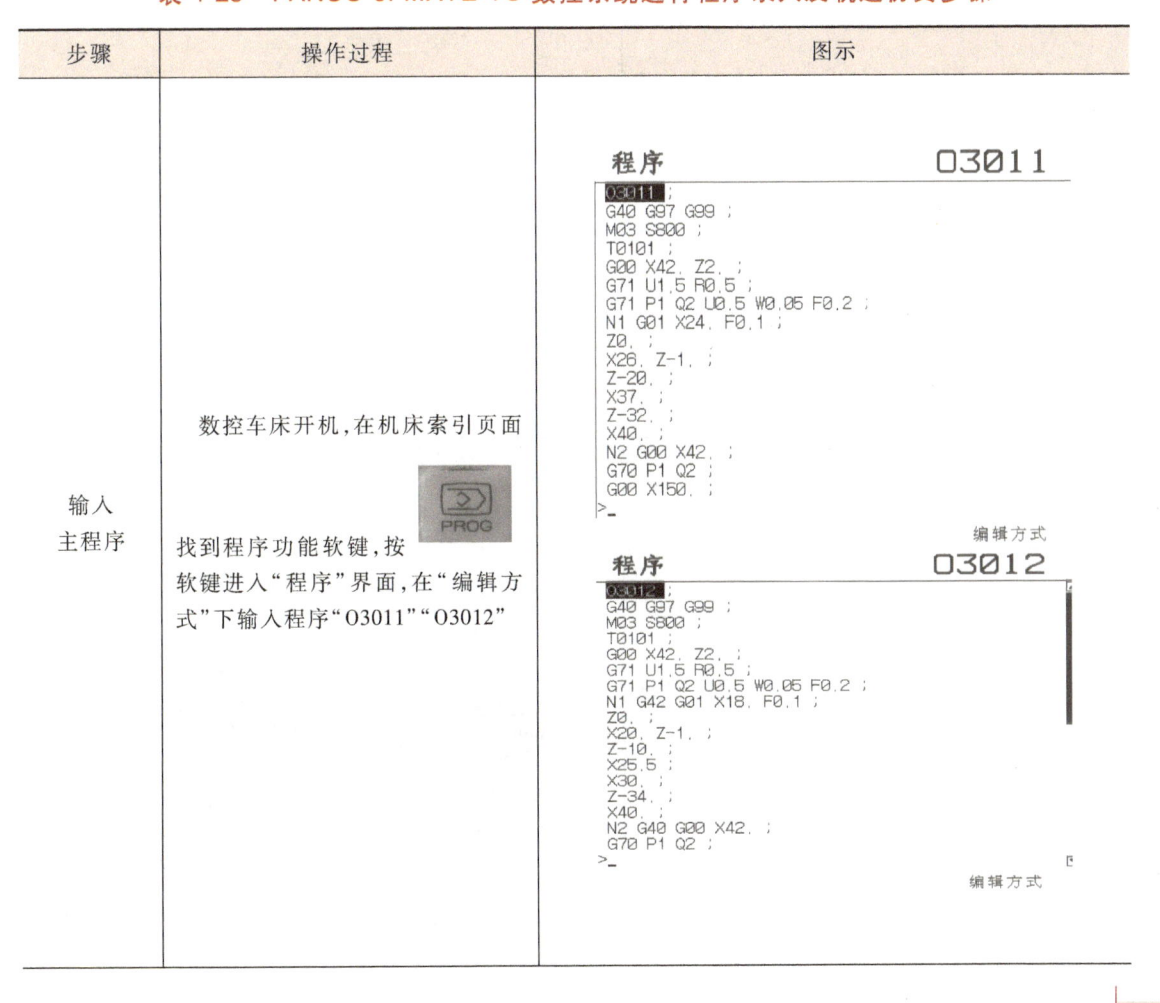

| 步骤 | 操作过程 | 图示 |
|---|---|---|
| 输入主程序 | 数控车床开机，在机床索引页面找到程序功能软键，按软键进入"程序"界面，在"编辑方式"下输入程序"O3011""O3012" | 程序 O3011<br>O3011;<br>G40 G97 G99;<br>M03 S800;<br>T0101;<br>G00 X42. Z2.;<br>G71 U1.5 R0.5;<br>G71 P1 Q2 U0.5 W0.05 F0.2;<br>N1 G01 X24. F0.1;<br>Z0.;<br>X26. Z-1.;<br>Z-20.;<br>X37.;<br>Z-32.;<br>X40.;<br>N2 G00 X42.;<br>G70 P1 Q2;<br>G00 X150.;<br>编辑方式<br><br>程序 O3012<br>O3012;<br>G40 G97 G99;<br>M03 S800;<br>T0101;<br>G00 X42. Z2.;<br>G71 U1.5 R0.5;<br>G71 P1 Q2 U0.5 W0.05 F0.2;<br>N1 G42 G01 X18. F0.1;<br>Z0.;<br>X20. Z-1.;<br>Z-10.;<br>X25.5;<br>X30.;<br>Z-34.;<br>X40.;<br>N2 G40 G00 X42.;<br>G70 P1 Q2;<br>编辑方式 |

（续）

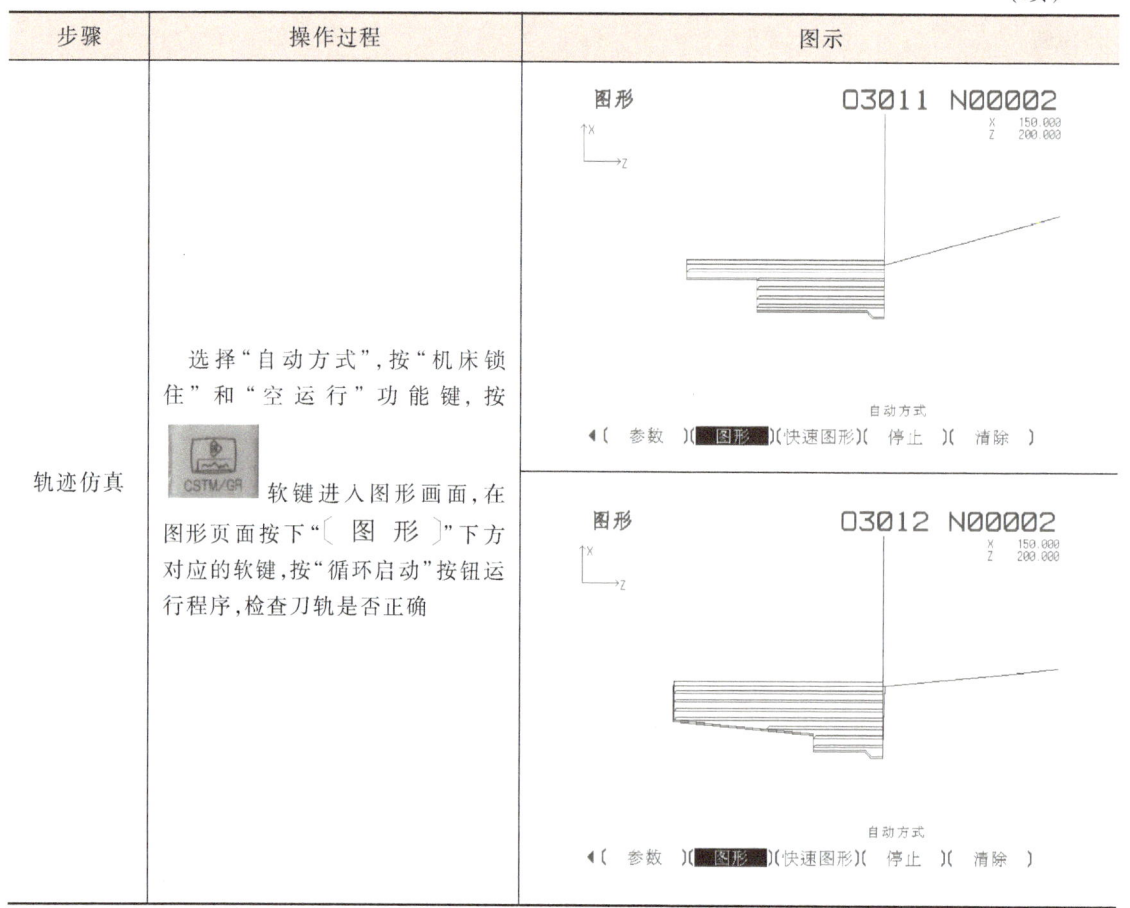

| 步骤 | 操作过程 | 图示 |
|---|---|---|
| 轨迹仿真 | 选择"自动方式"，按"机床锁住"和"空运行"功能键，按 ![CSTM/GR] 软键进入图形画面，在图形页面按下"〔图形〕"下方对应的软键，按"循环启动"按钮运行程序，检查刀轨是否正确 | 图形 O3011 N00002<br>X 150.000<br>Z 200.000<br>自动方式<br>◁（参数）（**图形**）（快速图形）（停止）（清除）<br><br>图形 O3012 N00002<br>X 150.000<br>Z 200.000<br>自动方式<br>◁（参数）（**图形**）（快速图形）（停止）（清除） |

## 6. 加工零件

加工零件操作步骤见表 4-26。

表 4-26 加工零件操作步骤

| 步骤 | 操作过程 | 图示 |
|---|---|---|
| 装夹零件毛坯 | 对数控车床进行安全检查，打开机床电源并开机，将毛坯装夹到卡盘上，伸出长度≥35mm | |

(续)

| 步骤 | 操作过程 | 图示 |
|---|---|---|
| 安装车刀 | 将90°外圆车刀安装在1号刀位,利用垫刀片调整刀尖高度,并使用顶尖检验刀尖高度位置 | 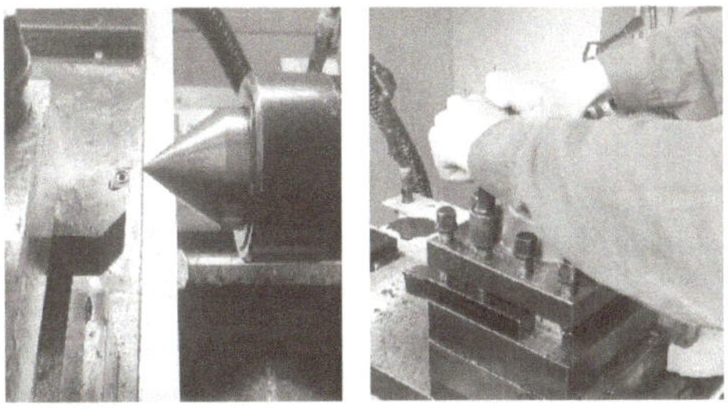 |
| 试切法Z轴对刀 | 主轴正转,用快速进给方式控制车刀靠近工件,然后用手轮进给方式的×10档位慢速靠近毛坯端面,沿X向切削毛坯端面,切削深度约0.5mm,刀具切削到毛坯中心,沿X向退刀。按  [OFS/SET] 软键切换至刀补测量页面,光标移到01号刀补位置,输入"Z0"后按【测量】键,完成Z轴对刀 |  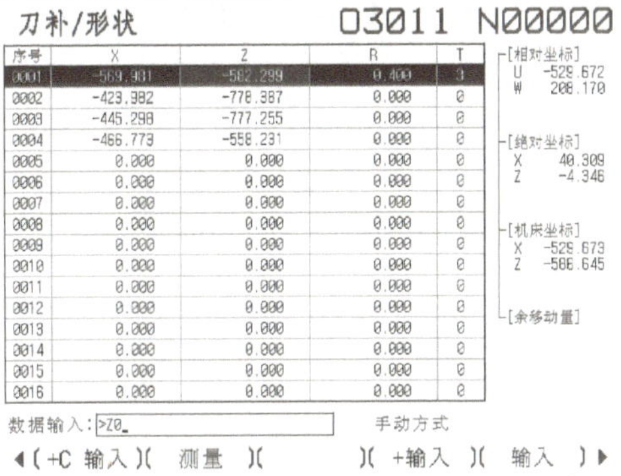 |
| 试切法X轴对刀 | 主轴正转,手动控制车刀靠近工件,然后用手轮方式的×10档位慢速靠近工件φ40mm外圆面,沿Z向切削毛坯料约1mm,切削长度以方便卡尺测量为准,沿Z向退出车刀,主轴停止,测量工件外圆,按  [OFS/SET] 软键切换至刀补测量页面,光标移到01号刀补位置,输入测量值"X38.75"后按【测量】键,完成X轴对刀 |  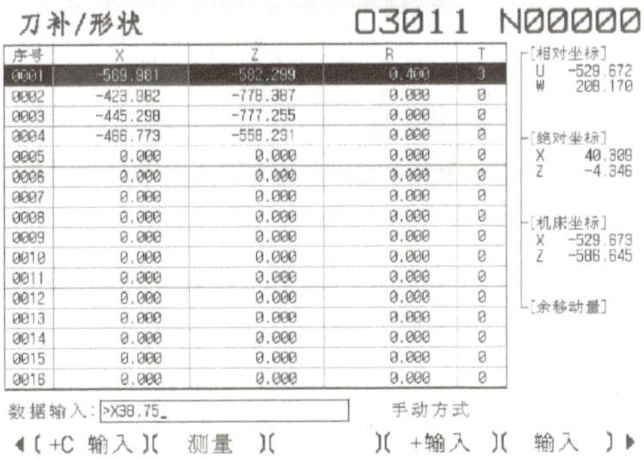 |

(续)

| 步骤 | 操作过程 | 图示 |
| --- | --- | --- |
| 运行程序加工右端轮廓 | 手动方式将刀具退出一定距离，按  PROG 软键进入程序界面，检索到"O3011"程序，选择单段运行方式，按"循环启动"按钮，开始程序自动加工，当车刀完成一次单段运行后，可以关闭单段模式，让程序连续运行 |  |
| 测量工件修改刀补并精车工件 | 程序运行结束后，用千分尺测量零件外径尺寸，根据实测值计算出刀补值，对刀补进行修整。按"循环启动"按钮，再次运行程序，完成工件加工，并测量各尺寸是否符合图样要求 | 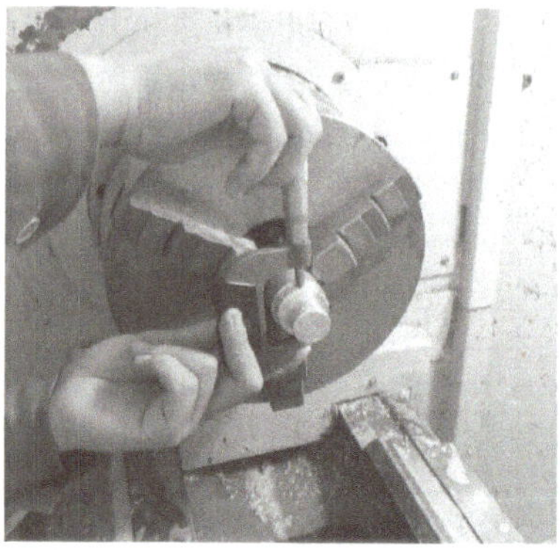 |
| 零件调头切削 | 零件调头装夹，切削端面，保证工件总长，对刀同上面步骤 |  |
| 运行程序加工右端轮廓 | 手动方式将刀具退出一定距离，按  PROG 软键进入程序界面，检索到"O3012"程序，选择单段运行方式，按"循环启动"按钮，开始程序自动加工，当车刀完成一次单段运行后，可以关闭单段模式，让程序连续运行 |  |

（续）

| 步骤 | 操作过程 | 图示 |
|---|---|---|
| 测量工件修改刀补并精车工件 | 程序运行结束后,用千分尺测量零件外径尺寸,根据实测值计算出刀补值,对刀补进行修整。按"循环启动"按钮,再次运行程序,完成工件加工,并测量各尺寸是否符合图样要求 | |
| 维护保养 | 卸下工件,清扫维护机床,刀具、量具擦净 | |

## 【任务检测】

小组成员分工检测零件，并将检测结果填入表 4-27 中。

表 4-27 零件检测表

| 序号 | 检测项目 | 检测内容 | 配分/分 | 检测要求 | 学生自评 自测 | 学生自评 得分/分 | 老师测评 检测 | 老师测评 得分/分 |
|---|---|---|---|---|---|---|---|---|
| 1 | 直径 | $\phi 20_{-0.021}^{0}$ mm | 15 | 超差不得分 | | | | |
| 2 | 直径 | $\phi 26_{-0.03}^{0}$ mm | 15 | 超差不得分 | | | | |
| 3 | 直径 | $\phi 37_{-0.03}^{0}$ mm | 15 | 超差 0.01mm 扣 3 分 | | | | |
| 4 | 长度 | 64mm±0.05mm | 10 | 超差不得分 | | | | |
| 5 | 长度 | 10mm | 5 | 超差不得分 | | | | |
| 6 | 长度 | $20_{-0.03}^{0}$ mm | 5 | 超差不得分 | | | | |
| 7 | 长度 | 34mm | 5 | 超差不得分 | | | | |
| 8 | 倒角 | C1 四处 | 4 | 超差不得分 | | | | |

(续)

| 序号 | 检测项目 | 检测内容 | 配分/分 | 检测要求 | 学生自评 自测 | 学生自评 得分/分 | 老师测评 检测 | 老师测评 得分/分 |
|---|---|---|---|---|---|---|---|---|
| 9 | 表面质量 | $Ra1.6\mu m$ 两处 | 4 | 超差不得分 | | | | |
| 10 | | $Ra3.2\mu m$ | 1 | 超差不得分 | | | | |
| 11 | | 去除毛刺飞边 | 1 | 未处理不得分 | | | | |
| 12 | 时间 | 工件按时完成 | 5 | 未按时完成不得分 | | | | |
| 13 | 现场操作规范 | 安全操作 | 5 | 违反操作规程按程度扣分 | | | | |
| 14 | | 工、量具使用 | 5 | 工、量具使用错误,每项扣2分 | | | | |
| 15 | | 设备维护保养 | 5 | 违反维护保养规程,每项扣2分 | | | | |
| 16 | 合计(总分) | | 100 | 机床编号 | | 总得分 | | |
| 17 | 开始时间 | | | 结束时间 | | 加工时间 | | |

## 【工作评价与鉴定】

### 1. 评价（90%）

综合评价表见表4-28。

表4-28 综合评价表

| 项目 | 出勤情况（10%） | 工艺编制、编程（20%） | 机床操作能力（10%） | 零件质量（30%） | 职业素养（20%） | 成绩合计 |
|---|---|---|---|---|---|---|
| 个人评价 | | | | | | |
| 小组评价 | | | | | | |
| 教师评价 | | | | | | |
| 平均成绩 | | | | | | |

### 2. 鉴定（10%）

实训鉴定表见表4-29。

表 4-29　实训鉴定表

| 自我鉴定 | 通过本节课我有哪些收获？<br><br><br><br><br><br>学生签名：_____<br>_____年___月___日 |
|---|---|
| 指导教师鉴定 | <br><br><br><br><br><br>指导教师签名：_____<br>_____年___月___日 |

## 【知识拓展】

圆锥种类如下：

（1）莫氏圆锥　莫氏锥度是机加工中关于锥度的国际标准，用于旋转体的精密固定。它是利用摩擦力的原理，来传递一定的转矩。莫氏锥度因为是锥度配合，所以拆卸简便，重复拆卸不会影响精度。

莫氏锥度分为长锥和短锥，长锥传递的力矩较大，有 0、1、2、3、4、5、6 共七个号，短锥传递的力矩较小，有 B10、B12、B16、B18、B22、B24 共六个型号。

（2）米制圆锥　米制圆锥有 8 个号码，即 4、6、80、100、120、140、160 和 200 号，米制圆锥的号码是指大端直径，锥度固定不变，即 $C=1:20$。例如：100

号的米制圆锥，它的大端直径是 100mm，锥度 $C=1:20$。米制圆锥的优点是锥度不变，记忆方便。

### 【巩固与提高】

请对图 4-27 所示锥轴实施加工任务。

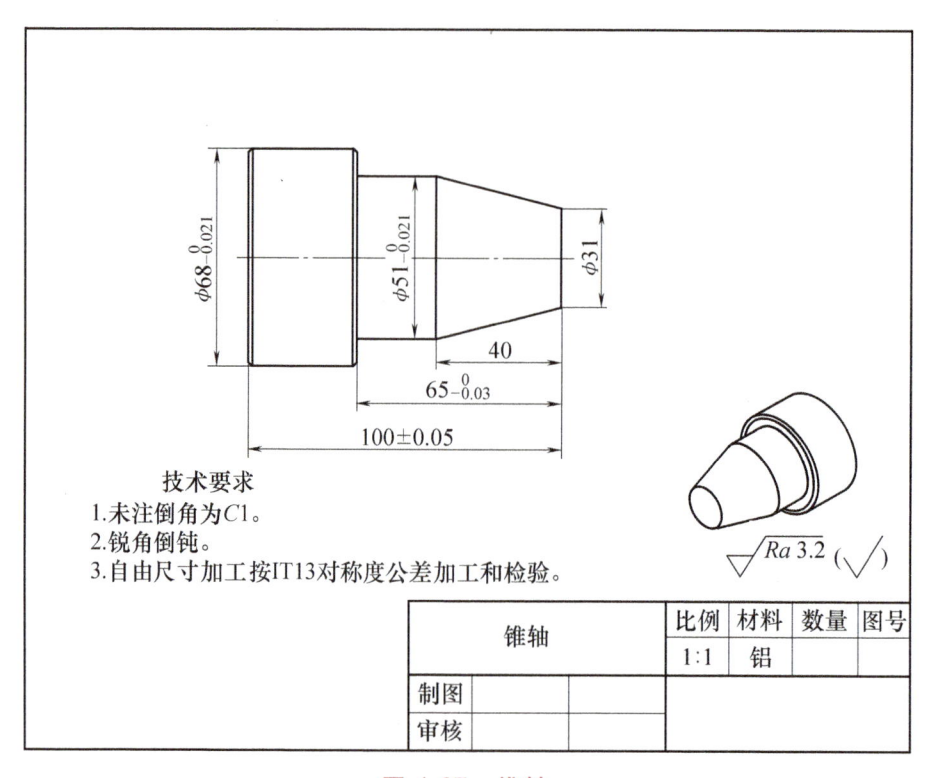

技术要求
1. 未注倒角为C1。
2. 锐角倒钝。
3. 自由尺寸加工按IT13对称度公差加工和检验。

图 4-27　锥轴

# 项目五　　加工沟槽轴类零件

| 知识目标 | 1. 掌握槽的加工工艺知识。<br>2. 掌握槽的编程方法。<br>3. 掌握 G04 指令、G75 指令的应用。 |
|---|---|
| 技能目标 | 1. 能够正确地选择、安装车槽刀。<br>2. 能够正确使用槽刀加工窄槽、宽槽等零件。<br>3. 能够根据槽的尺寸大小合理选择参数进行加工。 |
| 素养目标 | 1. 通过现场加工，养成安全操作意识。<br>2. 具有人际交往和团队协作能力。 |

## 【任务要求】

如图 5-1 所示的凹槽轴零件，材料为 2A12 铝合金，请根据图样要求，合理制

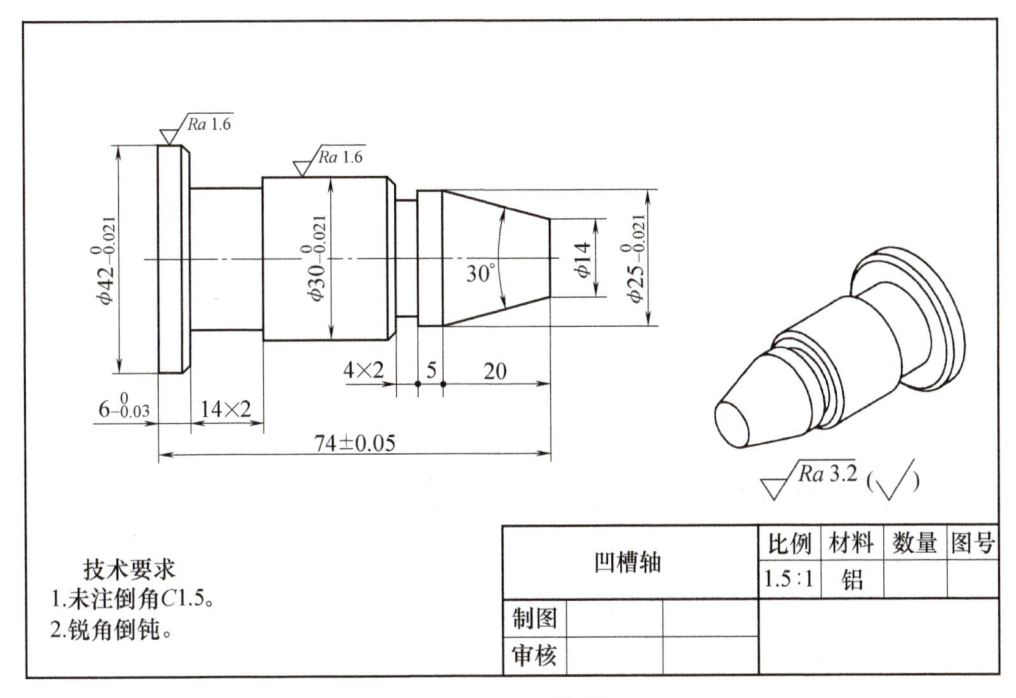

图 5-1　凹槽轴

订加工工艺，安全操作机床，达到规定的精度和表面质量要求。

## 【任务准备】

完成该任务需要准备的实训物品如表 5-1 所示。

表 5-1 实训物品清单

| 序号 | 实训资源 | 种类 | 数量 | 备注 |
| --- | --- | --- | --- | --- |
| 1 | 机床 | CKA6150 型数控车床 | 6 台 | 或者其他数控车床 |
| 2 | 参考资料 | 《数控车床使用说明书》<br>《FANUC 0i MATE-TC 车床编程手册》<br>《FANUC 0i MATE-TC 车床操作手册》<br>《FANUC 0i MATE-TC 车床连接调试手册》 | 各 6 本 | |
| 3 | 刀具 | 90°外圆车刀 | 6 把 | QEFD2020R10 |
| | | 4mm 车槽刀 | 6 把 | |
| 4 | 量具 | 0~150mm 游标卡尺 | 6 把 | |
| | | 0~100mm 千分尺 | 6 把 | |
| | | 百分表 | 6 块 | |
| 5 | 辅具 | 百分表架 | 6 套 | |
| | | 内六角扳手 | 6 把 | |
| | | 套管 | 6 把 | |
| | | 卡盘扳手 | 6 把 | |
| | | 毛刷 | 6 把 | |
| 6 | 材料 | 2A12 | 6 根 | |
| 7 | 工具车 | | 6 辆 | |

## 【相关知识】

### 一、相关知识

#### 1. 槽的种类

（1）窄槽　沟槽的宽度不大于刀宽，用刀头宽度等于槽宽的车刀，一次车出的沟槽称之为窄槽。

（2）宽槽　沟槽的宽度较宽，采用直进法无法一次车出的沟槽称为宽槽。

#### 2. 进给暂停指令 G04

指令格式：

G04　X＿；

G04　U＿；

G04　P＿；

指令说明：

X、U、P 为暂停时间，X、U 后面可用带小数点的数字，单位为秒（s），P 后面的数字不允许带小数点，单位为毫秒（ms）。执行该指令后进给暂停至指定时间后，继续执行下一段程序。

指令应用：常用于车槽、锪孔等加工，刀具对零件做短时间的无进给光整加工，以提高零件表面质量。

### 3. 车槽循环指令 G75

指令格式：

G75　R(e)；

G75　X(U)　Z(W)　P(Δi)　Q(Δk)　R(Δd)　F(f)

参数说明：

e——退刀量。

X——C 点的 X 坐标值；U 为 B 点至 C 点的增量值。

Z——C 点的 Z 坐标；W 为 A 点至 B 点的增量值。

Δi——X 方向断续进给的背吃刀量（半径值）。

Δk——Z 方向的移动量。

Δd——X 方向断续进给的退刀量。

Δi 和 Δk 不需要正负号。

f——进给速度。

车槽循环指令 G75 的刀具轨迹如图 5-2 所示。

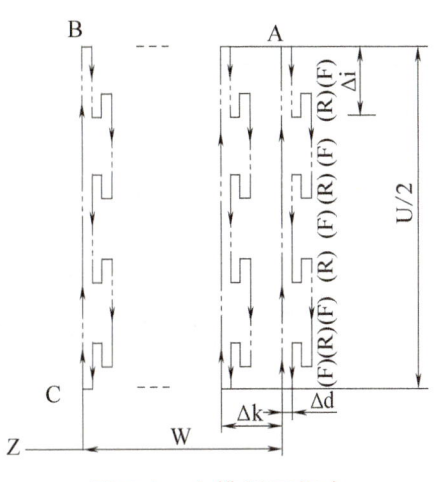

图 5-2　车槽循环指令 G75 的刀具轨迹

## 二、相关工艺知识

### 1. 槽的加工方法

（1）窄槽的加工方法　用 G01 指令直进切削，精度要求较高时切制槽底后使用 G04 指令使刀具在槽底停留几秒钟，以光整槽底。

（2）宽槽的加工方法　加工宽槽要分几

次进刀,每次车削轨迹在宽度上应略有重叠,并要留精加工余量,最后精车槽侧和槽底。

### 2. 刀具及刀位点的选择

车槽及车断选用车刀,车刀有左右两个刀尖及切削中心处的3个刀位点。其中常用的是左刀尖刀位点1和右刀尖刀位点2,哪一个最合适要根据加工的具体情况确定。

### 3. 车槽与车断编程中应注意的问题

1)在整个加工程序中应采用同一个刀位点。

2)注意合理安排车槽后的退刀路线,避免刀具与零件碰撞造成车刀及零件的损坏。

3)车槽时,切削刃宽度、切削速度和进给量都不宜太大。

## 【任务实施】

### 1. 工艺分析

1)该零件毛坯为 $\phi 45mm \times 78mm$ 铝料,零件需要调头加工,在加工时选择夹住毛坯料伸出长度60mm,粗、精车零件右端外轮廓 $\phi 30mm$ 外圆和圆锥,调用车槽刀车削 4mm×2mm 窄槽。

2)调头夹持 $\phi 30mm$ 外圆车削端面保证工件总长,粗、精车 $\phi 42mm$ 外圆,调用车槽刀车削 14mm×2mm 宽槽。

### 2. 根据图样填写凹槽轴加工工艺卡(表 5-2)

表 5-2 凹槽轴加工工艺卡

| 零件名称 | 材料 | 设备名称 | 毛坯 ||||
|---|---|---|---|---|---|---|
| 凹槽轴 | 2A12 | CKA6150 | 种类 | 圆铝棒 | 规格 | $\phi 45mm \times 78mm$ |
| 任务内容 || 程序号 | O4011 | 数控系统 || FANUC 0i MATE-TC |

| 工序号 | 工步 | 工步内容 | 刀号 | 刀具名称 | 主轴转速 $n/(r/min)$ | 进给量 $f/(mm/r)$ | 背吃刀量 $a_p/(mm/r)$ | 余量 /mm | 备注 |
|---|---|---|---|---|---|---|---|---|---|
| 1 | 1 | 粗加工右端 $\phi 30mm$ 外圆和圆锥 | 1 | 90°外圆车刀 | 800 | 0.2 | 2.0 | 0.5 | |
| | 2 | 精加工右端 $\phi 30mm$ 外圆和圆锥 | 1 | 90°外圆车刀 | 1000 | 0.08 | 0.5 | 0 | |
| 2 | 3 | 车削 4mm×2mm 窄槽 | 2 | 4mm 车槽刀 | 600 | 0.05 | | | |
| 3 | 4 | 调头车端面保总长 | 1 | 90°外圆车刀 | 800 | 0.1 | 0.5 | 0 | |

（续）

| 工序号 | 工步 | 工步内容 | 刀号 | 刀具名称 | 主轴转速 $n$/(r/min) | 进给量 $f$/(mm/r) | 背吃刀量 $a_p$/(mm/r) | 余量 /mm | 备注 |
|---|---|---|---|---|---|---|---|---|---|
| 4 | 5 | 粗加工 $\phi42$mm 外圆 | 1 | 90°外圆车刀 | 800 | 0.2 | 2.0 | 0.5 | |
| | 6 | 精加工 $\phi42$mm 外圆 | 1 | 90°外圆车刀 | 1000 | 0.08 | 0.5 | 0 | |
| 5 | 7 | 车削 14mm×2mm 宽槽 | 2 | 4mm 车槽刀 | 600 | 0.05 | | | |
| 编制 | | | | 教师 | | | 共1页 | 第1页 | |

### 3. 准备材料、设备及工、量具（表5-3）

表5-3 准备材料、设备及工、量具

| 序号 | 材料、设备及工、量具名称 | 规格 | 数量 |
|---|---|---|---|
| 1 | $\phi45$mm 圆铝棒 | $\phi45$mm×78mm | 6块 |
| 2 | 数控车床 | CKA6150 | 6台 |
| 3 | 千分尺 | 0~25mm | 6把 |
| 4 | 游标卡尺 | 0~150mm | 6把 |
| 5 | 90°外圆车刀 | 20mm×20mm | 6把 |
| 6 | 车槽刀 | 4mm×25mm | 6把 |

### 4. 加工参考程序

根据 FANUC 0i MATE-TC 编程要求制订的加工工艺，编写零件加工程序（参考）见表5-4~表5-7。

表5-4 右端程序

| 程序段号 | 程序内容 | 说明注释 |
|---|---|---|
| N10 | O4011; | 程序名 |
| N20 | G40 G97 G99; | 取消刀尖半径补偿,恒转速,转进给 |
| N30 | M03 S800; | 转速800r/min |
| N40 | T0101; | 1号刀具1号刀补 |
| N50 | G00 X47. Z2.; | 刀具定位点 |
| N60 | G71 U1.5 R0.5; | 粗加工循环,背吃刀量1.5mm,退刀量0.5mm |
| N70 | G71 P80 Q150 U0.5 W0.05 F0.2; | X方向精加工余量0.5mm,Z方向精加工余量0.05mm |
| N80 | G42 G01 X14. F0.1; | |
| N90 | Z0; | |
| N100 | X25. Z-20.; | |
| N110 | Z-29.; | |

(续)

| 程序段号 | 程序内容 | 说明注释 |
| --- | --- | --- |
| N120 | X30.; | |
| N130 | Z-56.; | |
| N140 | X45.; | |
| N150 | G40 G00 X47.; | |
| N160 | G70 P80 Q150; | 精加工循环 |
| N190 | G00 X150.; | X向退刀 |
| N200 | Z200.; | Z向退刀 |
| N210 | M05; | 主轴停止 |
| N220 | M30; | 程序结束 |

表 5-5　右端车槽程序

| 程序段号 | 程序内容 | 说明注释 |
| --- | --- | --- |
| N10 | O4012; | 程序名 |
| N20 | G40 G97 G99; | 取消刀尖半径补偿,恒转速,转进给 |
| N30 | M03 S600; | 转速 600r/min |
| N40 | T0202; | 2号刀具2号刀补 |
| N50 | G00 X32. Z2.; | 定位点 |
| N60 | Z-29.; | |
| N70 | G01 X21. F0.1; | |
| N80 | G04 X3.; | 暂停3s |
| N90 | G00 X150.; | |
| N100 | Z200.; | |
| N110 | M30; | |

表 5-6　左端程序

| 程序段号 | 程序内容 | 说明注释 |
| --- | --- | --- |
| N10 | O4013; | 程序名 |
| N20 | G40 G97 G99; | 取消刀尖半径补偿,恒转速,转进给 |
| N30 | M03 S800; | 转速 800r/min |
| N40 | T0101; | 1号刀具1号刀补 |
| N50 | G00 X47. Z2.; | 刀具定位点 |
| N60 | G90 X43. Z-20. F0.2; | 调用外圆单一循环指令 |
| N70 | X42.5 | |

(续)

| 程序段号 | 程序内容 | 说明注释 |
| --- | --- | --- |
| N80 | G01 X41. S1000 F0.1; | 精加工转速1000r/min,进给量0.1mm |
| N90 | Z0; | |
| N100 | X42. Z-0.5; | |
| N110 | Z-20.; | |
| N120 | G00 X150.; | |
| N130 | Z200.; | |
| N140 | M30; | |

表5-7 左端车槽程序

| 程序段号 | 程序内容 | 说明注释 |
| --- | --- | --- |
| N10 | O4014; | 程序名 |
| N20 | G40 G97 G99; | 取消刀尖半径补偿,恒转速,转进给 |
| N30 | M03 S600; | 转速600r/min |
| N40 | T0202; | 2号刀具2号刀补 |
| N50 | G00 X45. Z2.; | 刀具定位点 |
| N60 | Z-10.; | |
| N70 | G75 R1.; | 径向切削循环指令,R1.为退刀量1mm |
| N80 | G75 X26. Z-20. P2000 Q3000 F0.1; | P2000X为向背吃刀量2mm,Q3000为Z向平移3mm |
| N90 | G00 X43.; | |
| N100 | Z-20.; | |
| N110 | G01 X26. F0.1; | 槽底精修 |
| N120 | Z-10.; | 槽底精修 |
| N130 | X43.; | |
| N140 | G00 X150.; | |
| N150 | Z200.; | |
| N160 | M30; | |

#### 5. 程序录入及轨迹仿真

用FANUC 0i MATE-TC数控系统进行程序录入及轨迹仿真的步骤见表5-8。

#### 6. 加工零件

加工零件操作步骤见表5-9。

**表 5-8　FANUC 0i MATE-TC 数控系统进行程序录入及轨迹仿真的步骤**

| 步骤 | 操作过程 | 图　　示 |
|---|---|---|
| 输入程序 | 数控车床开机，在机床索引页面找到程序功能软键，按 PROG 软键进入"程序"界面，在"编辑方式"下输入程序"O4011" | 程序　O4011<br>O4011 ;<br>G40 G97 G99 ;<br>M03 S800 ;<br>T0101 ;<br>G00 X47. Z2. ;<br>G71 U1.5 R0.5 ;<br>G71 P80 Q150 U0.5 W0.05 F0.2 ;<br>N80 G42 G01 X14. F0.1 ;<br>Z0. ;<br>X25. Z-20. ;<br>Z-29. ;<br>X30. ;<br>Z-56. ;<br>X45. ;<br>N150 G40 G00 X47. ;<br>G70 P80 Q150 ;<br>G00 X150. ;<br>>_　　编辑方式 |
| | 按照上述步骤输入程序"O4012" | 程序　O4012<br>O4012 ;<br>G40 G97 G99 ;<br>M03 S600 ;<br>T0202 ;<br>G00 X32. Z2. ;<br>Z-29. ;<br>G01 X21. F0.1 ;<br>G04 X3. ;<br>G00 X150. ;<br>Z200. ;<br>M30 ;<br>%<br>>_　　编辑方式 |
| | 按照上述步骤输入程序"O4013" | 程序　O4013<br>O4013 ;<br>G40 G97 G99 ;<br>M03 S800 ;<br>T0101 ;<br>G00 X47. Z2. ;<br>G90 X43. Z-20. F0.2 ;<br>X42.5 ;<br>G01 X41. S1000 F0.1 ;<br>Z0. ;<br>X42. Z-0.5 ;<br>Z-20. ;<br>G00 X150. ;<br>Z200. ;<br>M30 ;<br>%<br>>_　　编辑方式 |
| | 按照上述步骤输入程序"O4014" | 程序　O4014<br>O4014 ;<br>G40 G97 G99 ;<br>M03 S800 ;<br>T0202 ;<br>G00 X45. Z2. ;<br>Z-10. ;<br>G75 R1 ;<br>G75 X26. Z-20. P2000 Q3000 F0.1 ;<br>G00 X45. ;<br>Z-20. ;<br>G01 X26. F0.1 ;<br>Z-6. ;<br>X45. ;<br>G00 X150. ;<br>Z200. ;<br>M30 ;<br>%<br>>_　　编辑方式 |

项目五　加工沟槽轴类零件

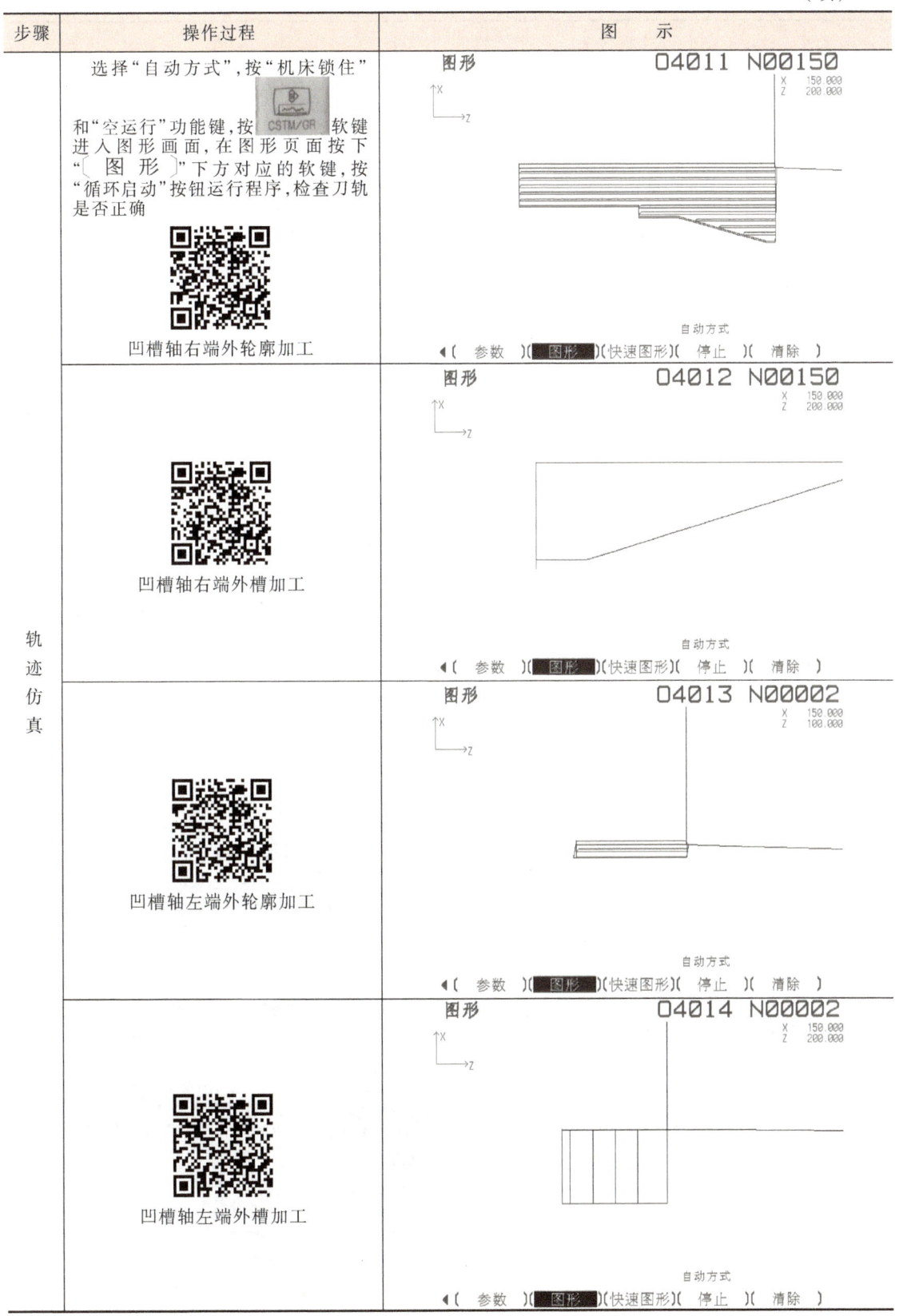

（续）

| 步骤 | 操作过程 | 图　　示 |
|---|---|---|
| 轨迹仿真 | 选择"自动方式"，按"机床锁住"和"空运行"功能键，按 CSTM/GR 软键进入图形画面，在图形页面按下"图形"下方对应的软键，按"循环启动"按钮运行程序，检查刀轨是否正确<br><br>凹槽轴右端外轮廓加工 | 图形　　　　　　　　　　　O4011　N00150<br>　　　　　　　　　　　　　X　150.000<br>　　　　　　　　　　　　　Z　200.000<br><br>自动方式<br>◀( 参数 )( 图形 )( 快速图形 )( 停止 )( 清除 ) |
| | 凹槽轴右端外槽加工 | 图形　　　　　　　　　　　O4012　N00150<br>　　　　　　　　　　　　　X　150.000<br>　　　　　　　　　　　　　Z　200.000<br><br>自动方式<br>◀( 参数 )( 图形 )( 快速图形 )( 停止 )( 清除 ) |
| | 凹槽轴左端外轮廓加工 | 图形　　　　　　　　　　　O4013　N00002<br>　　　　　　　　　　　　　X　150.000<br>　　　　　　　　　　　　　Z　100.000<br><br>自动方式<br>◀( 参数 )( 图形 )( 快速图形 )( 停止 )( 清除 ) |
| | 凹槽轴左端外槽加工 | 图形　　　　　　　　　　　O4014　N00002<br>　　　　　　　　　　　　　X　150.000<br>　　　　　　　　　　　　　Z　200.000<br><br>自动方式<br>◀( 参数 )( 图形 )( 快速图形 )( 停止 )( 清除 ) |

83

表 5-9 加工零件操作步骤

| 步骤 | 操作过程 | 图　示 |
| --- | --- | --- |
| 装夹零件毛坯 | 对数控车床进行安全检查,打开机床电源并开机,将毛坯装夹到卡盘上,伸出长度≥60mm | |
| 安装车刀 | 将 90°外圆车刀安装在 1 号刀位,利用垫刀片调整刀尖高度,并使用顶尖检验刀尖高度位置 | |
| | 将车槽刀装在 2 号刀位,利用垫刀片调整刀尖高度,并使用顶尖检验刀尖高度位置 | |
| 外圆车刀试切法 Z 轴对刀 | 主轴正转,用快速进给方式控制车刀靠近工件,然后用手轮进给方式的×10 档位慢速靠近毛坯端面,沿 X 向切削毛坯端面,切削深度约 0.5mm,刀具切削到毛坯中心,沿 X 向退刀。按 [OFS/SET] 软键切换至刀补测量页面,光标移到 01 号刀补位置,输入"Z0"后按【测量】键,完成 Z 轴对刀 | |

(续)

| 步骤 | 操作过程 | 图示 |
|---|---|---|
| 外圆车刀试切法Z轴对刀 | | 刀补/形状 04011 N00002（刀补表，数据输入:>Z0_，手动方式） |
| 外圆车刀试切法X轴对刀 | 主轴正转，手动控制车刀靠近工件，然后用手轮方式的×10档位慢速靠近工件 $\phi$45mm 外圆面，沿 Z 方向切削毛坯料约1mm，切削长度以方便卡尺测量为准，沿 Z 向退出车刀，主轴停止，测量工件外圆，按【OFS/SET】软键切换至刀补测量页面，光标移到01号刀补位置，输入测量值"X38.75"后按【测量】键，完成 X 轴对刀 | 刀补/形状 04011 N00002（刀补表，数据输入:>X38.75_，手轮方式） |
| 车槽刀试切法Z轴对刀 | 主轴正转，用快速进给方式控制切槽刀靠近工件，然后用手轮进给方式的×1档位慢速靠近毛坯端面，将刀具左刀尖轻轻靠在工件端面上，沿 X 向退刀。按【OFS/SET】软键切换至刀补测量页面，光标移到02号刀补位置，输入"Z0"后按【测量】键，完成 Z 轴对刀 | |

（续）

| 步骤 | 操作过程 | 图示 |
|------|---------|------|
| 车槽刀试切法 Z 轴对刀 | | (刀补/形状 画面 O4012 N00150) |
| 车槽刀试切法 X 轴对刀 | 主轴正转，手动控制切槽刀靠近工件，然后用手轮方式的×1档位慢速靠近工件，沿 Z 方向轻车工件外圆，切削长度以方便卡尺测量为准，沿 Z 向退出车刀，主轴停止，测量工件外圆，按 [OFS/SET] 软键切换至刀补测量页面，光标移到 02 号刀补位置，输入测量值"X43.66"后按【测量】键，完成 X 轴对刀 | (刀补/形状 画面 O4012 N00002) |

项目五　加工沟槽轴类零件

（续）

| 步骤 | 操作过程 | 图　示 |
|---|---|---|
| 运行程序加工工件 | 手动方式将刀具退出一定距离，按 PROG 软键进入程序界面，检索到"O4011"程序，选择单段运行方式，按"循环启动"按钮，开始程序自动加工，当车刀完成一次单段运行后，可以关闭单段模式，让程序连续运行 | |
| 测量工件修改刀补并精车工件 | 程序运行结束后，用千分尺测量零件外径尺寸，根据实测值计算出刀补值，对刀补进行修整。按"循环启动"按钮，再次运行程序，完成工件加工，并测量各尺寸是否符合图样要求 | |
| 车槽 | 手动方式将刀具退出一定距离，按 PROG 软键进入程序界面，检索到"O4012"程序，选择单段运行方式，按"循环启动"按钮，开始程序自动加工，当切槽刀完成一次单段运行后，可以关闭单段模式，让程序连续运行 | |

87

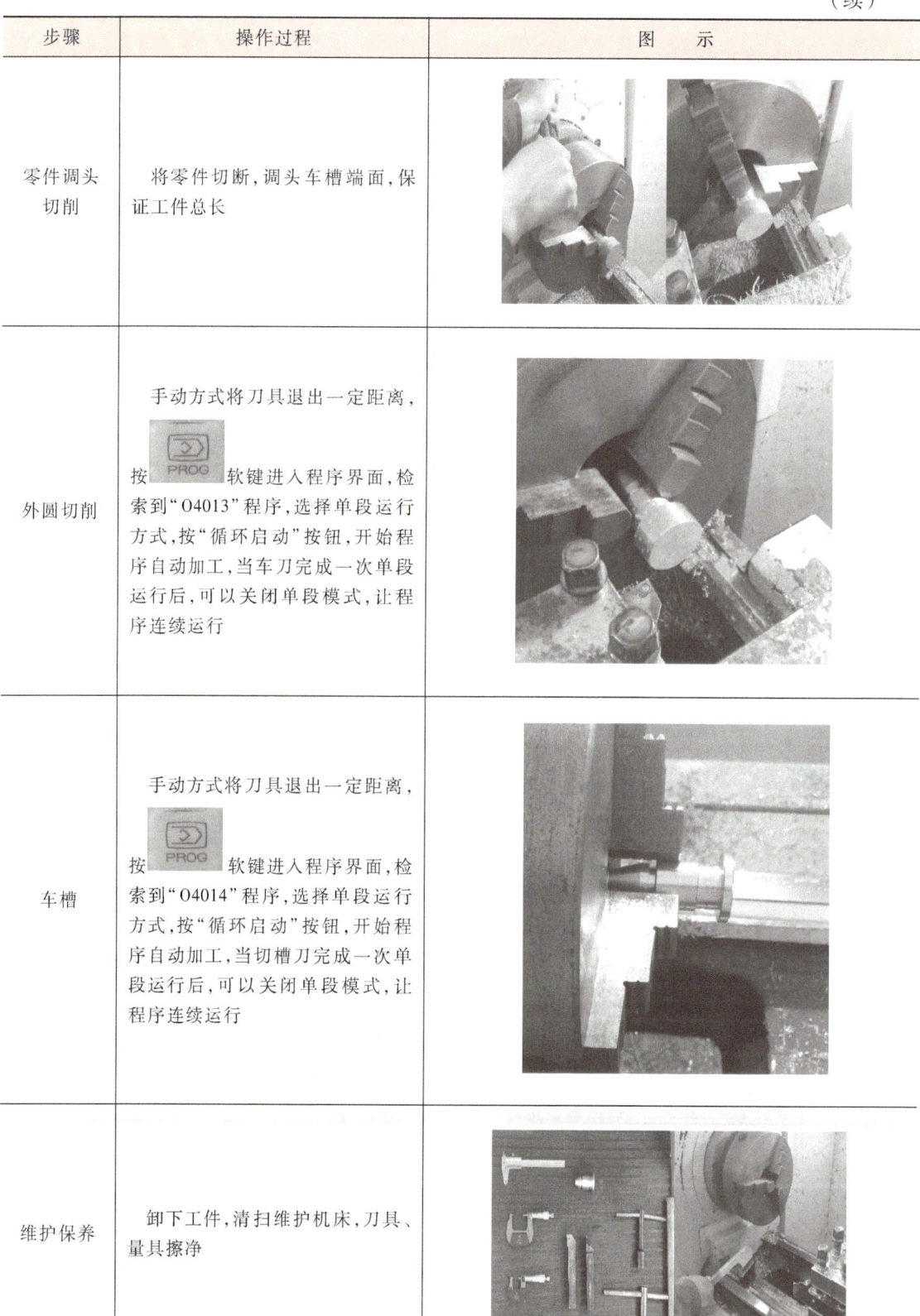

(续)

| 步骤 | 操作过程 | 图示 |
|---|---|---|
| 零件调头切削 | 将零件切断,调头车槽端面,保证工件总长 | |
| 外圆切削 | 手动方式将刀具退出一定距离,按 PROG 软键进入程序界面,检索到"O4013"程序,选择单段运行方式,按"循环启动"按钮,开始程序自动加工,当车刀完成一次单段运行后,可以关闭单段模式,让程序连续运行 | |
| 车槽 | 手动方式将刀具退出一定距离,按 PROG 软键进入程序界面,检索到"O4014"程序,选择单段运行方式,按"循环启动"按钮,开始程序自动加工,当切槽刀完成一次单段运行后,可以关闭单段模式,让程序连续运行 | |
| 维护保养 | 卸下工件,清扫维护机床,刀具、量具擦净 | |

## 【任务检测】

小组成员分工检测零件，并将检测结果填入表 5-10 中。

表 5-10 零件检测表

| 序号 | 检测项目 | 检测内容 | 配分/分 | 检测要求 | 学生自评 自测 | 学生自评 得分/分 | 老师测评 检测 | 老师测评 得分/分 |
|---|---|---|---|---|---|---|---|---|
| 1 | 直径 | $\phi 25_{-0.021}^{0}$ mm | 10 | 超差不得分 | | | | |
| 2 | 直径 | $\phi 30_{-0.021}^{0}$ mm | 10 | 超差不得分 | | | | |
| 3 | 直径 | $\phi 42_{-0.021}^{0}$ mm | 10 | 超差不得分 | | | | |
| 4 | 长度 | 25mm | 8 | 超差不得分 | | | | |
| 5 | 长度 | $6_{-0.03}^{0}$ mm | 8 | 超差不得分 | | | | |
| 6 | 长度 | 74mm±0.05mm | 8 | 超差不得分 | | | | |
| 7 | 槽宽 | 4mm×2mm | 5 | 超差不得分 | | | | |
| 8 | 槽宽 | 14mm×2mm | 5 | 超差不得分 | | | | |
| 9 | 倒角 | 锐角倒钝 4 处 | 2 | 超差不得分 | | | | |
| 10 | 表面质量 | $Ra1.6\mu m$ 两处 | 2 | 超差不得分 | | | | |
| 11 | | 去除毛刺飞边 | 2 | 未处理不得分 | | | | |
| 12 | 时间 | 工件按时完成 | 10 | 未按时完成不得分 | | | | |
| 13 | 现场操作规范 | 安全操作 | 10 | 违反操作规程按程度扣分 | | | | |
| 14 | | 工、量具使用 | 5 | 工、量具使用错误，每项扣 2 分 | | | | |
| 15 | | 设备维护保养 | 5 | 违反维护保养规程，每项扣 2 分 | | | | |
| 16 | 合计（总分） | | 100 | 机床编号 | 总得分 | | | |
| 17 | 开始时间 | | 结束时间 | | 加工时间 | | | |

## 【工作评价与鉴定】

**1. 评价（90%）**

综合评价表见表 5-11。

**2. 鉴定（10%）**

实训鉴定表见表 5-12。

表 5-11  综合评价表

| 项目 | 出勤情况（10%） | 工艺编制、编程（20%） | 机床操作能力（10%） | 零件质量（30%） | 职业素养（20%） | 成绩合计 |
| --- | --- | --- | --- | --- | --- | --- |
| 个人评价 | | | | | | |
| 小组评价 | | | | | | |
| 教师评价 | | | | | | |
| 平均成绩 | | | | | | |

表 5-12  实训鉴定表

| | |
| --- | --- |
| 自我鉴定 | 通过本节课我有哪些收获？<br><br><br><br><br>学生签名：_____<br>_____年_____月_____日 |
| 指导教师鉴定 | <br><br><br><br><br>指导教师签名：_____<br>_____年_____月_____日 |

## 【知识拓展】

车槽或车断过程中，由于切削参数选择不当或刀具、工件装夹不牢等问题很容易造成刀具损坏。

### 1. 车槽的特点

（1）切削变形大　车槽或车断时，主切削刃和左、右副切削刃同时参加切削，切屑排出时，受到槽两侧的摩擦、挤压作用，随着切削的深入，车断处直径逐渐变小，相对切削速度也减小，挤压现象更为严重，以致切削变形大。

（2）切削力大　由于车槽或车断过程中刀具与工件的摩擦，以及被切金属的塑性变形大，所以在切削用量相同的条件下，车槽或车断时的切削力比一般车外圆时的切削力大20%~25%。

（3）切削热集中　车槽时，塑性变形大，摩擦剧烈，产生的切削热也较多，此外，车槽刀或车断刀处于半封闭状态，同时刀具切削部分的散热面积小，切削温度较高，使切削热集中在刀具切削刃上，因而会加剧刀具磨损。

（4）刀具刚性差　通常车断刀主切削刃宽度较窄（一般2~6mm），刀头狭长，所以刀具的刚性差，切削过程中容易振动。

（5）排屑困难　车槽是切屑在狭窄的切削槽内排出，受到槽壁摩擦阻力的影响，切屑排出比较困难，并且断碎的切屑还可能卡在槽内，引起振动和损坏刀具。

### 2. 车槽或车断的注意事项

1）确保刀具悬伸尽可能短以提高稳定性，最大悬伸为刀片宽度的8~10倍。（选择宽度较窄的刀片也可以帮助节省材料）

2）确保刀尖位于工件中心高度（误差在±0.1mm范围内），这样可以获得最佳的切削性能，低于中心将增大飞边尺寸，而高于中心将加快后刀面磨损。需要注意的是进行长悬伸加工时，最好将切削刃置高于中心高的位置，以补偿刀具本身向下的挠曲度。

3）在零件掉落之前的2mm处，将进给倍率最多减少75%，这样会减小切削力并大幅延长刀具寿命。

4）为了避免刀片破裂，进给最好不要过中心点。一般来说，距离中心0.3mm时就可以停止进给，零件会在自身重量作用下掉落。如果机床带有副主轴，则可以在到达中心前停止加工，用副夹头将零件拉断。

5）合理使用切削液是应对断屑问题的关键。当加工具有低导热性的材料，比如某些不锈钢、钛合金和耐热合金时，高压切削液能带来最佳的加工效果。高压切削液对低碳钢、铝和双相不锈钢等黏性材料的断屑也会起到很大作用。最新喷嘴技术可以将切削液射流精确地引向切削位置，刀片和专用槽型刀体配合使用，还可以改进切削参数，延长刀具寿命。

【巩固与提高】

请对图 5-3 所示的凹槽实施加工任务。

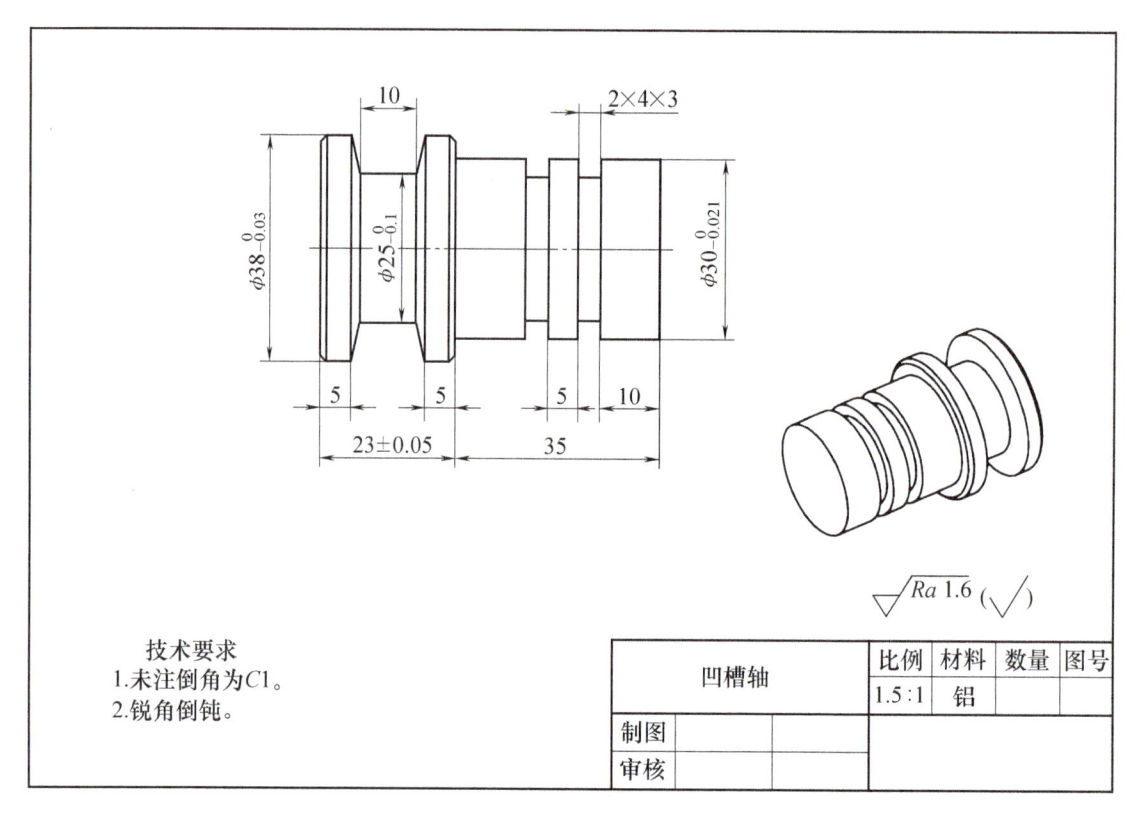

技术要求
1. 未注倒角为C1。
2. 锐角倒钝。

图 5-3　凹槽轴

# 项目六　　加工圆弧轴类零件

## 任务一　加工圆弧轴

| | |
|---|---|
| 知识目标 | 1. 掌握圆弧类零件车削加工工艺分析方法。<br>2. 掌握 G02 指令、G03 指令的使用方法。 |
| 技能目标 | 1. 能够完成圆弧零件的装夹和找正。<br>2. 能计算刀具加工圆弧的干涉程度。<br>3. 能正确使用磨耗补偿保证圆弧零件的尺寸精度。 |
| 素养目标 | 1. 具有安全文明生产和遵守操作规程的意识。<br>2. 具有人际交往和团队协作能力。 |

### 【任务要求】

如图 6-1 所示的圆弧轴零件，材料为 2A12 铝合金，请根据图样要求，合理制

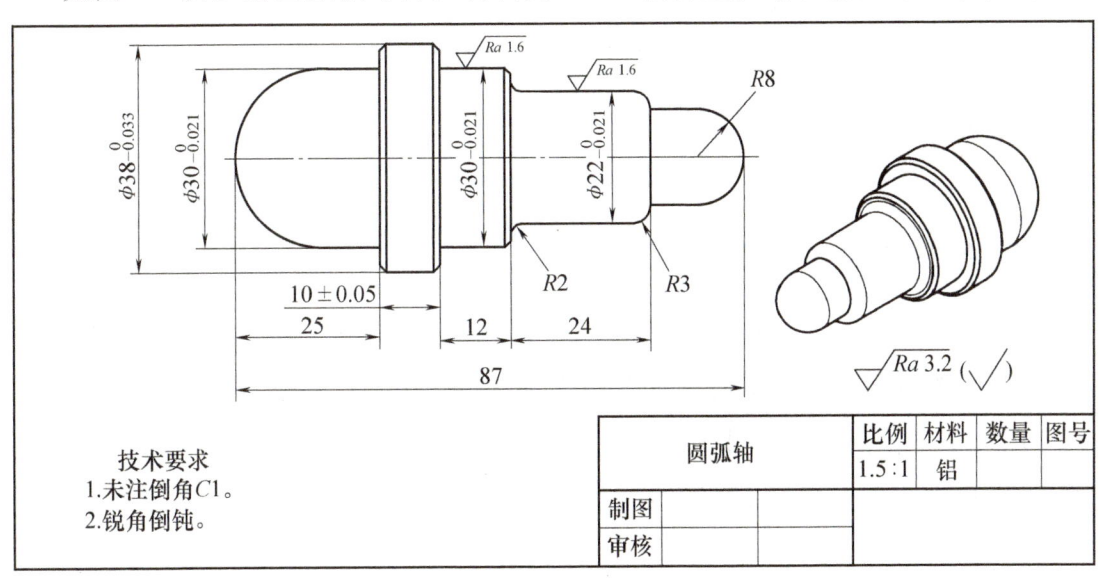

图 6-1　圆弧轴

订加工工艺，安全操作机床，达到规定的精度和表面质量要求。

## 【任务准备】

完成该任务需要准备的实训物品见表6-1。

表6-1 实训物品清单

| 序号 | 实训资源 | 种类 | 数量 | 备注 |
| --- | --- | --- | --- | --- |
| 1 | 机床 | CKA6150型数控车床 | 6台 | 或者其他数控车床 |
| 2 | 参考资料 | 《数控车床使用说明书》<br>《FANUC 0i MATE-TC 车床编程手册》<br>《FANUC 0i MATE-TC 车床操作手册》<br>《FANUC 0i MATE-TC 车床连接调试手册》 | 各6本 | |
| 3 | 刀具 | 90°外圆车刀 | 6把 | QEFD2020R10 |
| 4 | 量具 | 0~150mm 游标卡尺 | 6把 | |
| | | 0~100mm 千分尺 | 6把 | |
| | | 百分表 | 6块 | |
| 5 | 辅具 | 百分表架 | 6套 | |
| | | 内六角扳手 | 6把 | |
| | | 套管 | 6把 | |
| | | 卡盘扳手 | 6把 | |
| | | 毛刷 | 6把 | |
| 6 | 材料 | 2A12 | 6根 | |
| 7 | 工具车 | | 6辆 | |

## 【相关知识】

### 一、相关知识

（1）加工圆弧的顺、逆方向判断　使用圆弧插补指令G02/G03对圆弧顺、逆方向的判断按右手坐标系确定：沿圆弧所在平面（XOZ平面）的垂直坐标轴的负方向（-Y）看去，顺时针方向用G02指令，逆时针方向用G03指令。G02指令为圆弧顺时针方向插补，G03指令为圆弧逆时针方向插补，如图6-2、图6-3所示。

（2）G02指令/G03指令的指令格式　指定圆弧中心位置的方式有两种：一种

图 6-2  G02 指令圆弧插补

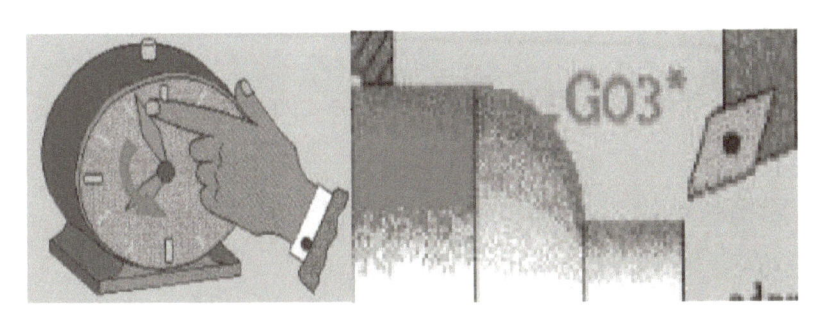

图 6-3  G03 指令圆弧插补

是用圆弧半径 R 指定圆心,当圆弧小于 180°时 R 为正值,当圆弧大于等于 180°时 R 为负值。另一种是用圆心相对圆弧起点的增量坐标 I、K 指定圆心位置。G02 圆弧顺时针方向插补指令,G03 圆弧逆时针方向插补指令:

指令格式:

格式一

G02　X(U)__　Z(W)__　R__　F__;

G03　X(U)__　Z(W)__　R__　F__;

格式二

G02　X(U)__　Z(W)__　I__　K__　F__;

G03　X(U)__　Z(W)__　I__　K__　F__;

指令功能:

G02 指令、G03 指令表示刀具以 F 进给速度从圆弧起点向圆弧终点进行圆弧插补过程。

参数说明:

X、Z——圆弧终点的绝对坐标,直径编程时 X 为实际坐标的 2 倍。

U、W——圆弧终点相对于圆弧起点的增量坐标。

R——圆弧半径。

I、K——圆心相对圆弧起点的增量值，直径编程时I值为圆心相对圆弧起点的增量值的2倍。当I、K与坐标轴方向相反时，I、K为负值。圆心坐标在圆弧插补时不能省略。

F——进给量。

（3）G02指令/G03指令的编程练习如图6-4所示。

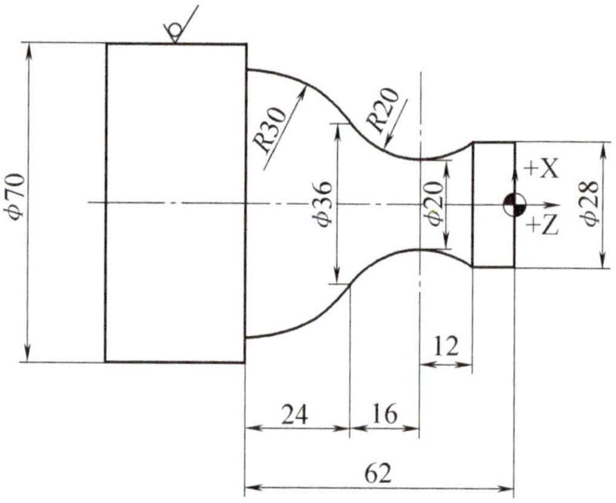

图6-4　G02指令/G03指令的编程练习

图6-4所示圆弧精加工的两种指令格式编程如下：

格式一编程：

　　G01　X28.；
　　　　Z-10.；
　　G02　X36.　Z-38.　R20.　F0.1；
　　G03　X60.　Z-62.　R30.　F0.1；

格式二编程：

　　G01　X28.；
　　　　Z-10.；
　　G02　X36.　Z-38.　I32.　K-12.　F0.1；
　　G03　X60.　Z-62.　I-36.　K-24.　F0.1；

## 二、相关工艺知识

圆弧加工的粗加工与一般外圆、锥面的加工不同，因为曲线加工的切削用量不均匀，背吃刀量过大，容易损坏刀具，因此，在粗加工中要考虑加工路线和切削方法，其总体原则是在保证背吃刀量尽可能均匀的情况下，减少走刀次数及空行程。

### 1. 粗加工凸圆弧表面

圆弧表面为凸表面时，通常有两种加工方法，即车锥法（斜线法）和车圆法（同心圆法），两种加工方法如图6-5所示。

车锥法：即用车圆锥的方法切除圆弧毛坯余量，如图6-5a所示。该方法的加

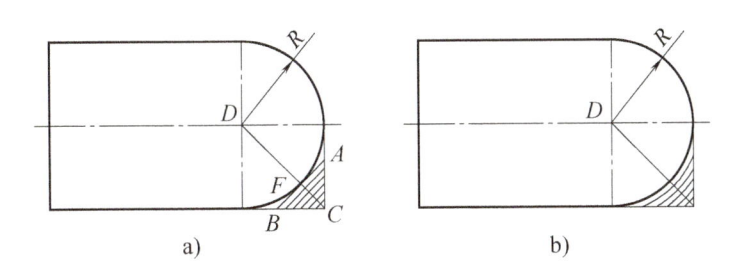

图 6-5 切除凸圆弧毛坯余量的加工方法

工路线不能超过 $A$、$B$ 两点的连线，否则会伤到圆弧的表面。车锥法一般适用于圆心角小于 90°的圆弧。

采用车锥法需计算 $A$、$B$ 两点的坐标值，方法如下：

$$CD = \sqrt{2}R \quad CF = \sqrt{2}R - R = 0.414R \quad AC = BC = \sqrt{2}CF = 0.586R$$

则：$A$ 点坐标（$R-0.586R$，0），$B$ 点坐标（$R$，$-0.586R$）

### 2. 粗加工凹圆弧表面

当圆弧表面为凹表面时，几种加工方法的加工路径如图 6-6 所示。

a）等径圆弧形式：计算和编程最简单，单走刀路线较其他种方法长。
b）同心圆形式：走刀路线短，且精车余量最均匀。
c）梯形形式：切削力分布合理，切削率最高。
d）三角形式：走刀路线较同心圆弧形式长，但比梯形、等径形式短。

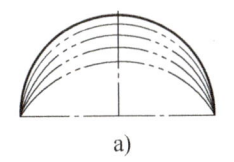

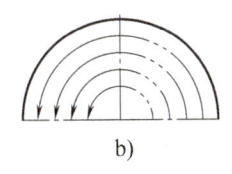

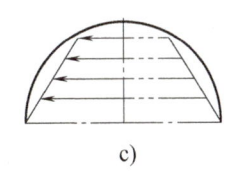

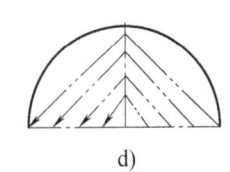

图 6-6 凹圆弧加工方法的加工路径

【任务实施】

### 1. 工艺分析

1）该零件毛坯为 $\phi$40mm×90mm 铝料，零件需要调头加工，在加工时选择夹住毛坯料伸出长度 40mm，粗、精车零件左端外轮廓 $\phi$30mm、$\phi$38mm 外圆和 $R$15mm 圆弧。

2）调头夹持 $\phi$30mm 外圆切削端面保证总长，粗精车 $\phi$16mm、$\phi$22mm、$\phi$30mm 外圆和 $R$8mm 圆弧。

## 2. 根据图样填写圆弧轴加工工艺卡（表 6-2）

### 表 6-2 圆弧轴加工工艺卡

| 零件名称 | 材料 | 设备名称 | \multicolumn{4}{c}{毛坯} |
|---|---|---|---|---|---|---|
| 圆弧轴 | 圆铝棒 | CKA6140 | 种类 | 2A12 | 规格 | φ40mm×90mm |
| 任务内容 | | 程序号 | O5011 | 数控系统 | FANUC 0i MATE-TC | |

| 工序号 | 工步 | 工步内容 | 刀号 | 刀具名称 | 主轴转速 $n$/(r/min) | 进给量 $f$/(mm/r) | 背吃刀量 $a_p$/(mm/r) | 余量 /mm | 备注 |
|---|---|---|---|---|---|---|---|---|---|
| 1 | 1 | 粗加工左端轮廓 φ30mm、φ38mm 外圆和 R15mm 圆弧 | 1 | 90°外圆车刀 | 800 | 0.2 | 1.5 | 0.5 | |
| | 2 | 精加工左端轮廓 φ30mm、φ38mm 外圆和 R15mm 圆弧 | 1 | 90°外圆车刀 | 1000 | 0.1 | 0.5 | 0 | |
| 2 | 3 | 调头车端面保总长 | 1 | 90°外圆车刀 | 800 | 0.1 | 0.5 | | |
| 3 | 4 | 粗加工右端轮廓 φ16mm、φ22mm、φ30mm 外圆和 R8mm 圆弧 | 1 | 90°外圆车刀 | 800 | 0.2 | 1.5 | 0.5 | |
| | 5 | 精加工右端轮廓 φ16mm、φ22mm、φ30mm 外圆和 R8mm 圆弧 | 1 | 90°外圆车刀 | 1000 | 0.1 | 0.5 | 0 | |
| 编制 | | | | 教师 | | | 共 1 页 | 第 1 页 | |

## 3. 准备材料、设备及工、量具（表 6-3）

### 表 6-3 准备材料、设备及工、量具

| 序号 | 材料、设备及工、量具名称 | 规格 | 数量 |
|---|---|---|---|
| 1 | φ40mm 圆铝棒 | φ40mm×90mm | 6 块 |
| 2 | 数控车床 | CKA6140 | 6 台 |
| 3 | 千分尺 | 0~25mm | 6 把 |
| 4 | 游标卡尺 | 0~150mm | 6 把 |
| 5 | 90°外圆车刀 | 20mm×20mm | 6 把 |

## 4. 加工参考程序

根据 FANUC 0i MATE-TC 编程要求制订的加工工艺，编写零件加工程序（参考）见表 6-4，表 6-5。

表6-4  程序1

| 程序段号 | 程序内容 | 说明注释 |
| --- | --- | --- |
| N10 | O5011； | 程序名 |
| N20 | G40  G97  G99； | 取消刀尖半径补偿,恒转速,转进给 |
| N30 | T0101； | 1号刀具1号刀补 |
| N40 | M03  S800； | 转速800r/min |
| N50 | G00  X42.  Z2.； | 刀具定位点 |
| N60 | G71  U1.5  R0.5； | 粗加工循环,背吃刀量1.5mm,退刀量0.5mm |
| N70 | G71  P80  Q160  U0.5  W0.05  F0.2； | X方向精加工余量0.5mm,Z方向精加工余量0.05mm |
| N80 | G42  G01  X0  F0.1； |  |
| N90 | Z0； |  |
| N100 | G03  X30.  Z-15.  R15.； |  |
| N110 | G01  Z-25.； |  |
| N120 | X36.； |  |
| N130 | X38.  Z-26.； |  |
| N140 | Z-37.； |  |
| N150 | X40.； |  |
| N160 | G40  G00  X42.； |  |
| N190 | G70  P80  Q160； | 精加工循环指令 |
| N200 | G00  X150.； | 退刀 |
| N210 | Z200.； | 退刀 |
| N220 | M05； | 主轴停止 |
| N230 | M30； | 程序结束 |

表6-5  程序2

| 程序段号 | 程序内容 | 说明注释 |
| --- | --- | --- |
| N10 | O5012； | 程序名 |
| N20 | G40  G97  G99； | 取消刀尖半径补偿,恒转速,转进给 |
| N30 | T0101； | 1号刀具1号刀补 |
| N40 | M03  S800； | 转速800r/min |
| N50 | G00  X42.  Z2.； | 刀具定位点 |
| N60 | G71  U1.5  R0.5； | 粗加工循环,背吃刀量1.5mm,退刀量0.5mm |
| N70 | G71  P80  Q160  U0.5  W0.05  F0.2； | X方向精加工余量0.5mm,Z方向精加工余量0.05mm |

(续)

| 程序段号 | 程序内容 | 说明注释 |
|---|---|---|
| N80 | G42 G01 X0 F0.1; | |
| N90 | Z0; | |
| N100 | G03 X16. Z-8. R8.; | |
| N110 | G01 Z-16.; | |
| N120 | G03 X22. Z-19. R3.; | |
| N130 | Z-38.; | |
| N140 | G02 X26. Z-40. R2.; | |
| N150 | G01 X30. Z-41.; | |
| N160 | Z-52.; | |
| N190 | X36.; | |
| N200 | X40. Z-54.; | |
| N210 | G40 G00 X42.; | |
| N220 | G70 P80 Q160; | 精加工循环指令 |
| N230 | G00 X150.; | 退刀 |
| N240 | Z200.; | 退刀 |
| N250 | M05; | 主轴停止 |
| N260 | M30; | 程序结束 |

### 5. 程序录入及轨迹仿真

用 FANUC 0i MATE-TC 数控系统进行程序录入及轨迹仿真的步骤见表 6-6。

表 6-6　FANUC 0i MATE-TC 数控系统进行程序录入及轨迹仿真的步骤

| 步骤 | 操作过程 | 图示 |
|---|---|---|
| 输入程序 | 数控车床开机,在机床索引页面找到程序功能软键,按 PROG 软键进入"程序"界面,在"编辑方式"下输入程序"O5011" | 程序 O5011 N<br>O5011 ;<br>G40 G97 G99 ;<br>T0101 ;<br>M03 S800 ;<br>G00 X42. Z2. ;<br>G71 U1.5 R0.5 ;<br>G71 P80 Q160 U0.5 W0.05 F0.2 ;<br>N80 G42 G01 X0. F0.1 ;<br>Z0. ;<br>G03 X30. Z-15. R15. ;<br>G01 Z-25. ;<br>X36. ;<br>X38. Z-26. ;<br>Z-37. ;<br>X40. ;<br>N160 G40 G00 X42. ;<br>G70 P80 Q160<br>><br>编辑方式 |

（续）

| 步骤 | 操作过程 | 图示 |
|---|---|---|
| 输入程序 | 按照以上步骤输入程序"O5012" | 程序　　　　　　　　O5012 N<br>O5012 ;<br>G40 G97 G99 ;<br>T0101 ;<br>M03 S800 ;<br>G00 X42. Z2. ;<br>G71 U1.5 R0.5 ;<br>G71 P80 Q160 U0.5 W0.05 F0.2 ;<br>N80 G42 G01 X0. F0.1 ;<br>Z0. ;<br>G03 X16. Z-8. R8. ;<br>G01 Z-16. ;<br>G03 X22. Z-19. R3. ;<br>Z-38. ;<br>G02 X26. Z-40. R2. ;<br>G01 X30. Z-41. ;<br>Z-52. ;<br>X36. ;<br>>_<br>编辑方式 |
| 轨迹仿真 | 选择"自动方式"，按"机床锁住"和"空运行"功能键，按 [CSTM/GR] 软键进入图形画面，在图形页面按下"〔 图 形 〕"下方对应的软键，按"循环启动"按钮运行程序，检查刀轨是否正确 | 图形　　　　　　　　O5011 N00160<br>　　　　　　　　　　　X 150.000<br>　　　　　　　　　　　Z 200.000<br><br>自动方式<br>◀（ 参数 ）（■图形■）（快速图形）（ 停止 ）（ 清除 ）<br><br>图形　　　　　　　　O5012 N00002<br>　　　　　　　　　　　X 200.000<br>　　　　　　　　　　　Z 2.000<br><br>自动方式<br>◀（ 参数 ）（■图形■）（快速图形）（ 停止 ）（ 清除 ） |

### 6. 加工零件

用 FANUC 0i MATE-TC 数控系统进行圆弧轴加工操作步骤见表 6-7。

表 6-7 圆弧轴加工操作步骤

| 步骤 | 操作过程 | 图　　示 |
|---|---|---|
| 装夹零件毛坯 | 对数控车床进行安全检查,打开机床电源并开机,将毛坯装夹到卡盘上,伸出长度≥40mm | |
| 安装车刀 | 将 90°外圆车刀安装在 1 号刀位,利用垫刀片调整刀尖高度,并使用顶尖检验刀尖高度位置 | |
| 外圆车刀试切法 Z 轴对刀 | 主轴正转,用快速进给方式控制车刀靠近工件,然后用手轮进给方式的×10 档位慢速靠近毛坯端面,沿 X 向切削毛坯端面,切削深度约 0.5mm,刀具切削到毛坯中心,沿 X 向退刀。按【OFS/SET】软键切换至刀补测量页面,光标移到 01 号刀补位置,输入"Z0"后按【测量】键,完成 Z 轴对刀 | |

（续）

| 步骤 | 操作过程 | 图　示 |
|---|---|---|
| 外圆车刀试切法X轴对刀 | 主轴正转，手动控制车刀靠近工件，然后用手轮方式的×10档位慢速靠近工件φ40mm外圆面，沿Z方向切削毛坯料约1mm，切削长度以方便卡尺测量为准，沿Z向退出车刀，主轴停止，测量工件外圆，按 [OFS/SET] 软键切换至刀补测量页面，光标移到01号刀补位置，输入测量值"X38.72"后按【测量】键，完成X轴对刀 | |
| 运行程序加工工件 | 手动方式将刀具退出一定距离，按 [PROG] 软键进入程序界面，检索到"O5011"程序，选择单段运行方式，按"循环启动"按钮，开始程序自动加工，当车刀完成一次单段运行后，可以关闭单段模式，让程序连续运行 | |
| 测量工件修改刀补并精车工件 | 程序运行结束后，用千分尺测量零件外径尺寸，根据实测值计算出刀补值，对刀补进行修整。按"循环启动"按钮，再次运行程序，完成工件加工，并测量各尺寸是否符合图样要求 | |

（续）

| 步骤 | 操作过程 | 图　示 |
|---|---|---|
| 零件调头切削 | 将零件车断，调头车槽端面，保证工件总长 | |
| 外圆切削 | 手动方式将刀具退出一定距离，按 PROG 软键进入程序界面，检索到"O5012"程序，选择单段运行方式，按"循环启动"按钮，开始程序自动加工，当车刀完成一次单段运行后，可以关闭单段模式，让程序连续运行 | |
| 测量工件修改刀补并精车工件 | 程序运行结束后，用千分尺测量零件外径尺寸，根据实测值计算出刀补值，对刀补进行修整。按"循环启动"按钮，再次运行程序，完成工件加工，并测量各尺寸是否符合图样要求 | |
| 维护保养 | 卸下工件，清扫维护机床，刀具、量具擦净 | |

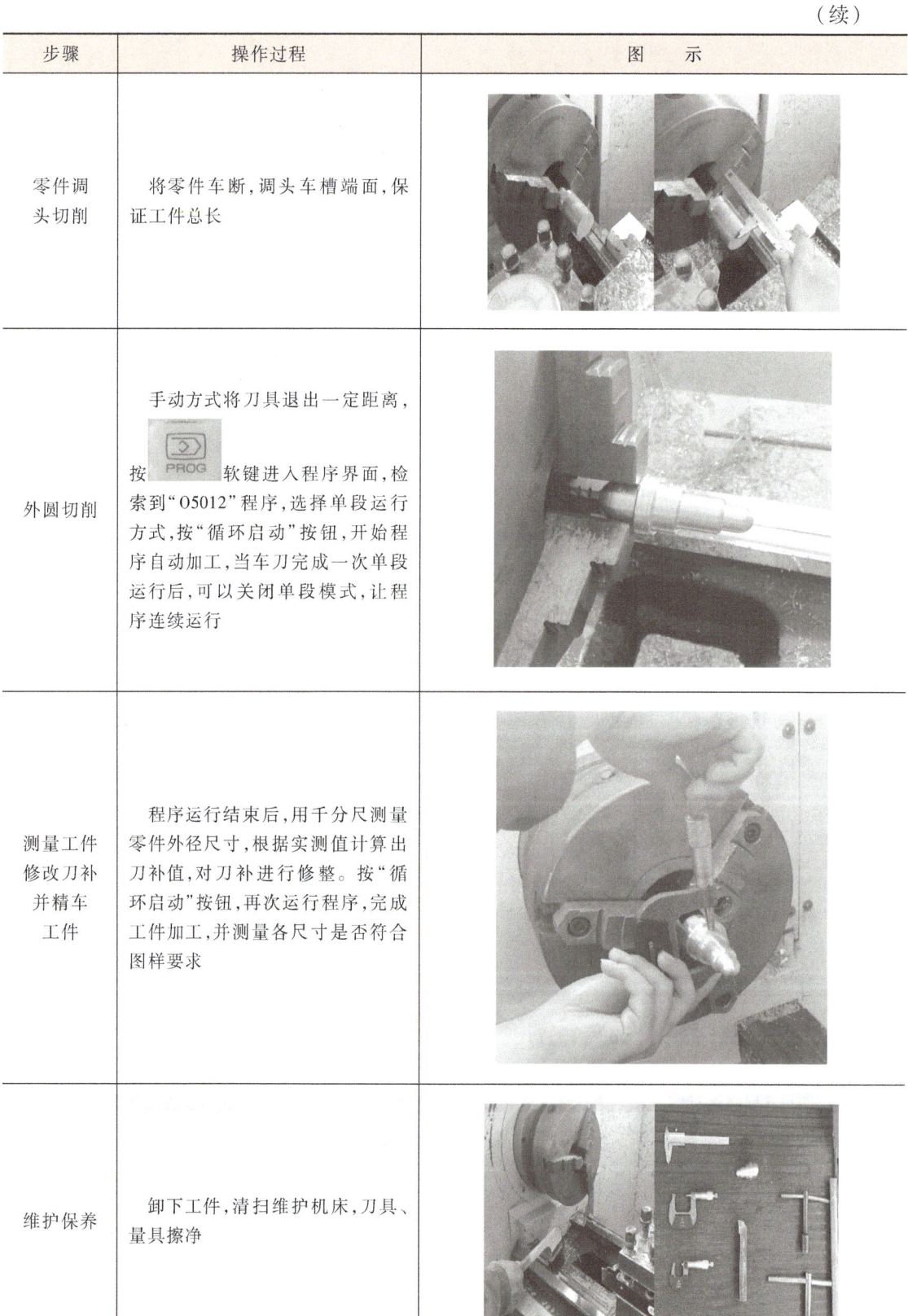

## 【任务检测】

小组成员分工检测零件,并将检测结果填入表 6-8 中。

表 6-8 零件检测表

| 序号 | 检测项目 | 检测内容 | 配分/分 | 检测要求 | 学生自评 自测 | 学生自评 得分/分 | 老师测评 检测 | 老师测评 得分/分 |
|---|---|---|---|---|---|---|---|---|
| 1 | 直径 | $\phi 22_{-0.021}^{0}$ mm | 10 | 超差不得分 | | | | |
| 2 | 直径 | $\phi 38_{-0.033}^{0}$ mm | 10 | 超差不得分 | | | | |
| 3 | 直径 | $\phi 30_{-0.021}^{0}$ mm | 10 | 超差 0.01mm 扣 3 分 | | | | |
| 4 | 直径 | $\phi 30_{-0.021}^{0}$ mm | 10 | 超差不得分 | | | | |
| 5 | 长度 | 10mm±0.05mm | 5 | 超差不得分 | | | | |
| 6 | 长度 | 12mm | 5 | 超差不得分 | | | | |
| 7 | 长度 | 87mm | 5 | 超差不得分 | | | | |
| 8 | 圆弧 | R8mm | 4 | 半径样板检测 | | | | |
| 9 | 圆弧 | R15mm | 4 | 半径样板检测 | | | | |
| 10 | 倒角 | C1 三处 | 3 | 超差不得分 | | | | |
| 11 | 倒圆 | R2mm、R3mm 两处 | 5 | 超差不得分 | | | | |
| 12 | 表面质量 | Ra1.6μm 两处 | 5 | 超差不得分 | | | | |
| 13 | 表面质量 | Ra3.2μm | 2 | 超差不得分 | | | | |
| 14 | | 去除毛刺飞边 | 2 | 未处理不得分 | | | | |
| 15 | 时间 | 工件按时完成 | 5 | 未按时完成不得分 | | | | |
| 16 | 现场操作规范 | 安全操作 | 5 | 违反操作规程按扣分 | | | | |
| 17 | 现场操作规范 | 工、量具使用 | 5 | 工、量具使用错误,每项扣 2 分 | | | | |
| 18 | 现场操作规范 | 设备维护保养 | 5 | 违反维护保养规程,每项扣 2 分 | | | | |
| 19 | 合计(总分) | | 100 | 机床编号 | 总得分 | | | |
| 20 | 开始时间 | | 结束时间 | | 加工时间 | | | |

## 【工作评价与鉴定】

### 1. 评价(90%)

综合评价表见表 6-9。

表 6-9　综合评价表

| 项目 | 出勤情况（10%） | 工艺编制、编程（20%） | 机床操作能力（10%） | 零件质量（30%） | 职业素养（20%） | 成绩合计 |
|---|---|---|---|---|---|---|
| 个人评价 | | | | | | |
| 小组评价 | | | | | | |
| 教师评价 | | | | | | |
| 平均成绩 | | | | | | |

### 2. 鉴定（10%）

实训鉴定表见表 6-10。

表 6-10　实训鉴定表

| | |
|---|---|
| 自我鉴定 | 通过本节课我有哪些收获？<br><br><br>学生签名：＿＿＿＿＿＿＿<br>＿＿＿年＿＿＿月＿＿＿日 |
| 指导教师鉴定 | <br><br><br>指导教师签名：＿＿＿＿＿＿＿<br>＿＿＿年＿＿＿月＿＿＿日 |

## 【知识拓展】

坐标值的常用计算方法

### 1. 勾股定理

$$a^2 + b^2 = c^2$$

式中，$a$ 和 $b$ 为直角三角形两个直边，$c$ 为直角三角形斜边。

### 2. 三角函数计算法

三角函数计算法简称三角计算法。在手工编程工作中，因为这种计算方法比较容易被掌握所以应用十分广泛，是进行数学处理时终点掌握的方法之一。三角计算法主要应用三角函数关系式及部分定理，现将有关定理的表达方式列出如下：

（1）正弦定理

$$a/\sin A = b/\sin B = c/\sin C = 2R$$

式中　$a$、$b$ 和 $c$——$\angle A$、$\angle B$ 和 $\angle C$ 所对应边的边长；

$R$——三角形 $\triangle ABC$ 外接圆半径。

（2）余弦定理

$$\cos A = (b^2+c^2-a^2)/2bc$$
$$\cos B = (c^2+a^2-b^2)/2ac$$
$$\cos C = (a^2+b^2-c^2)/2ab$$

式中　$a$、$b$ 和 $c$——$\angle A$、$\angle B$ 和 $\angle C$ 所对应边的边长。

### 【巩固与提高】

请对图 6-7 所示圆弧轴实施加工任务。

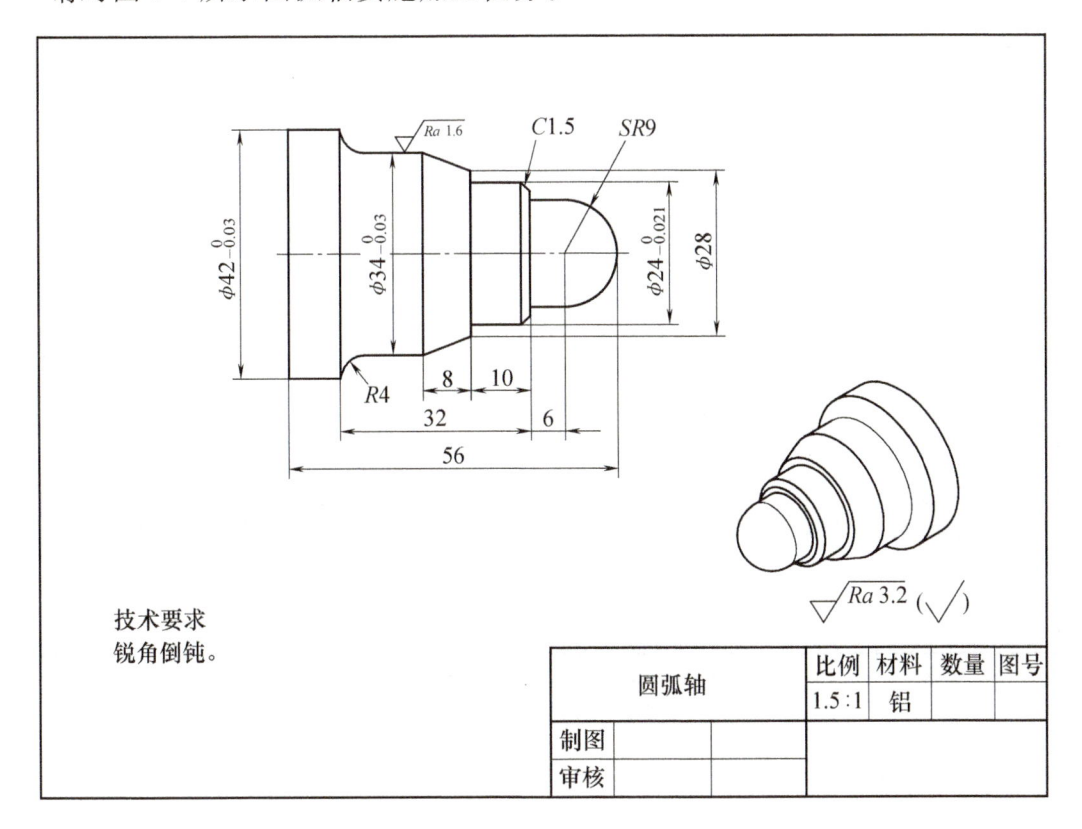

图 6-7　圆弧轴

## 任务二　加工圆球轴

| 知识目标 | 1. 掌握成形面零件进行数控车削工艺分析的方法。<br>2. 掌握 G73 指令手工编程方法及应用场合。 |
|---|---|
| 技能目标 | 1. 能够完成圆球轴零件的装夹及找正。<br>2. 能正确使用磨耗补偿保证圆球零件的尺寸精度。 |
| 素养目标 | 1. 具有安全文明生产和遵守操作规程的意识。<br>2. 具有人际交往和团队协作能力。 |

### 【任务要求】

如图 6-8 所示的圆球轴零件，材料为 2A12 铝合金，请根据图样要求，合理制订加工工艺，安全操作机床，达到规定的精度和表面质量要求。

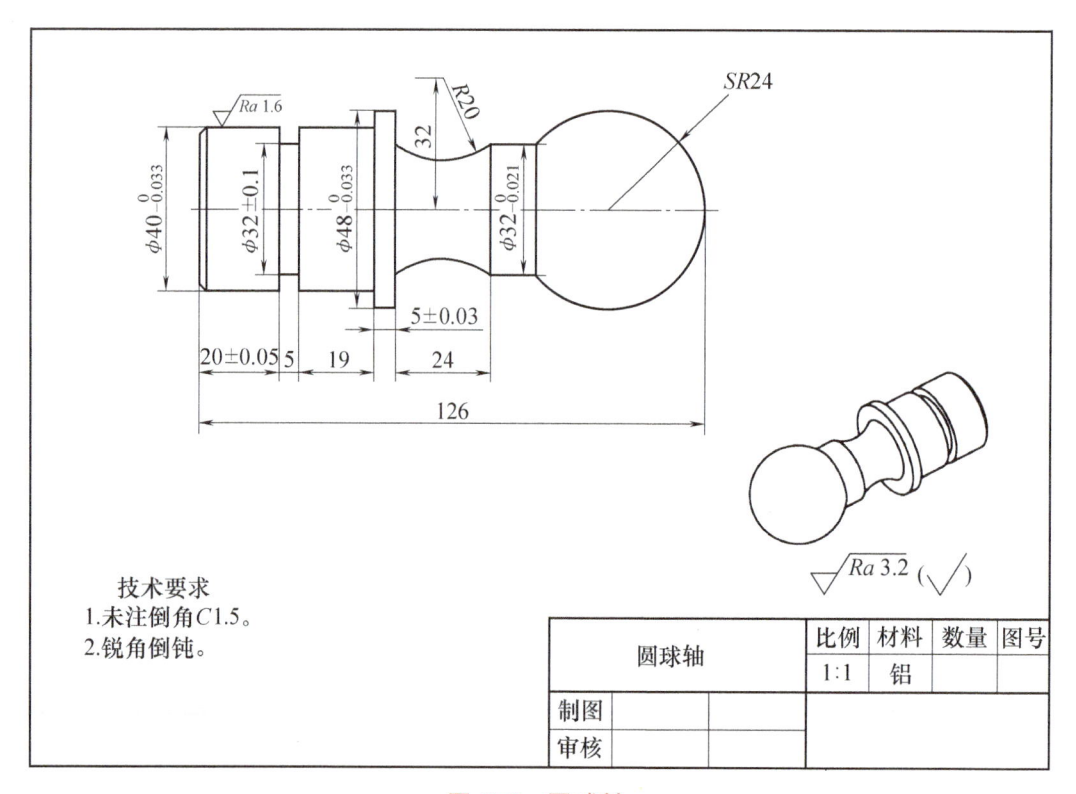

图 6-8　圆球轴

### 【任务准备】

完成该任务需要准备的实训物品清单见表 6-11。

表 6-11 实训物品清单

| 序号 | 实训资源 | 种类 | 数量 | 备注 |
|---|---|---|---|---|
| 1 | 机床 | CKA6150 型数控车床 | 6 台 | 或者其他数控车床 |
| 2 | 参考资料 | 《数控车床使用说明书》<br>《FANUC 0i MATE-TC 车床编程手册》<br>《FANUC 0i MATE-TC 车床操作手册》<br>《FANUC 0i MATE-TC 车床连接调试手册》 | 各 6 本 | |
| 3 | 刀具 | 35°外圆车刀 | 6 把 | QEFD2020R10 |
|   |    | 5mm 车槽刀 | 6 把 | |
| 4 | 量具 | 0~150mm 游标卡尺 | 6 把 | |
|   |    | 0~100mm 千分尺 | 6 把 | |
|   |    | 百分表 | 6 块 | |
| 5 | 辅具 | 百分表架 | 6 套 | |
|   |    | 内六角扳手 | 6 把 | |
|   |    | 套管 | 6 把 | |
|   |    | 卡盘扳手 | 6 把 | |
|   |    | 毛刷 | 6 把 | |
| 6 | 材料 | 2A12 | 6 根 | |
| 7 | 工具车 |  | 6 辆 | |

【相关知识】

## 一、固定形状粗车循环指令 G73

固定形状粗车循环是适用于铸、锻件毛坯零件的一种循环切削方式。由于铸、锻件毛坯的形状与零件的形状基本接近，只是外径、长度较成品大一些，形状较为固定，故称之为固定形状粗车循环，如图 6-9 所示。

指令格式：

G73　U($\Delta i$)　W($\Delta k$)　R(d)；

G73　P($n_s$)　Q($n_f$)　U($\Delta u$)　W($\Delta w$)　F__　S__；

参数说明：

$\Delta i$——沿 X 轴的总余量，半径值。

$\Delta k$——沿 Z 轴的总余量。

d——切削循环次数，与粗车削重复次数相同。该参数为模态量。

$n_s$——精车削程序第一段程序号。

$n_f$——精车削程序最后一段程序号。

Δu——X方向精车预留量的距离和方向。

Δw——Z方向精车预留量的距离和方向。

F、S——粗车过程中从程序段号P到Q之间包括的任何F、S功能被忽略，只有G73指令中指定的F、S功能有效。

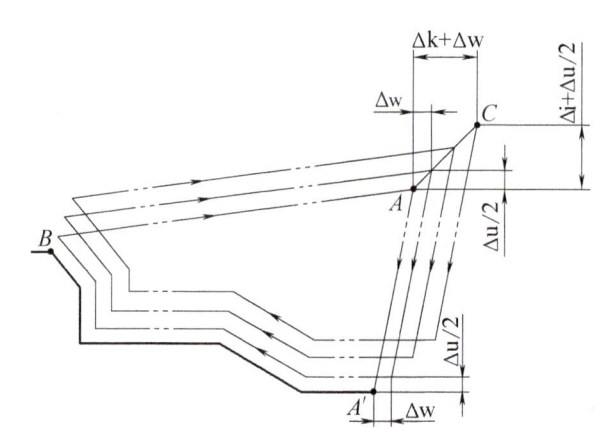

图6-9 固定形状粗车循环指令G73

## 二、相关工艺知识

成形轴的侧母线通常由圆弧曲线光滑连接组成，如车床的操纵手柄；复杂的成形轴由二次曲线（如椭圆、抛物线）等组成。圆弧等成形轮廓在机械零件中并不多见，主要应用在工艺五金件中，如为修饰美观的需要，常见的有门把手、蜡台座、手电筒外壳等。

### 1. 车刀的选择与装夹

车圆弧表面时应具体考虑圆弧的形状、位置、连接情况及精度要求，下面分几种情况加以说明。

1）如图6-10所示，对于不同形状的圆弧，加工凸圆弧时应考虑刀具的副偏角大于圆弧终点处的切出角，加工凹圆弧应考虑刀具的副偏角大于圆弧起点的切入角。

2）对于不同精度要求的圆弧，在圆弧尺寸要求不高时，一般选用一把$R0.2mm$左右的偏刀，在圆弧连接及尺寸有特殊要求时选用球形刀，通过加刀尖补偿方式精加工。

3）对于工件上的半径较小的凹圆弧，例如图6-11所示的圆弧槽，通常选用

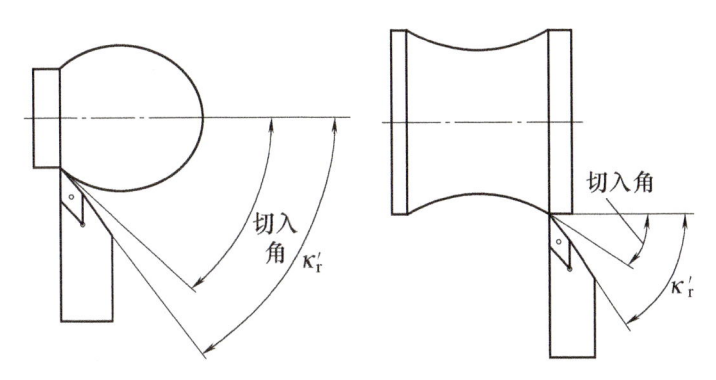

图 6-10 副偏角大于圆弧切入角

一把等半径的成形刀,采用直进法加工。

2. 切削用量的选择

切削用量需要根据加工性质及选用的刀具类型不同,结合具体的加工条件通过参考相关手册而定,或根据加工经验确定。由于加工过程中刀具刀尖切削点的位置及副切削刃与加工表面形成的角度不断变化,刀尖部分的受力点、受力面会发生变化,粗加工时尤为明显,加工尖头刀的刀头部分刚性差,所以吃刀量、进给量可以参照一般外圆加工数值减少 20% ~ 30% 左右。精加工时应尽量使精加工余量均匀,精加工余量通常取 0.2~0.5mm。

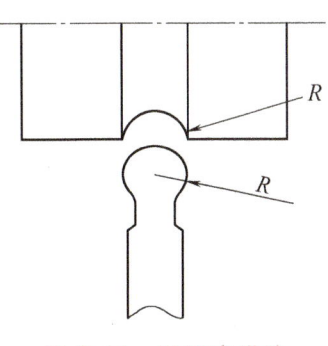

图 6-11 采用直进法加工成形面

## 【任务实施】

1. 工艺分析

该零件毛坯为 φ50mm×130mm 铝料,零件需要调头加工,在加工时选择夹住毛坯料伸出长度 55mm,粗、精车零件左端外轮廓 φ40mm、φ48mm 外圆和 φ32mm 外槽,调头夹持 φ40mm 外圆切削端面保证总长,粗、精车 SR24mm 圆球和 R20mm 圆弧。

2. 根据图样填写圆球轴加工工艺卡(表 6-12)

3. 准备材料、设备及工、量具(表 6-13)

4. 加工参考程序

根据 FANUC 0i MATE-TC 编程要求制订的加工工艺,编写零件加工程序(参考)见表 6-14~表 6-16。

表 6-12　圆球轴加工工艺卡

| 零件名称 | 材料 | 设备名称 | 毛坯 ||||
|---|---|---|---|---|---|---|
| 圆球轴 | 圆铝棒 | CKA6150 | 种类 | 2A12 | 规格 | φ50mm×130mm |
| 任务内容 || 程序号 | O1 | 数控系统 || FANUC 0i Maite-TC |

| 工序号 | 工步 | 工步内容 | 刀号 | 刀具名称 | 主轴转速 $n/(r/min)$ | 进给量 $f/(mm/r)$ | 背吃刀量 $a_p/(mm/r)$ | 余量 /mm | 备注 |
|---|---|---|---|---|---|---|---|---|---|
| 1 | 1 | 粗加工左端轮廓 φ40mm、φ48mm 外圆 | 1 | 35°外圆尖刀 | 800 | 0.2 | 1.5 | 0.5 | |
| | 2 | 精加工左端轮廓 φ40mm、φ48mm 外圆 | 1 | 35°外圆尖刀 | 1000 | 0.1 | 0.5 | 0 | |
| 2 | 3 | 切削 φ32mm 外槽 | 2 | 5mm 外槽刀 | 400 | 0.08 | | | |
| 3 | 4 | 调头车端面保总长 | 1 | 35°外圆尖刀 | 800 | 0.1 | 0.5 | 0 | |
| 4 | 5 | 粗车 SR24mm 圆球和 R20mm 圆弧 | 1 | 35°外圆尖刀 | 800 | 0.2 | 1.5 | 0.5 | |
| | 6 | 精车 SR24mm 圆球和 R20mm 圆弧 | 1 | 35°外圆尖刀 | 1000 | 0.1 | 0.5 | 0 | |

表 6-13　准备材料、设备及工、量具

| 序号 | 材料、设备及工、量具名称 | 规格 | 数量 |
|---|---|---|---|
| 1 | φ50mm 圆铝棒 | φ50mm×130mm | 6 块 |
| 2 | 数控车床 | CKA6150 | 6 台 |
| 3 | 35°外圆尖刀 | 25mm×25mm | 6 把 |
| 4 | 车槽刀 | 5mm | 6 把 |
| 5 | 游标卡尺 | 0~150mm | 6 把 |
| 6 | 千分尺 | 0~25mm | 6 把 |
| 7 | 千分尺 | 25~50mm | 6 把 |
| 8 | 半径样板 | 20~40mm | 6 把 |

表 6-14　程序 1

| 程序段号 | 程序内容 | 说明注释 |
|---|---|---|
| N10 | O6011; | 程序名 |
| N20 | G40　G97　G99; | 取消刀尖半径补偿,恒转速,转进给 |
| N30 | T0101; | 1 号刀具 1 号刀补 |
| N40 | M03　S800; | 转速 800r/min |
| N50 | G00　X52. Z2.; | 刀具定位点 |

（续）

| 程序段号 | 程序内容 | 说明注释 |
|---|---|---|
| N60 | G71 U1.5 R0.5; | 粗加工循环,背吃刀量1.5mm,退刀量0.5mm |
| N70 | G71 P80 Q160 U0.5 W0.05 F0.2; | X方向精加工余量0.5mm,Z方向精加工余量0.05mm |
| N80 | G01 X38. F0.1; | |
| N90 | Z0; | |
| N100 | X40. Z-1.; | |
| N110 | Z-44.; | |
| N120 | X47.; | |
| N130 | X48. Z-44.5; | |
| N140 | Z-52.; | |
| N150 | X50.; | |
| N160 | G00 X52.; | |
| N190 | G70 P80 Q160; | 精加工循环指令 |
| N200 | G00 X150.; | 退刀 |
| N210 | Z200.; | 退刀 |
| N230 | M30; | 程序结束 |

表6-15 程序2

| 程序段号 | 程序内容 | 说明注释 |
|---|---|---|
| N10 | O6012; | 程序名 |
| N20 | G40 G97 G99; | 取消刀尖半径补偿,恒转速,转进给 |
| N30 | T0202; | 2号刀具2号刀补 |
| N40 | M03 S400; | 转速400r/min |
| N50 | G00 X42. Z2.; | 刀具定位点 |
| N60 | Z-25.; | |
| N70 | G01 X32. F0.08; | |
| N80 | G00 X42.; | |
| N90 | Z-24.; | |
| N100 | G01 X32. F0.08; | |
| N110 | Z-25.; | |
| N120 | X40.; | |
| N130 | G00 X150.; | |
| N140 | Z200.; | |
| N150 | M30; | |

表 6-16　程序 3

| 程序段号 | 程序内容 | 说明注释 |
|---|---|---|
| N10 | O6013; | 程序名 |
| N20 | G40　G97　G99; | 取消刀尖半径补偿,恒转速,转进给 |
| N30 | T0101; | 1 号刀具 1 号刀补 |
| N40 | M03　S800; | 转速 800r/min |
| N50 | G00　X53.　Z2.; | 刀具定位点 |
| N60 | G73　U12.　W0.　R10.; | U12,X 方向最大退刀量 12mm |
| N70 | G73　P80　Q140　U0.5　W0.05　F0.2; | X 方向精加工余量 0.5mm,<br>Z 方向精加工余量 0.05mm |
| N80 | G42　G01　X0　F0.1; |  |
| N90 | Z0; |  |
| N100 | G03　X32.　Z-41.89　R24.; |  |
| N110 | G01　W-11.11; |  |
| N120 | G02　X32.　W-24.　R20.; |  |
| N130 | G01　X50.; |  |
| N140 | G40　G00　X53; |  |
| N150 | G70　P80　Q140; | 精加工循环指令 |
| N160 | G00　X150.; | X 轴退刀 |
| N190 | Z200.; | Z 轴退刀 |
| N200 | M05; | 主轴停止 |
| N210 | M30; | 程序结束 |

**5. 程序录入及轨迹仿真**

用 FANUC 0i MATE-TC 数控系统进行程序录入及轨迹仿真的步骤见表 6-17。

表 6-17　FANUC 0i MATE-TC 数控系统进行程序录入及轨迹仿真的步骤

| 步骤 | 操作过程 | 图　示 |
|---|---|---|
| 输入程序 | 数控车床开机,在机床索引页面找到程序功能软键,按 [PROG] 软键进入"程序"界面,在"编辑方式"下输入程序"O6011" | 程序　　　　O6011　N<br>O6011;<br>G40 G97 G99;<br>M03 S800;<br>T0101;<br>G00 X52. Z2.;<br>G71 U2. R1.;<br>G71 P1 Q2 U0.5 W0.05 F0.2;<br>N1 G00 G42 X0.;<br>G01 Z0.;<br>X38.;<br>X40. Z-1.;<br>Z-44.;<br>X48.;<br>Z-50.;<br>X50.;<br>N2 G00 G40 X52.;<br>G70 P1 Q2<br>&gt;_<br>编辑方式 |

项目六　加工圆弧轴类零件

（续）

| 步骤 | 操作过程 | 图　　示 |
|---|---|---|
| 输入程序 | 按照以上步骤输入程序"O6012" | 程序　　　　　　　　　　O6012　N<br>O6012 ;<br>G40 G97 G99 ;<br>M03 S800 ;<br>T0202 ;<br>G00 X52. Z2. ;<br>Z-25. ;<br>G01 X32. F1. ;<br>X42. ;<br>W1. ;<br>X32. ;<br>Z-25. ;<br>X42. ;<br>G00 X100. ;<br>Z100. ;<br>M30 ;<br>%<br>编辑方式 |
| 输入程序 | 可照以上步骤输入程序"O6013" | 程序　　　　　　　　　　O6013　N<br>O6013 ;<br>G40 G97 G99 ;<br>M03 S800 ;<br>T0101 ;<br>G00 X53. Z2. ;<br>G73 U12. W0. R10. ;<br>G73 P1 Q2 U0.5 W0. F2. ;<br>N1 G00 G42 X0. ;<br>G01 Z0. F1. ;<br>G03 X32. Z-41.89 R24. ;<br>G01 W-11.11 ;<br>G02 X32. W-24. R20. ;<br>G01 X50. ;<br>N2 G00 G40 X53. ;<br>G70 P1 Q2 ;<br>G00 X100. ;<br>Z100. ;<br>编辑方式 |
| 轨迹仿真 | 选择"自动方式"，按"机床锁住"和"空运行"功能键，按软键进入图形画面，在图形页面按下"〔图形〕"下方对应的软键，按"循环启动"按钮运行程序，检查刀轨是否正确 | 图形　　　　　　　　O6011 N00002<br>　　　　　　　　　　　　X 100.000<br>　　　　　　　　　　　　Z 100.000<br><br>自动方式<br>◀（　参数　）（　图形　）（快速图形）（　停止　）（　清除　）<br><br>图形　　　　　　　　O6012 N00002<br>　　　　　　　　　　　　X 100.000<br>　　　　　　　　　　　　Z 100.000<br><br>自动方式<br>◀（　参数　）（　图形　）（快速图形）（　停止　）（　清除　） |

115

（续）

| 步骤 | 操作过程 | 图示 |
|---|---|---|
| 轨迹仿真 | | |

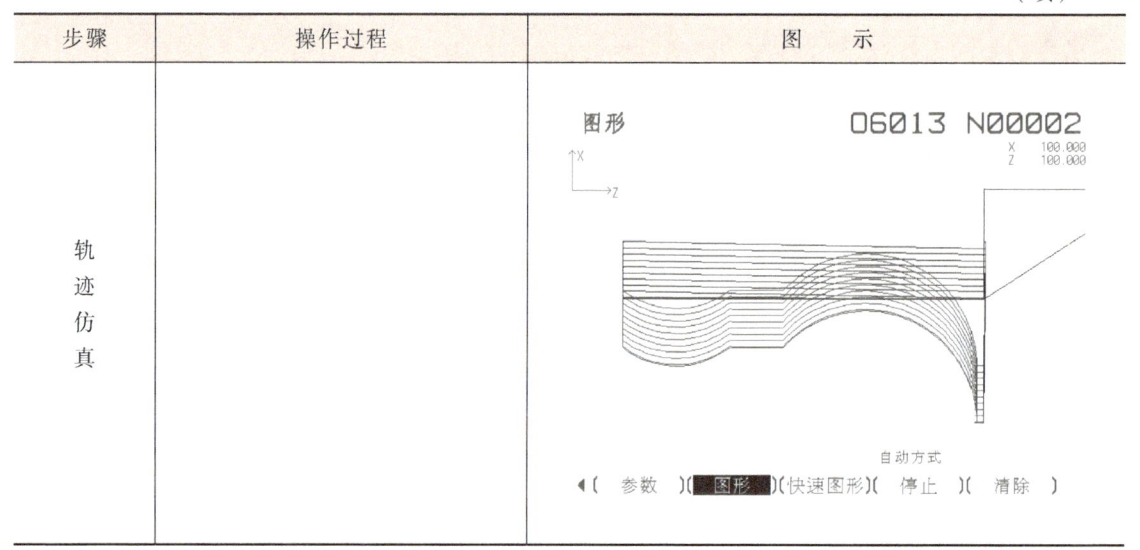

### 6. 加工零件

圆球轴加工零件操作步骤见表6-18。

**表6-18　圆球轴加工零件操作步骤**

| 步骤 | 操作过程 | 图示 |
|---|---|---|
| 装夹零件毛坯 | 对数控车床进行安全检查，打开机床电源并开机，将毛坯装夹到卡盘上，伸出长度≥55mm | |
| 安装车刀 | 将35°外圆车刀安装在1号刀位，将车槽刀装在2号刀位，利用垫刀片调整刀尖高度，并使用顶尖检验刀尖高度位置 | |

(续)

| 步骤 | 操作过程 | 图示 |
|---|---|---|
| 外圆车刀试切法 Z 轴对刀 | 主轴正转，用快速进给方式控制车刀靠近工件，然后用手轮进给方式的×10 档位慢速靠近毛坯端面，沿 X 向切削毛坯端面，切削深度约 0.5mm，刀具切削到毛坯中心，沿 X 向退刀。按 [OFS/SET] 软键切换至刀补测量页面，光标移到 01 号刀补位置，输入"Z0"后按【测量】键，完成 Z 轴对刀 | |
| 外圆车刀试切法 X 轴对刀 | 主轴正转，手动控制车刀靠近工件，然后用手轮方式的×10 档位慢速靠近工件 $\phi$50mm 外圆面，沿 Z 方向切削毛坯料约 1mm，切削长度以方便卡尺测量为准，沿 Z 向退出车刀，主轴停止，测量工件外圆，按 [OFS/SET] 软键切换至刀补测量页面，光标移到 01 号刀补位置，输入测量值"X48.76"后按【测量】键，完成 X 轴对刀 | |

(续)

| 步骤 | 操作过程 | 图示 |
|---|---|---|
| 车槽刀试切法 Z 轴对刀 | 主轴正转，用快速进给方式控制车刀靠近工件，然后用手轮进给方式的×10 档位慢速靠近毛坯端面，将车槽刀左刀尖轻轻靠在工件端面，沿 X 向退刀。按 [OFS/SET] 软键切换至刀补测量页面，光标移到 02 号刀补位置，输入"Z0"后按【测量】键，完成 Z 轴对刀 |  |
| 车槽刀试切法 X 轴对刀 | 主轴正转，手动控制车刀靠近工件，然后用手轮方式的×10 档位慢速靠近工件 φ50mm 外圆面，沿 Z 方向切削，切削余量 0.2mm 左右，切削长度以方便卡尺测量为准，沿 Z 向退出车刀，主轴停止，测量工件外圆，按 [OFS/SET] 软键切换至刀补测量页面，光标移到 02 号刀补位置，输入测量值"X48.55"后按【测量】键，完成 X 轴对刀 |  |

项目六　加工圆弧轴类零件

（续）

| 步骤 | 操作过程 | 图　　示 |
| --- | --- | --- |
| 运行程序加工左端外圆 | 手动方式将刀具退出一定距离，按 PROG 软键进入程序界面，检索到"O6011"程序，选择单段运行方式，按"循环启动"按钮，开始程序自动加工，当车刀完成一次单段运行后，可以关闭单段模式，让程序连续运行 | |
| 测量工件修改刀补并精车外圆 | 程序运行结束后，用千分尺测量零件外径尺寸，根据实测值计算出刀补值，对刀补进行修整。按"循环启动"按钮，再次运行程序，完成工件加工，并测量各尺寸是否符合图样要求 | |
| 运行程序加工槽 | 手动方式将刀具退出一定距离，调用2号刀具，按 PROG 软键进入程序界面，检索到"O6012"程序，选择单段运行方式，按"循环启动"按钮，开始程序自动加工 | |

(续)

| 步骤 | 操作过程 | 图　示 |
|---|---|---|
| 测量工件修改刀补并精车槽 | 程序运行结束后,用千分尺测量零件外径尺寸,根据实测值计算出刀补值,对刀补进行修整。按"循环启动"按钮,再次运行程序,完成工件加工,并测量各尺寸是否符合图样要求 | |
| 零件调头切削 | 将零件车断,调头车削端面,保证工件总长 | |
| 右端外轮廓切削 | 手动方式将刀具退出一定距离,按 PROG 软键进入程序界面,检索到"O6013"程序,选择单段运行方式,按"循环启动"按钮,开始程序自动加工,当车刀完成一次单段运行后,可以关闭单段模式,让程序连续运行 | |

(续)

| 步骤 | 操作过程 | 图示 |
|---|---|---|
| 测量工件修改刀补并精车工件 | 程序运行结束后,用千分尺测量零件外径尺寸,根据实测值计算出刀补值,对刀补进行修整。按"循环启动"按钮,再次运行程序,完成工件加工,并测量各尺寸是否符合图样要求 | |
| 维护保养 | 卸下工件,清扫维护机床,刀具、量具擦净 | |

## 【任务检测】

小组成员分工检测零件,并将检测结果填入表 6-19 中。

表 6-19 零件检测表

| 序号 | 检测项目 | 检测内容 | 配分/分 | 检测要求 | 学生自评 自测 | 学生自评 得分/分 | 老师测评 检测 | 老师测评 得分/分 |
|---|---|---|---|---|---|---|---|---|
| 1 | 直径 | $\phi 40_{-0.033}^{0}$ mm | 10 | 超差不得分 | | | | |
| 2 | 直径 | $\phi 48_{-0.033}^{0}$ mm | 10 | 超差不得分 | | | | |
| 3 | 直径 | $\phi 32_{-0.021}^{0}$ mm | 10 | 超差不得分 | | | | |
| 4 | 直径 | $\phi 32\pm0.1$(槽底) | 10 | 超差 0.1mm 扣 3 分 | | | | |
| 5 | 长度 | 20mm±0.05mm | 5 | 超差不得分 | | | | |
| 6 | 长度 | 5mm | 5 | 超差不得分 | | | | |
| 7 | 长度 | 24mm | 5 | 超差不得分 | | | | |

（续）

| 序号 | 检测项目 | 检测内容 | 配分/分 | 检测要求 | 学生自评 自测 | 学生自评 得分/分 | 老师测评 检测 | 老师测评 得分/分 |
|---|---|---|---|---|---|---|---|---|
| 8 | 圆球 | SR24mm | 5 | 半径样板检测 | | | | |
| 9 | 圆弧 | R20mm | 5 | 半径样板检测 | | | | |
| 10 | 倒角 | C1.5 一处 | 2 | 超差不得分 | | | | |
| 11 | 槽宽 | 5mm | 4 | 超差0.1mm 扣2分 | | | | |
| 12 | 表面质量 | Ra1.6μm 一处 | 5 | 超差不得分 | | | | |
| 13 | 表面质量 | Ra3.2μm | 2 | 超差不得分 | | | | |
| 14 | | 去除毛刺飞边 | 2 | 未处理不得分 | | | | |
| 15 | 时间 | 工件按时完成 | 5 | 未按时完成不得分 | | | | |
| 16 | 现场操作规范 | 安全操作 | 5 | 违反操作规程按程度扣分 | | | | |
| 17 | 现场操作规范 | 工、量具使用 | 5 | 工、量具使用错误，每项扣2分 | | | | |
| 18 | | 设备维护保养 | 5 | 违反维护保养规程，每项扣2分 | | | | |
| 19 | 合计（总分） | | 100 | 机床编号 | | 总得分 | | |
| 20 | 开始时间 | | | 结束时间 | | 加工时间 | | |

## 【工作评价与鉴定】

### 1. 评价（90%）

综合评价表见表6-20。

表6-20 综合评价表

| 项目 | 出勤情况（10%） | 工艺编制、编程（20%） | 机床操作能力（10%） | 零件质量（30%） | 职业素养（20%） | 成绩合计 |
|---|---|---|---|---|---|---|
| 个人评价 | | | | | | |
| 小组评价 | | | | | | |
| 教师评价 | | | | | | |
| 平均成绩 | | | | | | |

### 2. 鉴定（10%）

实训鉴定表见表6-21。

表 6-21　实训鉴定表

| 自我鉴定 | 通过本节课我有哪些收获？<br><br><br><br><br><br>学生签名：_____<br>_____年_____月_____日 |
|---|---|
| 指导教师鉴定 | <br><br><br><br><br><br><br>指导教师签名：_____<br>_____年_____月_____日 |

## 【知识拓展】

### 1. 成形轴上的圆弧检验方法

1）圆弧半径样板检验用于检查圆弧半径的形状误差，操作时样板检查平面要通过工件轴线，通过观察间隙的大小程度及分布情况来判断圆弧半径偏差是否在公差值内，检验精度在±0.1mm 左右。检验凹圆弧用凸样板，检验凸圆弧用凹样板。

2）检查精度要求较高时可以使用三坐标测量仪、球度仪等先进测量工具，这样不仅能检验尺寸精度，还能检查几何精度。

3）对于超过 180°的圆弧，可以使用千分尺进行多点测量，所测几点的结果的最大值与最小值之差的一半即可认为是圆度误差。

### 2. 成形轴上圆弧加工误差的分析

产生圆弧误差的原因主要有以下两类：

1）由于车刀刀尖半径未做补偿引起的加工误差，一般可以通过在程序段中加入刀尖半径补偿和编程调整刀尖的轨迹，使得圆弧形刀尖实际加工轮廓与理想轮廓相符。

2）非车刀刀尖圆弧半径引起的误差是数控车床在圆弧加工中经常遇到的，有多种现象，其现象、产生原因及预防和消除方法见表6-22。

表6-22  圆弧误差现象、产生原因及预防和消除方法

| 问题现象 | 产生原因 | 预防和消除方法 |
| --- | --- | --- |
| 切削过程中出现干涉现象 | 1. 刀具参数不正确<br>2. 刀具安装不正确 | 1. 正确编制程序<br>2. 正确安装刀具 |
| 圆弧凹凸方向不对 | 程序不正确 | 正确编制程序 |
| 圆弧尺寸不符合要求 | 1. 程序不正确<br>2. 刀具磨损<br>3. 没有加刀尖圆弧半径补偿 | 1. 正确编制程序<br>2. 及时更换刀具<br>3. 加入刀尖圆弧半径补偿 |
| 圆弧在象限处有换刀痕迹 | 1. X轴反向间隙过大<br>2. X轴反向间隙未调整好 | 1. 调整间隙或更换丝杠<br>2. 重新测定调整反向间隙 |

【巩固与提高】

请对图6-12所示的圆球轴实施加工任务。

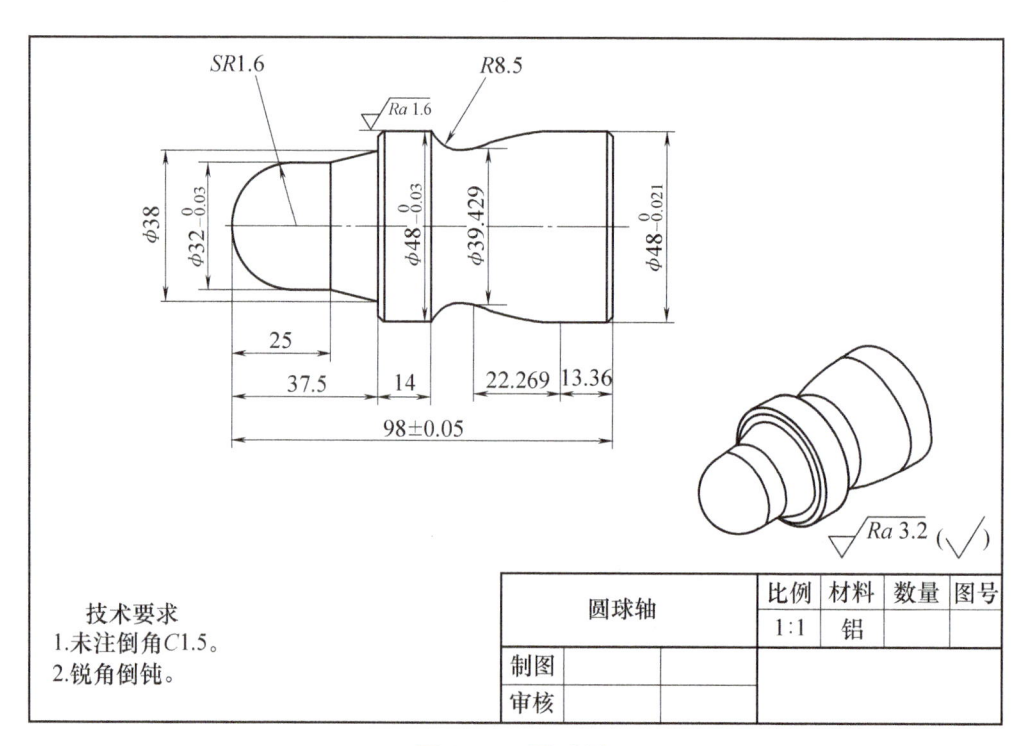

技术要求
1. 未注倒角C1.5。
2. 锐角倒钝。

图6-12  圆球轴

# 项目七　加工螺纹轴类零件

| | |
|---|---|
| 知识目标 | 1. 掌握螺纹加工的工艺知识。<br>2. 掌握螺纹各部分尺寸的计算。<br>3. 掌握 G32、G92 螺纹加工指令的编程方法。 |
| 技能目标 | 1. 能够独立完成螺纹轴的加工。<br>2. 能够解决螺纹轴加工过程中的出现问题。 |
| 素养目标 | 1. 具有安全文明生产和遵守操作规程的意识。<br>2. 具有人际交往和团队协作能力。 |

## 【任务要求】

如图 7-1 所示的螺纹轴零件，材料为 2A12 铝合金，请根据图样要求，合理制订加工工艺，安全操作机床，达到规定的精度和表面质量要求。

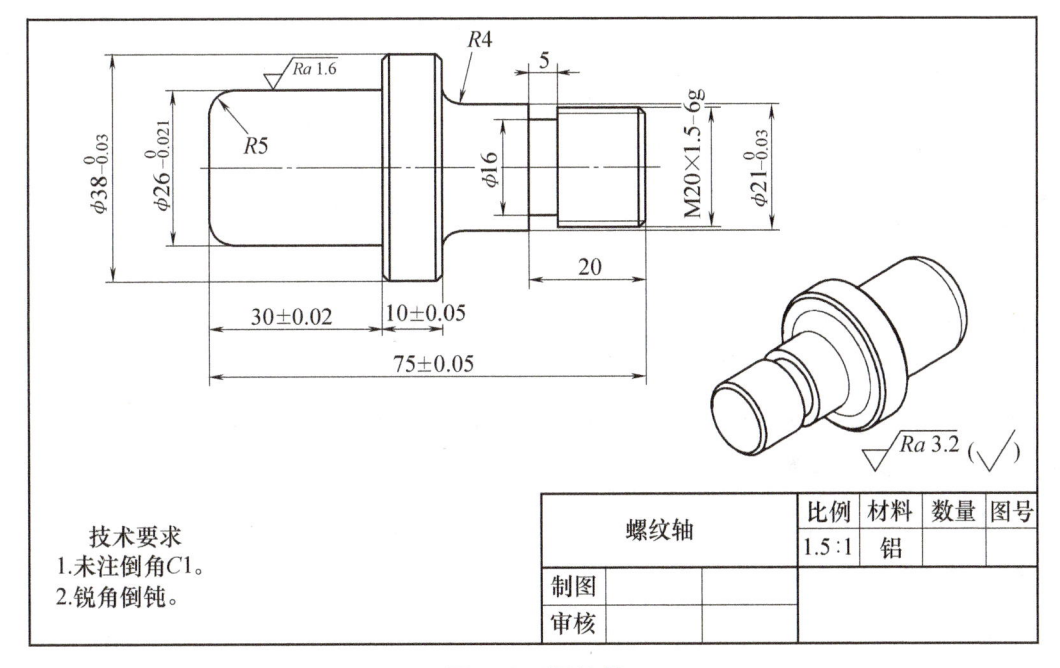

技术要求
1. 未注倒角C1。
2. 锐角倒钝。

图 7-1　螺纹轴

## 【任务准备】

实训物品清单见表 7-1。

表 7-1 实训物品清单

| 序号 | 实训资源 | 种类 | 数量 | 备注 |
|---|---|---|---|---|
| 1 | 机床 | CKA6150 型数控车床 | 6 台 | 或者其他数控车床 |
| 2 | 参考资料 | 《数控车床使用说明书》<br>《FANUC 0i MATE-TC 车床编程手册》<br>《FANUC 0i MATE-TC 车床操作手册》<br>《FANUC 0i MATE-TC 车床连接调试手册》 | 各 6 本 | |
| 3 | 刀具 | 90°外圆车刀 | 6 把 | QEFD2020R10 |
| | | 车槽刀 | 6 把 | 4mm×20mm |
| | | 螺纹刀 | 6 把 | |
| 4 | 量具 | 0~150mm 游标卡尺 | 6 把 | |
| | | 0~100mm 千分尺 | 6 把 | |
| | | 百分表 | 6 块 | |
| 5 | 辅具 | 百分表架 | 6 套 | |
| | | 内六角扳手 | 6 把 | |
| | | 套管 | 6 把 | |
| | | 卡盘扳手 | 6 把 | |
| | | 毛刷 | 6 把 | |
| 6 | 材料 | 2A12 | 6 根 | |
| 7 | 工具车 | | 6 辆 | |

## 【相关知识】

### 一、相关知识

螺纹切削分为单行程螺纹切削、简单螺纹循环和螺纹切削复合循环。

#### 1. 单行程螺纹切削 G32 指令

G32——螺纹切削指令。

指令格式：

G32　X(U)__　Z(W)__　F__;

参数说明：

X、Z——为螺纹切削的终点绝对坐标值。

U、W——为螺纹编程终点相对于编程起点的相对坐标值。

F——为螺纹导程。

X 省略时为圆柱螺纹切削，Z 省略时为端面螺纹切削。

指令应用：

用 G32 指令可加工固定导程的圆柱螺纹或圆锥螺纹，也可以用于加工端面螺纹。

编程要点：

1）G32 指令的进刀方式为直进式。

2）切削斜角 α 在 45°以下的圆锥螺纹时，螺纹导程以 Z 方向指定。

3）螺纹切削时不能用主轴线速度恒定指令 G96。

4）G32 指令的切削路径如图 7-2 所示，A 点是螺纹加工的起点，B 点是螺纹切削指令 G32 的起点，C 点是螺纹切削指令 G32 的终点；图中路径①是用 G00 指令进刀，路径②是用 G32 指令车螺纹，路径③是用 G00 指令 X 向退刀，路径④是用 G00 指令 Z 向返回 A 点。

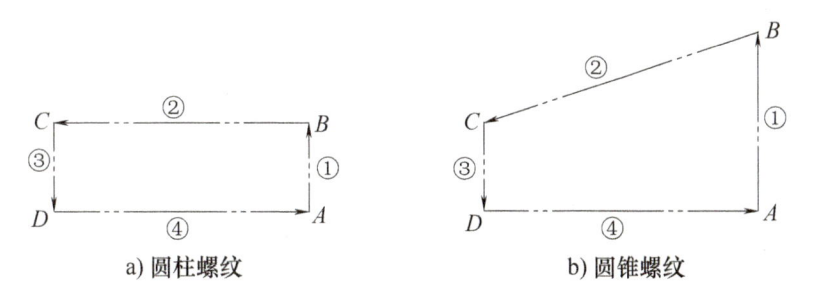

图 7-2　单行程螺纹切削指令 G32 走刀路径

### 2. 螺纹切削循环 G92 指令

指令格式：

圆柱螺纹　G92　X(U)__　Z(W)__　F__；

圆锥螺纹　G92　X(U)__　Z(W)__　I(R)__　F__；

参数说明：

X、Z——螺纹切削终点绝对坐标。

U、W——螺纹终点相对于循环起点的相对坐标。

I（R）——圆锥螺纹起点半径与终点半径差值，圆锥螺纹终点半径大于起点半径时 I（R）为负值，反之为正值。

指令说明：

1）螺纹切削指令使用时，进给速度倍率无效。

2）螺纹切削指令为模态代码。

3）加工螺纹时，刀具应处于螺纹起点位置。

4）由于数控机床伺服系统的反应滞后，主轴加速和减速过程中，会在螺纹切削起点和终点产生不正确的导程。因此，在进刀和退刀时要留有一定空刀导入量和空刀退出量，即螺纹的起点和终点坐标比实际螺纹要长，如图7-3所示。

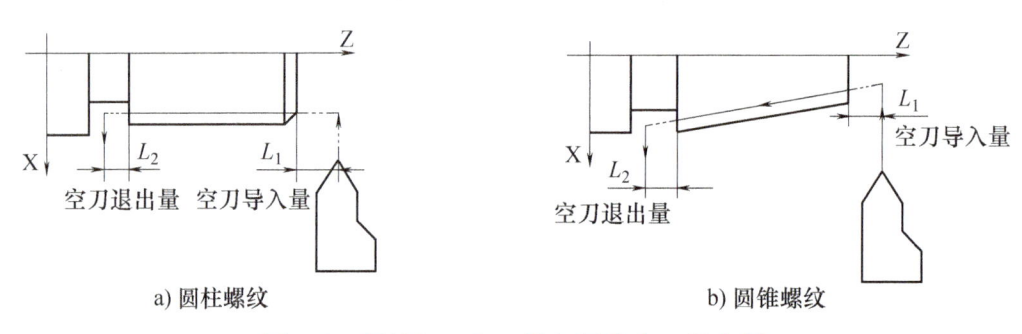

图7-3 螺纹加工空刀导入量和空刀退出量

G92指令加工螺纹切削练习件如图7-4所示。

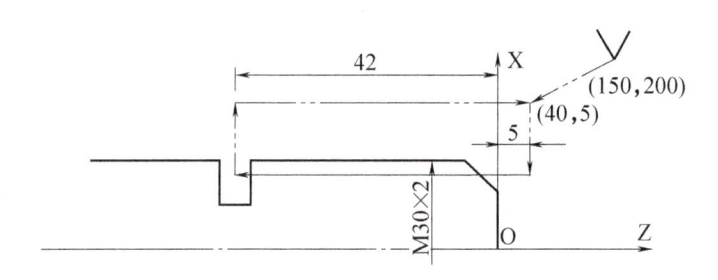

图7-4 螺纹切削练习件1

G00　X40.0　Z0；

G92　X29.0　Z-42.0　F2.0；　　　（加工螺纹第1刀）

X28.2；　　　　　　　　　　　　（加工螺纹第2刀）

X27.8；　　　　　　　　　　　　（加工螺纹第3刀）

X27.6；　　　　　　　　　　　　（加工螺纹第4刀）

X27.4；　　　　　　　　　　　　（加工螺纹第5刀）

X27.4；　　　　　　　　　　　　（加工螺纹最后光一刀）

G00　X150.0　Z200.0；

## 二、相关工艺知识

### 1. 螺纹基本参数

普通螺纹是我国应用最为广泛的一种三角形螺纹，牙型角为60°，粗牙普通螺纹特征代号用字母"M"及公称直径表示，如M20、M16等。细牙普通螺纹特征代号用字母"M"及公称直径×螺距表示，如M24×1.5等。普通螺纹有左旋和右旋之分，左旋螺纹应在螺纹标记的末尾处加注"LH"，如M20×1.5LH等，未注明的是右旋螺纹。

### 2. 普通三角形外螺纹主要部分名称及计算公式（表7-2）

表7-2 普通三角形外螺纹主要部分名称及计算公式

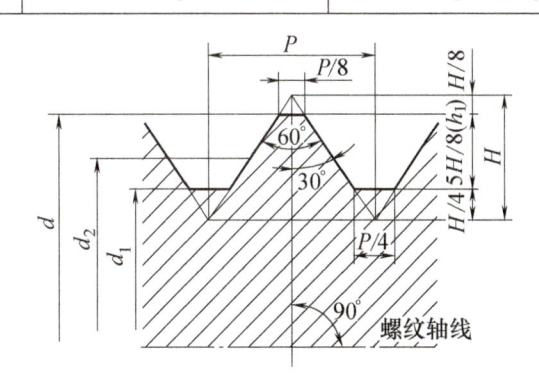

| 名称 | 代号 | 计算公式 |
| --- | --- | --- |
| 牙型角 | $\alpha$ | 60° |
| 螺距 | $P$ | — |
| 螺纹大径 | $d$ | 公称直径 |
| 螺纹中径 | $d_2$ | $d_2 = d - 0.6495P \text{(mm)}$ |
| 牙型高度 | $h_1$ | $h_1 = 0.5413P \text{(mm)}$ |
| 螺纹小径 | $d_1$ | $d_1 = d - 2h_1 = d - 1.083P \text{(mm)}$ |

注：$H$为螺纹原始三角形高度。

1) 大径$d$为螺纹的最大直径，也称公称直径。

2) 小径$d_1$为螺纹的最小直径，在强度计算中作危险剖面的计算直径。

3) 中径$d_2$为在轴向剖面内牙厚与牙间宽相等处的假想圆柱面的直径，近似等于螺纹的平均直径$d_2 \approx 0.5(d+d_1)$。

4) 螺距$P$为相邻两牙在中径线上对应两点间的轴向距离。

5) 导程（$P_h$）为螺纹上任一点沿同一螺旋线旋转一周所移动的轴向距离，

$P_h = nP$。

6）线数 n 为螺纹螺旋线数目，一般为便于制造 n≤4，螺距、导程、线数之间关系：$P_h = nP$。

7）导程角 φ 为在中径圆柱面上螺旋线的切线与垂直于螺旋线轴线的平面的夹角。

$$\phi = \arctan P_h / \pi d_2 = \arctan \frac{nP}{\pi d_2}$$

8）牙型角 α 为螺纹轴平面内螺纹牙型两侧边的夹角。

### 3. 切削螺纹前的外圆直径

切削外螺纹前的外圆直径应比螺纹公称直径小 0.2~0.4mm（约 0.1P），以保证车好螺纹后牙顶处有 0.125P 的宽度，其计算公式为

$$d_{大计} = d - 0.1P$$

式中　$d_{大计}$——实际车削外圆直径；
　　　$d$——螺纹公称直径；
　　　$P$——螺距。

### 4. 外螺纹小径的确定

车削外螺纹时，车刀总的背吃刀量根据经验公式确定为 0.65P（半径值），则螺纹小径的计算公式为

$$d_{1计} = d - 1.3P$$

式中　$d_{1计}$——螺纹小径；
　　　$d$——螺纹公称直径；
　　　$P$——螺距。

【任务实施】

### 1. 工艺分析

该零件毛坯为 φ40mm×80mm 铝料，零件需要调头加工，在加工时选择夹住毛坯料伸出长度≥45mm，粗、精车零件左端外轮廓 φ26mm、φ38mm 外圆和 R5mm 圆弧，调头夹持 φ26mm 外圆车削端面保证总长，粗、精车螺纹外径 φ20mm 和 φ21mm 外圆，调用车槽刀车削 5mm×2mm 槽，调用螺纹刀车削 M20×1.5 螺纹。

## 2. 根据图样填写螺纹轴加工工艺卡（表7-3）

表7-3 螺纹轴加工工艺卡

| 零件名称 | 材料 | 设备名称 | 毛坯 | | | |
|---|---|---|---|---|---|---|
| 螺纹轴 | 圆铝棒 | CKA6150 | 种类 | 2A12 | 规格 | φ40mm×80mm |
| | 任务内容 | 程序号 | O1 | 数控系统 | FANUC 0i MATE-TC | |

| 工序号 | 工步 | 工步内容 | 刀号 | 刀具名称 | 主轴转速 $n/(r/min)$ | 进给量 $f/(mm/r)$ | 背吃刀量 $a_p/(mm/r)$ | 余量 /mm | 备注 |
|---|---|---|---|---|---|---|---|---|---|
| 1 | 1 | 粗加工左端轮廓φ26mm、φ38mm 外圆，R5mm 圆弧 | 1 | 90°外圆车刀 | 800 | 0.2 | 1.5 | 0.5 | |
| | 2 | 精工左端轮廓φ26mm、φ38mm 外圆，R5mm 圆弧 | 1 | 90°外圆车刀 | 1000 | 0.1 | 0.5 | 0 | |
| 2 | 3 | 调头车端面保总长 | 1 | 90°外圆车刀 | 800 | 0.1 | 0.5 | 0 | |
| 3 | 4 | 粗车φ20mm、φ21mm 外圆和R4mm 圆弧 | 1 | 90°外圆车刀 | 800 | 0.2 | 1.5 | 0.5 | |
| | 5 | 精车φ20mm、φ21mm 外圆和R4mm 圆弧 | 1 | 90°外圆车刀 | 1000 | 0.1 | 0.5 | 0 | |
| 4 | 6 | 车削φ16mm 外槽 | 2 | 5mm 外槽刀 | 400 | 0.08 | | | |
| 5 | 7 | 车削 M20×1.5 外螺纹 | 3 | 外螺纹车刀 | 600 | | | | |

## 3. 准备材料、设备及工、量具（表7-4）

表7-4 准备材料、设备及工、量具

| 序号 | 材料、设备及工、量具名称 | 规格 | 数量 |
|---|---|---|---|
| 1 | φ40mm 圆铝棒 | φ40mm×80mm | 6块 |
| 2 | 数控车床 | CKA6150 | 6台 |
| 3 | 90°外圆车刀 | 20mm×20mm | 6把 |
| 4 | 车槽刀 | 5mm | 6把 |
| 5 | 螺纹刀 | — | 6把 |
| 6 | 千分尺 | 0~25mm | 6把 |
| 7 | 千分尺 | 25~50mm | 6把 |
| 8 | 游标卡尺 | 0~150mm | 6把 |
| 9 | 螺纹环规 | M20×1.5 | 6套 |

### 4. 加工参考程序

根据 FANUC 0i MATE-TC 编程要求制订的加工工艺，编写零件加工程序（参考）见表 7-5～表 7-8。

表 7-5　程序 1

| 程序段号 | 程序内容 | 说明注释 |
| --- | --- | --- |
| N10 | O7011; | 程序名 |
| N20 | G40　G97　G99; | 取消刀尖半径补偿,恒转速,转进给 |
| N30 | T0101; | 1号刀具1号刀补 |
| N40 | M03　S800; | 转速800r/min |
| N50 | G00　X42.　Z2.; | 刀具定位点 |
| N60 | G71　U1.5　R0.5; | 粗加工循环,背吃刀量1.5mm,退刀量0.5mm |
| N70 | G71　P80　Q160　U0.5　W0.05　F0.2 | X方向精加工余量0.5mm,Z方向精加工余量0.05mm |
| N80 | G42　G01　X16.　F0.1; | |
| N90 | Z0; | |
| N100 | G03　X26.　Z-5.　R5.; | |
| N110 | G01　Z-30.; | |
| N120 | X36.; | |
| N130 | X38.　Z-31.; | |
| N140 | Z-42; | |
| N150 | X40; | |
| N160 | G40　G00　X42.; | |
| N190 | G70　P80　Q160; | 精加工循环指令 |
| N200 | G00　X150.; | 退刀 |
| N210 | Z200.; | 退刀 |
| N220 | M05; | 主轴停止 |
| N230 | M30; | 程序结束 |

表 7-6　程序 2

| 程序段号 | 程序内容 | 说明注释 |
| --- | --- | --- |
| N10 | O7012; | 程序名 |
| N20 | G40　G97　G99; | 取消刀尖半径补偿,恒转速,转进给 |
| N30 | T0101; | 1号刀具1号刀补 |
| N40 | M03　S800; | 转速800r/min |

（续）

| 程序段号 | 程序内容 | 说明注释 |
|---|---|---|
| N50 | G00　X42.　Z2.； | 刀具定位点 |
| N60 | G71　U1.5　R0.5； | 粗加工循环，背吃刀量 1.5mm，退刀量 0.5mm |
| N70 | G71　P80　Q170　U0.5　W0.05　F0.2 | X方向精加工余量 0.5mm，Z方向精加工余量 0.05mm |
| N80 | G42　G01　X18.　F0.1； | |
| N90 | Z0； | |
| N100 | X20.　Z-1.； | |
| N110 | Z-20.； | |
| N120 | X21.； | |
| N130 | Z-31.； | |
| N140 | G02　X29.　Z-35.　R4.； | |
| N150 | G01　X36.； | |
| N160 | X40.　Z-37.； | |
| N170 | G40　G00　X42.； | |
| N180 | G70　P80　Q170； | 精加工循环指令 |
| N190 | G00　X150.　Z200.； | 退刀 |
| N210 | M05； | 主轴停止 |
| N220 | M30； | 程序结束 |

表 7-7　程序 3

| 程序段号 | 程序内容 | 说明注释 |
|---|---|---|
| N10 | O7013； | 程序名 |
| N20 | G40　G97　G99； | 取消刀尖半径补偿，恒转速，转进给 |
| N30 | T0202； | 2号刀具2号刀补 |
| N40 | M03　S400； | 转速 400r/min |
| N50 | G00　X23.　Z2.； | 刀具定位点 |
| N60 | Z-20.； | |
| N70 | G01　X16.　F0.08； | |
| N80 | G00　X23.； | |
| N90 | Z-19.； | |
| N100 | G01　X23.　F0.08； | |
| N110 | Z-20.； | |
| N120 | X23.； | |

(续)

| 程序段号 | 程序内容 | 说明注释 |
|---|---|---|
| N130 | G00 X150. Z200.; | |
| N150 | M30; | |

表 7-8 程序 4

| 程序段号 | 程序内容 | 说明注释 |
|---|---|---|
| N10 | O7014; | 程序名 |
| N20 | G40 G97 G99; | 取消刀尖半径补偿,恒转速,转进给 |
| N30 | T0303; | 3 号刀具 3 号刀补 |
| N40 | M03 S600; | 转速 600r/min |
| N50 | G00 X23. Z3.; | 刀具定位点 |
| N60 | G92 X19.4 Z-17. F1.5; | |
| N70 | X19.; | |
| N80 | X18.7; | |
| N90 | X18.4; | |
| N100 | X18.2; | |
| N110 | X18.05; | |
| N120 | X18.05; | 重复切削,去除毛刺、飞边 |
| N130 | G00 X150.; | |
| N140 | Z200.; | |
| N150 | M30; | |

### 5. 程序录入及轨迹仿真

用 FANUC 0i MATE-TC 数控系统进行程序录入及轨迹仿真的步骤见表 7-9。

表 7-9 用 FANUC 0i MATE-TC 数控系统进行程序录入及轨迹仿真的步骤

| 步骤 | 操作过程 | 图示 |
|---|---|---|
| 输入程序 | 数控车床开机,在机床索引页面找到程序功能软键,按 PROG 软键进入"程序"界面,在"编辑方式"下输入程序"O7011" | 程序 O7011 N<br>O7011<br>G40 G97 G99 ;<br>M03 S800 ;<br>T0101 ;<br>G00 X42. Z2. ;<br>G71 U1.5 R0.5 ;<br>G71 P1 Q2 U0.5 W0.05 F2. ;<br>N1 G42 G01 X16. F2. ;<br>Z0. ;<br>G03 X26. Z-5. R5 ;<br>G01 Z-30. ;<br>X36. ;<br>X38. Z-31. ;<br>Z-42. ;<br>X40. ;<br>N2 G40 G00 X42. ;<br>G70 P1 Q2 ;<br>>_<br>编辑方式 |

（续）

| 步骤 | 操作过程 | 图示 |
|---|---|---|
| 输入程序 | 按照以上步骤输入程序"O7012" | 程序 O7012 N<br>O7012 ;<br>G40 G97 G99 ;<br>M03 S800 ;<br>T0101 ;<br>G00 X42. Z2. ;<br>G71 U1.5 R0.5 ;<br>G71 P1 Q2 U0.5 W0.05 F2. ;<br>N1 G42 G01 X17. F2. ;<br>Z0. ;<br>X20. Z-1.5 ;<br>Z-20. ;<br>X21. ;<br>Z-31. ;<br>G02 X29. Z-35. R4 ;<br>G01 X36. ;<br>X40. Z-37. ;<br>N2 G40 G00 X42. ;<br>>_<br>编辑方式 |
| 输入程序 | 按照以上步骤输入程序"O7013" | 程序 O7013 N<br>O7013 ;<br>G40 G97 G99 ;<br>M03 S800 ;<br>T0202 ;<br>G00 X23. Z2. ;<br>Z-20. ;<br>G01 X16. F2. ;<br>G00 X23. ;<br>Z-19. ;<br>G01 X16. F2. ;<br>Z-20. ;<br>G00 X23. ;<br>X150. ;<br>Z200. ;<br>M30 ;<br>%<br>>_<br>编辑方式 |
| 输入程序 | 按照以上步骤输入程序"O7014" | 程序 O7014 N<br>O7014 ;<br>G40 G97 G99 ;<br>M03 S600 ;<br>T0303 ;<br>G00 X22. Z3. ;<br>G92 X19.4 Z-17. F1.5 ;<br>X19. ;<br>X18.7 ;<br>X18.5 ;<br>X18.3 ;<br>X18.1 ;<br>X18.05 ;<br>X18.05 ;<br>G00 X150. ;<br>Z200. ;<br>M30 ;<br>%<br>>_<br>编辑方式 |
| 轨迹仿真 | 选择"自动方式"，按"机床锁住"和"空运行"功能键，按 CSTM/GR 软键进入图形画面，在图形页面按下"〔图形〕"下方对应的软键，按"循环启动"按钮运行程序，检查刀轨是否正确 | 图形 O7011 N00002<br>自动方式<br>◀（ 参数 ）（ 图形 ）（快速图形）（ 停止 ）（ 清除 ） |

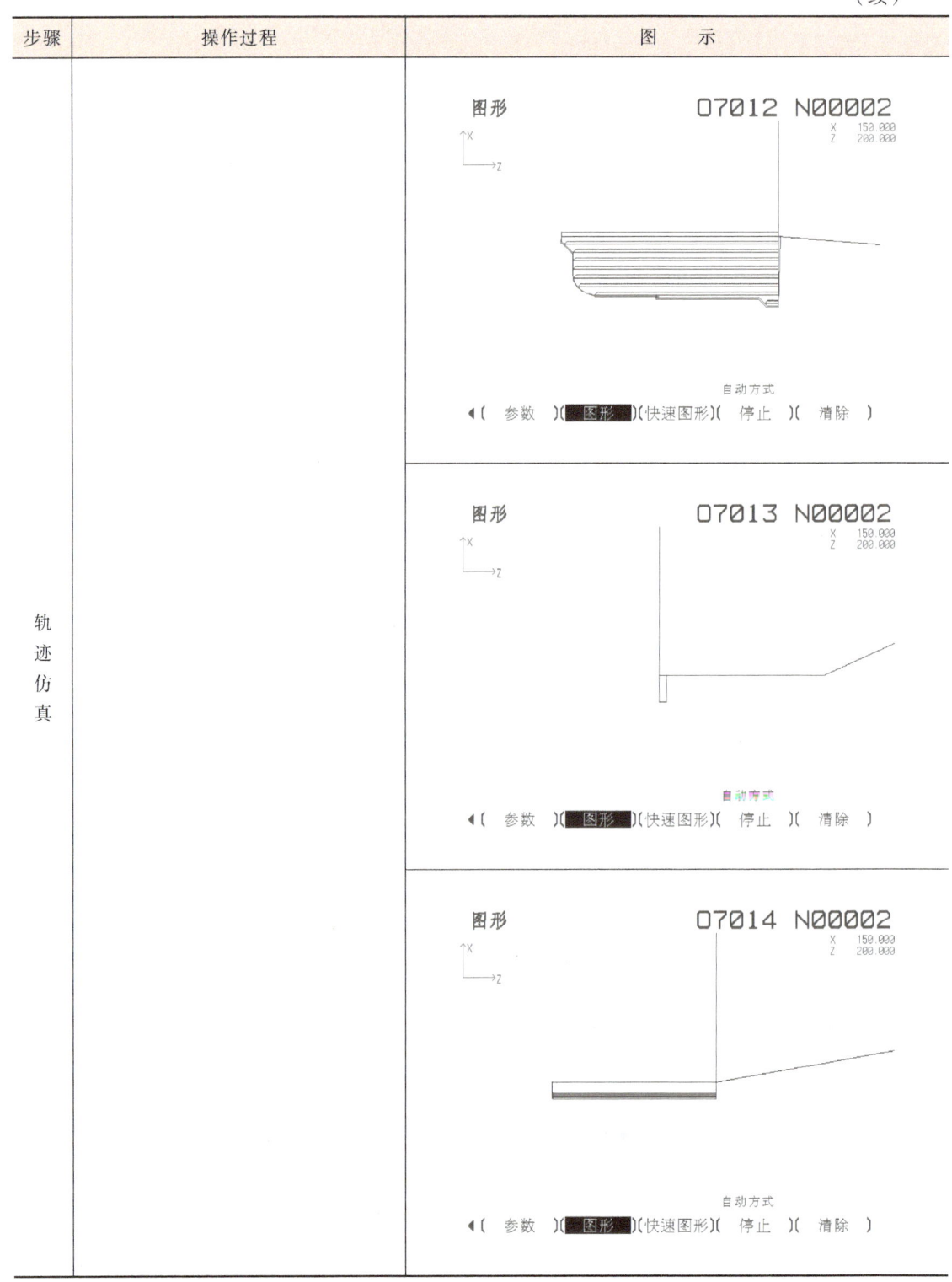

（续）

| 步骤 | 操作过程 | 图示 |
|---|---|---|
| 轨迹仿真 | | 图形　O7012 N00002<br>（参数）（图形）（快速图形）（停止）（清除）<br><br>图形　O7013 N00002<br>（参数）（图形）（快速图形）（停止）（清除）<br><br>图形　O7014 N00002<br>（参数）（图形）（快速图形）（停止）（清除） |

### 6. 加工零件

加工零件操作步骤见表 7-10。

表 7-10 加工零件操作步骤

| 步骤 | 操作过程 | 图 示 |
|---|---|---|
| 装夹零件毛坯 | 对数控车床进行安全检查,打开机床电源并开机,将毛坯装夹到卡盘上,伸出长度≥45mm | |
| 安装车刀 | 将 90°外圆车刀安装在 1 号刀位,将车槽刀装在 2 号刀位,螺纹刀安装在 3 号刀位,利用垫刀片调整刀尖高度,并使用顶尖检验刀尖高度位置 | |
| 外圆车刀试切法 Z 轴对刀 | 主轴正转,用快速进给方式控制车刀靠近工件,然后用手轮进给方式的×10 档位慢速靠近毛坯端面,沿 X 向车削毛坯端面,切削深度约 0.5mm,刀具车削到毛坯中心,沿 X 向退刀。按 [OFS/SET] 软键切换至刀补测量页面,光标移到 01 号刀补位置,输入"Z0"后按【测量】键,完成 Z 轴对刀 | |

137

(续)

| 步骤 | 操作过程 | 图示 |
|---|---|---|
| 外圆车刀试切法Z轴对刀 | | 刀补/形状 画面，序号0001：X -467.040，Z -566.651，R 0.400，T 3；0002：X -518.280，Z -611.639；0003：X -445.298，Z -777.255；0004：X -466.773，Z -558.231；其余为0.000。相对坐标 U -395.397，W -598.009；绝对坐标 X 71.643，Z -31.358；机床坐标 X -395.398，Z -598.009。数据输入：>Z0 手动方式 |
| 外圆车刀试切法X轴对刀 | 主轴正转，手动控制车刀靠近工件，然后用手轮方式的×10档位慢速靠近工件φ50mm外圆面，沿Z方向切削毛坯料约1mm，车削长度以方便卡尺测量为准，沿Z向退出车刀，主轴停止，测量工件外圆，按 【OFS/SET】软键切换至刀补测量页面，光标移到01号刀补位置，输入测量值"X39.11"后按【测量】键，完成X轴对刀 | 刀补/形状 画面，0001：X -467.040，Z -598.009，R 0.400，T 3；0002：X -518.280，Z -611.639；0003：X -445.298，Z -777.255；0004：X -466.773，Z -558.231。相对坐标 U -395.397，W -598.009；绝对坐标 X 71.643，Z 0.000；机床坐标 X -395.398，Z -598.009。数据输入：>X39.11 手动方式 |
| 运行程序加工左端外圆 | 手动方式将刀具退出一定距离，按【PROG】软键进入程序界面，检索到"O7011"程序，选择单段运行方式，按"循环启动"按钮，开始程序自动加工，当车刀完成一次单段运行后，可以关闭单段模式，让程序连续运行 | |

（续）

| 步骤 | 操作过程 | 图示 |
|---|---|---|
| 测量工件修改刀补并精车外圆 | 程序运行结束后，用千分尺测量零件外径尺寸，根据实测值计算出刀补值，对刀补进行修整。按"循环启动"按钮，再次运行程序，完成工件加工，并测量各尺寸是否符合图样要求 | 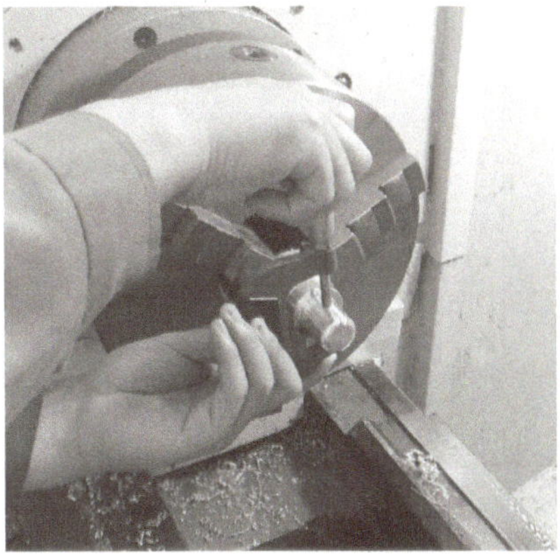 |
| 零件调头车削并外圆车刀对刀 | 调头装夹零件，车削端面，保证工件总长，并外圆车刀对刀，外圆车刀对刀方法同上 |   |
| 车槽刀试切法 Z 轴对刀 | 主轴正转，用快速进给方式控制车槽刀靠近工件，然后用手轮进给方式的×10 档位慢速靠近毛坯端面，将车槽刀左刀尖轻轻靠在工件端面，沿 X 向退刀。按  [OFS/SET] 软键切换至刀补测量页面，光标移到 02 号刀补位置，输入"Z0"后按【测量】键，完成 Z 轴对刀 |  |

(续)

| 步骤 | 操作过程 | 图示 |
|---|---|---|
| 车槽刀试切法 Z 轴对刀 | | 刀补/形状 07013 N00002（02号刀补位置光标处，数据输入：>Z0，手动方式） |
| 车槽刀试切法 X 轴对刀 | 主轴正转，手动控制车槽刀靠近工件，然后用手轮方式的×10档位慢速靠近工件φ40mm外圆面，沿Z方向切削，车削余量0.2mm左右，车削长度以方便卡尺测量为准，沿Z向退出车刀，主轴停止，测量工件外圆，按【OFS/SET】软键切换至刀补测量页面，光标移到02号刀补位置，输入测量值"X38.87"后按【测量】键，完成X轴对刀 | 刀补/形状 07013 N00002（数据输入：>X38.87，手动方式） |
| 螺纹刀 Z 轴对刀 | 主轴正转，用快速进给方式控制螺纹刀靠近工件，然后用手轮进给方式的×10档位慢速靠近工件外圆，沿Z方向移动，目测刀尖和端面对齐，按【OFS/SET】软键切换至刀补测量页面，光标移到03号刀补位置，输入"Z0"后按【测量】键，完成Z轴对刀 | |

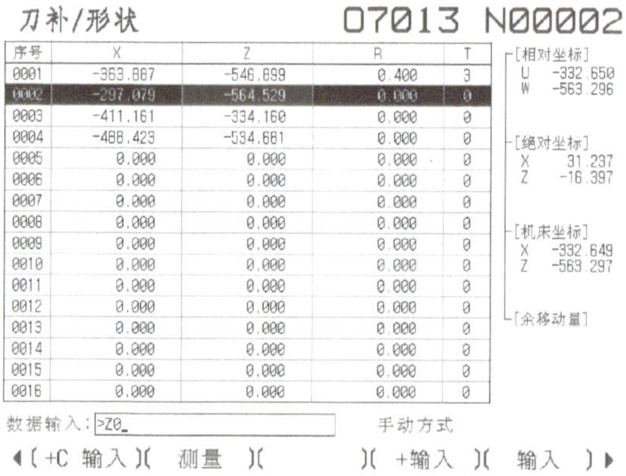

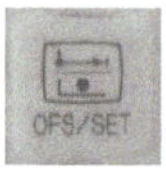

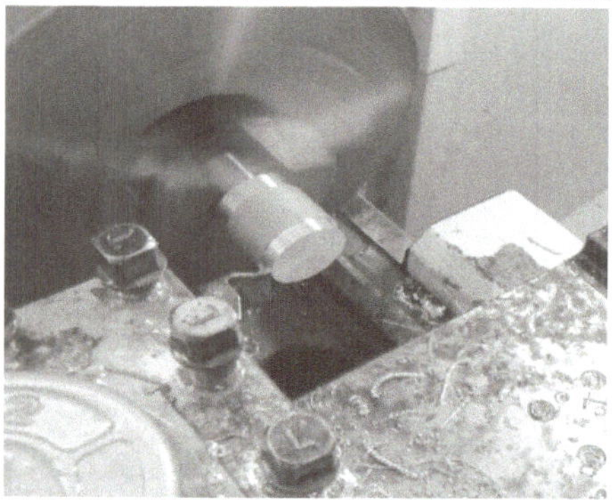

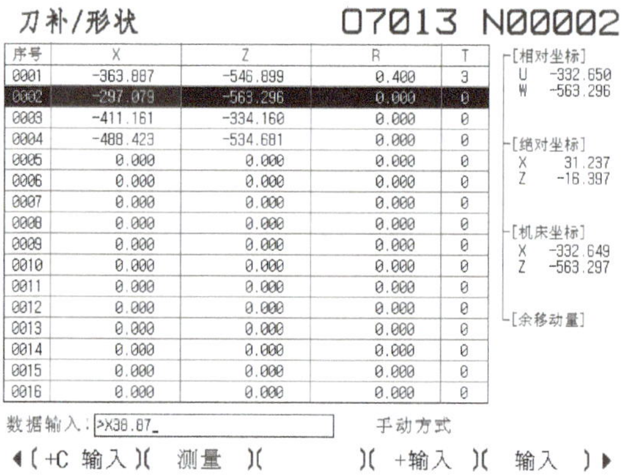

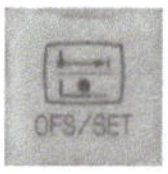

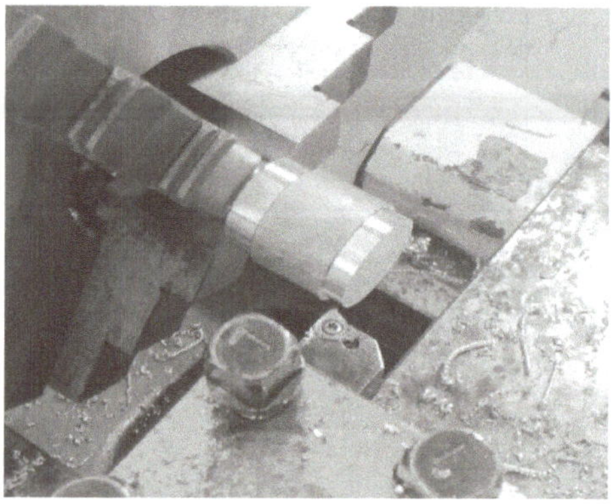

（续）

| 步骤 | 操作过程 | 图示 |
|------|---------|------|
| 螺纹刀 Z 轴对刀 | | 刀补/形状　07014 N00002<br>序号　X　Z　R　T<br>0001　-455.517　-512.463　0.400　3<br>0002　-403.968　-554.141　0.000　0<br>0003　-445.298　-777.255　0.000　0<br>0004　-466.773　-558.231　0.000　0<br>0005　0.000　0.000　0.000　0<br>0006　0.000　0.000　0.000　0<br>0007　0.000　0.000　0.000　0<br>0008　0.000　0.000　0.000　0<br>0009　0.000　0.000　0.000　0<br>0010　0.000　0.000　0.000　0<br>0011　0.000　0.000　0.000　0<br>0012　0.000　0.000　0.000　0<br>0013　0.000　0.000　0.000　0<br>0014　0.000　0.000　0.000　0<br>0015　0.000　0.000　0.000　0<br>0016　0.000　0.000　0.000　0<br>数据输入：>Z0_　　　手轮方式<br>◀〔+C 输入〕〔测量〕〔　〕〔+输入〕〔输入〕▶<br>[相对坐标] U -276.892　W -530.487<br>[绝对坐标] X 126.976　Z -76.346<br>[机床坐标] X -276.893　Z -630.487<br>[余移动量] |
| 螺纹刀 X 轴对刀 | 主轴正转，手动控制螺纹刀靠近工件，然后用手轮方式的×10 档位慢速靠近工件外圆面，沿 Z 方向切削，切削余量 0.1mm 左右，切削长度以方便卡尺测量为准，沿 Z 向退出车刀，主轴停止，测量工件外圆，按 [OFS/SET] 软键切换至刀补测量页面，光标移到 03 号刀补位置，输入测量值"X38.85"后按【测量】键，完成 X 轴对刀 | 刀补/形状　07014 N00002<br>序号　X　Z　R　T<br>0001　-455.517　-512.463　0.400　3<br>0002　-403.968　-554.141　0.000　0<br>0003　-445.298　-630.487　0.000　0<br>0004　-466.773　-558.231　0.000　0<br>0005　0.000　0.000　0.000　0<br>0006　0.000　0.000　0.000　0<br>0007　0.000　0.000　0.000　0<br>0008　0.000　0.000　0.000　0<br>0009　0.000　0.000　0.000　0<br>0010　0.000　0.000　0.000　0<br>0011　0.000　0.000　0.000　0<br>0012　0.000　0.000　0.000　0<br>0013　0.000　0.000　0.000　0<br>0014　0.000　0.000　0.000　0<br>0015　0.000　0.000　0.000　0<br>0016　0.000　0.000　0.000　0<br>数据输入：>X38.85_　　　手轮方式<br>◀〔+C 输入〕〔测量〕〔　〕〔+输入〕〔输入〕▶<br>[相对坐标] U -276.892　W -530.487<br>[绝对坐标] X 126.976　Z -76.346<br>[机床坐标] X -276.893　Z -630.487<br>[余移动量] |
| 右端外轮廓切削 | 按 [PROG] 软键进入程序界面，检索到"O7012"程序，选择单段运行方式，按"循环启动"按钮，开始程序自动加工，当车刀完成一次单段运行后，可以关闭单段模式，让程序连续运行 | |

141

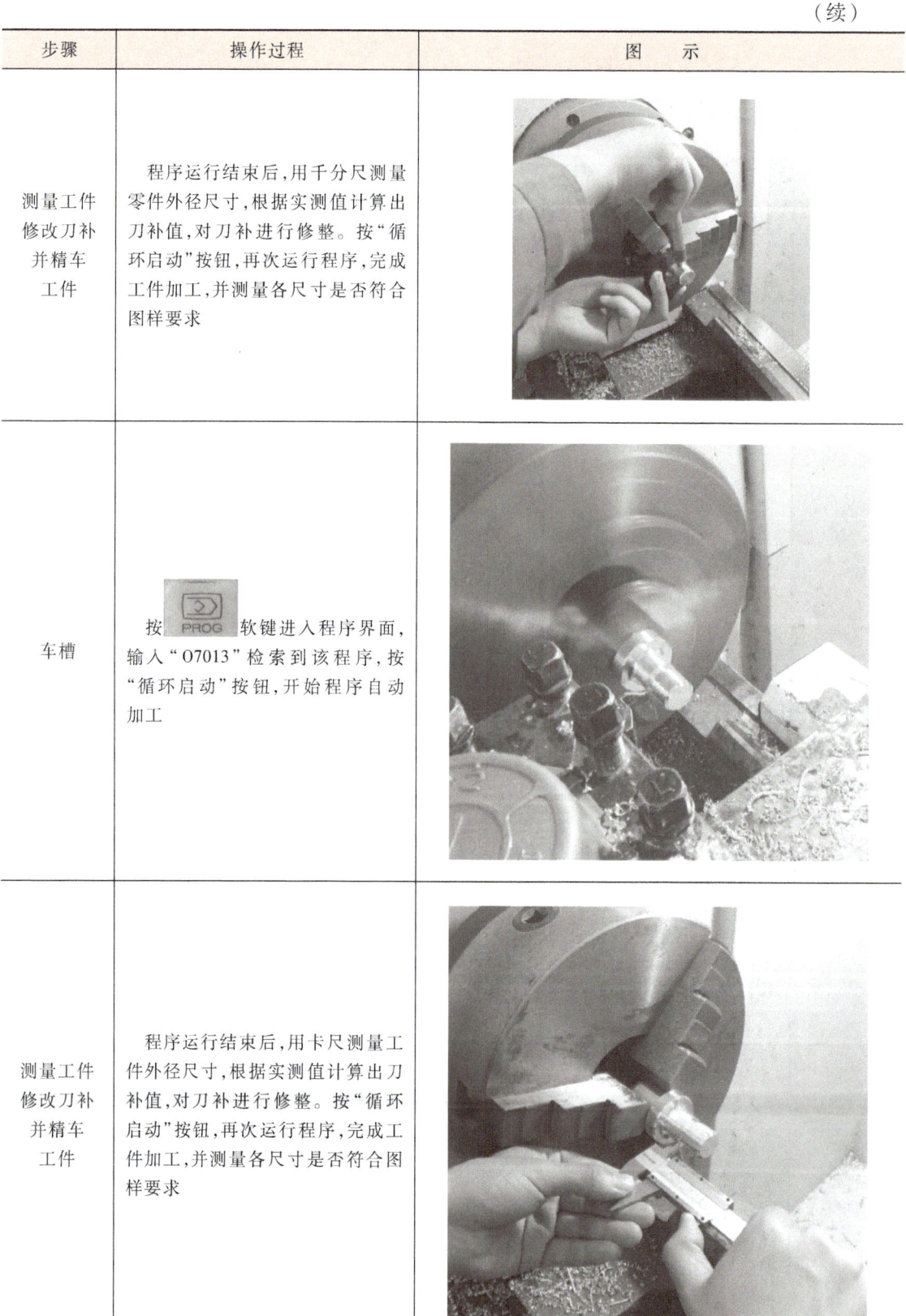

(续)

| 步骤 | 操作过程 | 图示 |
|---|---|---|
| 测量工件修改刀补并精车工件 | 程序运行结束后,用千分尺测量零件外径尺寸,根据实测值计算出刀补值,对刀补进行修整。按"循环启动"按钮,再次运行程序,完成工件加工,并测量各尺寸是否符合图样要求 | |
| 车槽 | 按 PROG 软键进入程序界面,输入"O7013"检索到该程序,按"循环启动"按钮,开始程序自动加工 | |
| 测量工件修改刀补并精车工件 | 程序运行结束后,用卡尺测量工件外径尺寸,根据实测值计算出刀补值,对刀补进行修整。按"循环启动"按钮,再次运行程序,完成工件加工,并测量各尺寸是否符合图样要求 | |

（续）

| 步骤 | 操作过程 | 图　示 |
|---|---|---|
| 切削螺纹 | 按 PROG 软键进入程序界面，输入"O7014"，检索到该程序，按"循环启动"按钮，开始程序自动加工 | |
| 测量工件修改刀补并精车工件 | 程序运行结束后，用螺纹环规测量螺纹，根据实测值计算出刀补值，对刀补进行修整。按"循环启动"按钮，再次运行程序，完成工件加工，并测量各尺寸是否符合图样要求 | |
| 维护保养 | 卸下工件，清扫维护机床，刀具、量具擦净 | |

项目七　加工螺纹轴类零件

143

## 【任务检测】

小组成员分工检测零件,并将检测结果填入表 7-11 中。

表 7-11 零件检测表

| 序号 | 检测项目 | 检测内容 | 配分/分 | 检测要求 | 学生自评 自测 | 学生自评 得分/分 | 老师测评 检测 | 老师测评 得分/分 |
|---|---|---|---|---|---|---|---|---|
| 1 | 直径 | $\phi 38_{-0.03}^{0}$ mm | 8 | 超差不得分 | | | | |
| 2 | 直径 | $\phi 26_{-0.021}^{0}$ mm | 8 | 超差不得分 | | | | |
| 3 | 直径 | $\phi 21_{-0.03}^{0}$ mm | 8 | 超差不得分 | | | | |
| 4 | 直径 | $\phi 16$ mm | 5 | 超差 0.01mm 扣 3 分 | | | | |
| 5 | 长度 | 30mm±0.02mm | 8 | 超差不得分 | | | | |
| 6 | 长度 | 10mm±0.05mm | 8 | 超差不得分 | | | | |
| 7 | 长度 | 75mm±0.05mm | 8 | 超差不得分 | | | | |
| 8 | 长度 | 20mm | 5 | 超差 0.01mm 扣 3 分 | | | | |
| 9 | 螺纹 | M20×1.5 | 8 | 螺纹环规检测 | | | | |
| 10 | 圆角 | R4mm | 2 | 半径样板检测 | | | | |
| 11 | | R5mm | 2 | 半径样板检测 | | | | |
| 12 | 倒角 | C1 三处 | 3 | 超差不得分 | | | | |
| 13 | 表面质量 | $Ra1.6\mu m$ 一处 | 4 | 超差不得分 | | | | |
| 14 | | $Ra3.2\mu m$ | 2 | 超差不得分 | | | | |
| 15 | | 去除毛刺、飞边 | 1 | 未处理不得分 | | | | |
| 16 | 时间 | 工件按时完成 | 5 | 未按时完成不得分 | | | | |
| 17 | | 安全操作 | 5 | 违反操作规程按程度扣分 | | | | |
| 18 | 现场操作规范 | 工、量具使用 | 5 | 工、量具使用错误,每项扣 2 分 | | | | |
| 19 | | 设备维护保养 | 5 | 违反维护保养规程,每项扣 2 分 | | | | |
| 20 | 合计(总分) | | 100 | 机床编号 | | 总得分 | | |
| 21 | 开始时间 | | 结束时间 | | | 加工时间 | | |

## 【工作评价与鉴定】

### 1. 评价（90%）

综合评价表见表7-12。

表7-12 综合评价表

| 项目 | 出勤情况<br>（10%） | 工艺编制、编程<br>（20%） | 机床操作能力<br>（10%） | 零件质量<br>（30%） | 职业素养<br>（20%） | 成绩合计 |
|---|---|---|---|---|---|---|
| 个人评价 | | | | | | |
| 小组评价 | | | | | | |
| 教师评价 | | | | | | |
| 平均成绩 | | | | | | |

### 2. 鉴定（10%）

实训鉴定表见表7-13。

表7-13 实训鉴定表

| | |
|---|---|
| 自我鉴定 | 通过本节课我有哪些收获？<br><br><br><br><br><br>学生签名：_____<br>_____年_____月_____日 |
| 指导教师鉴定 | <br><br><br><br><br><br><br><br>指导教师签名：_____<br>_____年_____月_____日 |

## 【知识拓展】

### 1. 螺纹刀的安装

螺纹刀若安装得过高,当吃刀到一定深度时,车刀的后刀面顶住工件,会增大摩擦力,严重时造成啃刀现象;过低时,则切屑不易排出,因车刀的背向力指向工件中心,使背吃刀量自动加深,出现工件被抬起和啃刀现象。所以安装螺纹刀时,应使其刀尖与工件轴线等高。在粗车和半精车时,刀尖比工件高出1%D左右($D$ 表示被加工工件直径),刀具的伸出长度不要过长,一般为20~25mm(约为刀杆高度的1~1.5倍),以保证刀具的刚性。

工件装夹不牢或伸出过长,当工件本身的刚性不能承受车削力时,将产生过大的挠度,改变了车刀与工件的中心高度(工件被抬高了),出现啃刀现象。此时应把工件夹牢,使用顶尖等工艺措施,提高工件加工刚性。

### 2. 切削用量的选用

主轴转速 $n$(r/min)。在数控车床上加工螺纹,主轴的转速受数控系统、螺纹导程、刀具、材料等多种因素的影响,需根据实际加工条件、机床性能而定。大多数经济型数控车床车削螺纹时,推荐主轴转速为

$$n \leqslant \frac{1200}{P} - K$$

式中 $P$——零件的螺距;

$K$——保险系数。

背吃刀量 $a_p$ 进刀方法的选择:直进法适用于一般的螺纹切削,加工螺纹螺距 $P<3$mm 的螺纹,如图7-5a所示;斜进法适用于加工工件刚性低、易振动的场合,加工螺纹螺距 $P \geqslant 3$mm,如图7-5b所示。

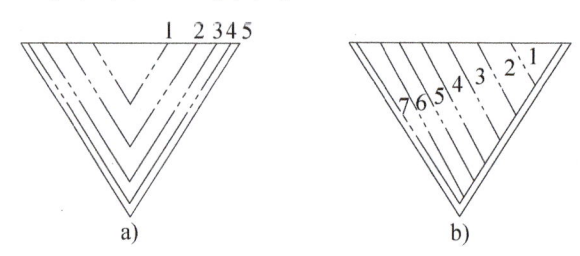

图7-5 螺纹进刀方法

## 【巩固与提高】

请对图7-6所示螺纹轴实施加工任务。

项目七　加工螺纹轴类零件

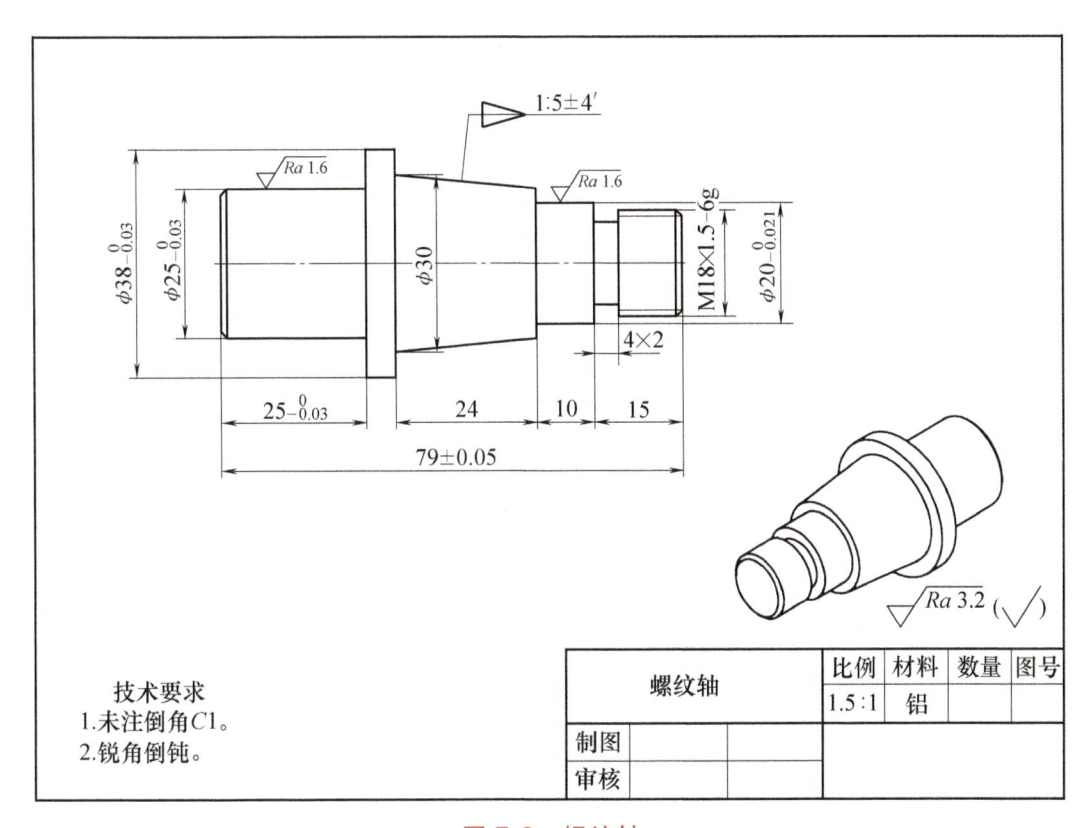

图中标注：
- $Ra\ 1.6$
- $1:5\pm4'$
- $Ra\ 1.6$
- $\phi 38_{-0.03}^{\ 0}$
- $\phi 25_{-0.03}^{\ 0}$
- $\phi 30$
- M18×1.5-6g
- $\phi 20_{-0.021}^{\ 0}$
- 4×2
- $25_{-0.03}^{\ 0}$
- 24
- 10
- 15
- $79\pm0.05$
- $Ra\ 3.2\ (\sqrt{\ })$

技术要求
1. 未注倒角C1。
2. 锐角倒钝。

| 　 | 螺纹轴 | 比例 | 材料 | 数量 | 图号 |
|---|---|---|---|---|---|
| 　 | 　 | 1.5∶1 | 铝 | 　 | 　 |
| 制图 | 　 | 　 | 　 | 　 | 　 |
| 审核 | 　 | 　 | 　 | 　 | 　 |

图 7-6　螺纹轴

# 项目八　　加工套类零件

## 任务一　加工导套

| 知识目标 | 1. 掌握导套类零件的相关工艺知识和工艺分析。<br>2. 掌握 G90 指令/G71 指令编制内孔加工程序的方法。 |
|---|---|
| 技能目标 | 1. 能进行内孔车削刀具对刀与程序调试。<br>2. 能够加工出合格的导套类零件。<br>3. 能正确分析和处理导套类零件的加工质量问题。 |
| 素养目标 | 1. 培养严谨的工作作风和产品质量意识。<br>2. 培养安全文明生产的意识。 |

### 【任务要求】

如图 8-1 所示的导套零件，材料为 2A12 铝合金，请根据图样要求，合理制订

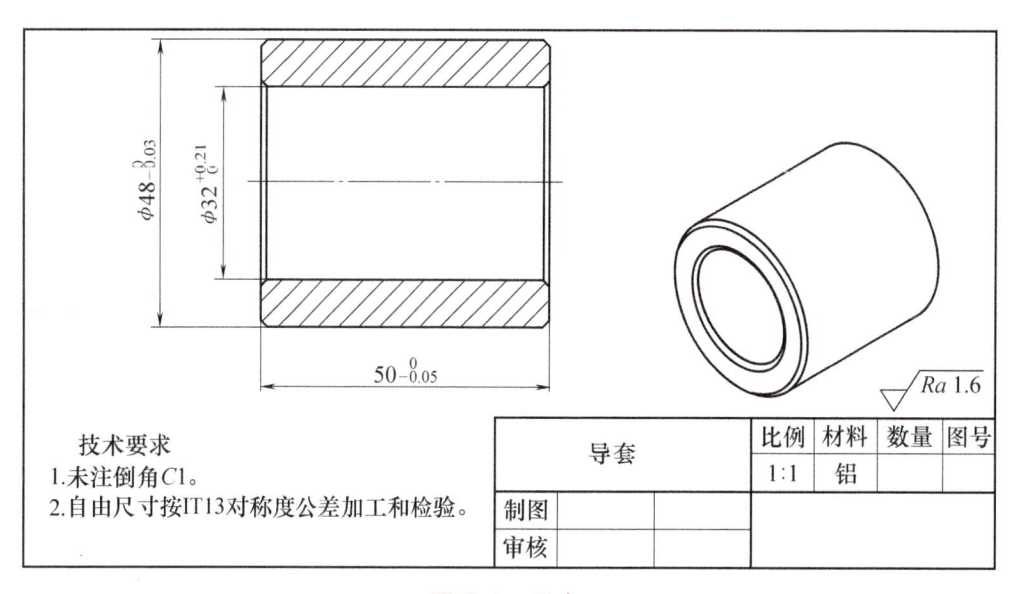

技术要求
1. 未注倒角C1。
2. 自由尺寸按IT13对称度公差加工和检验。

图 8-1　导套

加工工艺，安全操作机床，达到规定的精度和表面质量要求。

### 【任务准备】

实训物品清单见表8-1。

表8-1 实训物品清单

| 序号 | 实训资源 | 种类 | 数量 | 备注 |
|---|---|---|---|---|
| 1 | 机床 | CKA6150型数控车床 | 6台 | 或者其他数控车床 |
| 2 | 参考资料 | 《数控车床使用说明书》<br>《FANUC 0i MATE-TC车床编程手册》<br>《FANUC 0i MATE-TC车床操作手册》<br>《FANUC 0i MATE-TC车床连接调试手册》 | 各6本 | |
| 3 | 刀具 | 90°外圆车刀 | 6把 | QEFD2020R10 |
| | | $\phi$16mm内孔车刀 | 6把 | |
| 4 | 量具 | 0~150mm游标卡尺 | 6把 | |
| | | 0~100mm千分尺 | 6把 | |
| | | 百分表 | 6块 | |
| 5 | 辅具 | 百分表架 | 6套 | |
| | | 内六角扳手 | 6把 | |
| | | 套管 | 6把 | |
| | | 卡盘扳手 | 6把 | |
| | | 毛刷 | 6把 | |
| 6 | 材料 | 2A12 | 6根 | |
| 7 | 工具车 | | 6辆 | |

### 【相关知识】

## 一、镗孔相关知识

镗孔是常用的孔加工方法之一，镗孔精度一般可达 IT7~IT8，表面粗糙度值 $Ra$ 1.6~3.2μm。安装内孔车刀时的刀尖要略高于工件回转中心，安装时要先看一下镗孔刀是否会和孔内壁发生干涉，否则应重新调整或刃磨。为了增加车削刚性，防止产生振动，要尽量选择粗的刀杆，安装时刀杆伸出长度尽可能短，只要略大于孔深即可。为了确保安全，可在镗孔前，先用内孔车刀在孔内试走一遍。精车内孔时,应保持切削刃锋利,否则容易产生让刀,把孔车成锥形。在内孔加工过程中,主要考虑的是控制切屑流出方向来解决排屑问题。精镗孔时要求切屑流向待加工表面(前排屑),要达到前排屑主要是采用正刃倾角内孔车刀。

套类工件内孔的加工通常用到钻、扩、镗等工序,但目前多数钻孔加工还是通过手动操作完成。下面重点以内孔车削加工来说明相关指令的应用。

### 1. 精加工通孔

通常可以直接用 G01 指令,编程应用时主要应合理确定加工路线,如图 8-2a 所示,刀具初始定位点的 X 坐标应小于工件的底孔直径,进退刀时要注意刀具的走刀路线、方向。

### 2. 粗车内孔

粗车内孔一般可以用 G90 指令/G71 指令,基本用法同外圆车削编程。

1)应用 G90 指令时,定位点应处于小于工件钻后孔半径 0.5~1mm 处,如图 8-2b 所示。

2)应用 G71 指令时,指令中的 X 轴方向余量方向为负向,故一般取 U 为 -0.5 至 -1.0,循环定位点的确定原则同 G90 指令,如图 8-2b 所示。

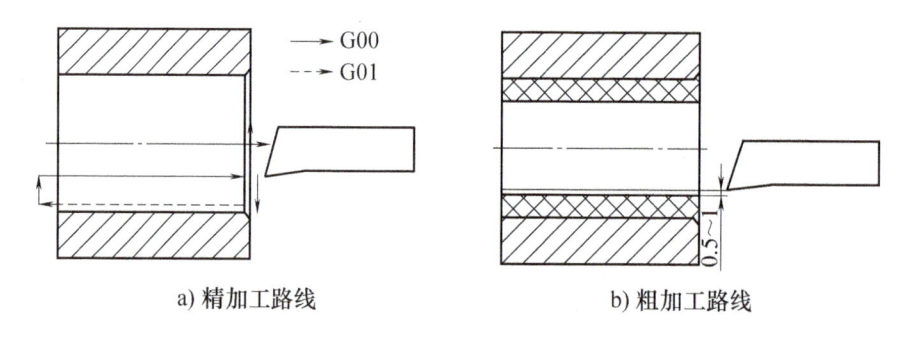

a)精加工路线　　　b)粗加工路线

图 8-2　内孔刀走刀路线

## 二、相关工艺知识

### 1. 套类工件的结构及技术要求

在机械设备上常见各种轴承套、齿轮、衬套及带轮等一些带内套及内腔的零件。因支撑、连接配合的需要,一般将它们做成带圆柱的孔、内锥、内沟槽和内螺纹等一些形状,此类工件称为内套、内腔类零件,这类零件长度和直径的尺寸精度和表面粗糙度要求如下:

1)同轴度、垂直度、圆跳动等几何公差要求。

2）热处理要求：常进行调质等热处理工艺，以获得一定的强度、硬度、韧性和耐磨性。

3）套类零件常用的毛坯形式有热轧、圆棒料、锻造毛坯、铸造毛坯、空心管料等。

### 2. 内孔车刀的分类

通孔车刀（图 8-3a）：通孔车刀的几何形状与外圆车刀相似，为了减小径向切削力，防止振动。通孔车刀的主偏角 $\kappa_r$ 一般取 60°~75°，副偏角（$\kappa_r'$）一般取 15°~30°。为了防止内孔车刀后刀面和孔壁产生摩擦，又不使后角磨得太大，一般磨成两个后角（图 8-4）。

a) 通孔车刀　　b) 盲孔车刀

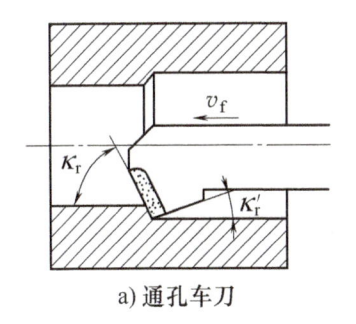

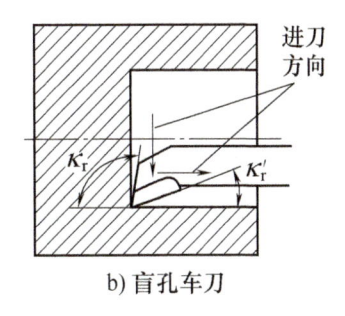

图 8-3　内孔车刀种类

盲孔车刀（图 8-3b）：盲孔车刀用来车盲孔或台阶孔，切削部分的几何形状基本上与 90°偏刀相似，其主偏角（$\kappa_r$）应大于 90°，一般取 92°~95°左右，副偏角（$\kappa_r'$）一般取 10°以下，后角的要求和通孔车刀一样，刀尖在刀杆的最前端。刀尖到刀杆外端的距离应小小于孔半径，否则无法车平孔的底面。

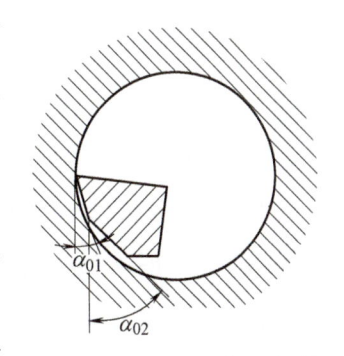

图 8-4　后刀面的两个角

当内孔尺寸较小时，车刀一般做成整体式（图 8-5a），若内孔尺寸允许，为了节省刀具材料，提高刀杆刚度，可把高速钢或硬质合金做成较小的刀头，装在刀杆前端的方孔内，用螺钉固定（图 8-5b、c）。

### 3. 车内孔的方法

车内孔的方法基本上与车外圆相同，只是车内孔的工作条件较差，加上刀杆刚性差，容易引起振动，因此，切削用量应比车外圆时低一些。车内孔的关键问题是解决内孔车刀的刚性和排屑问题。为此，在镗孔前对镗孔刀的几何角度、刀

a) 整体式内孔车刀　　b) 通孔镗刀

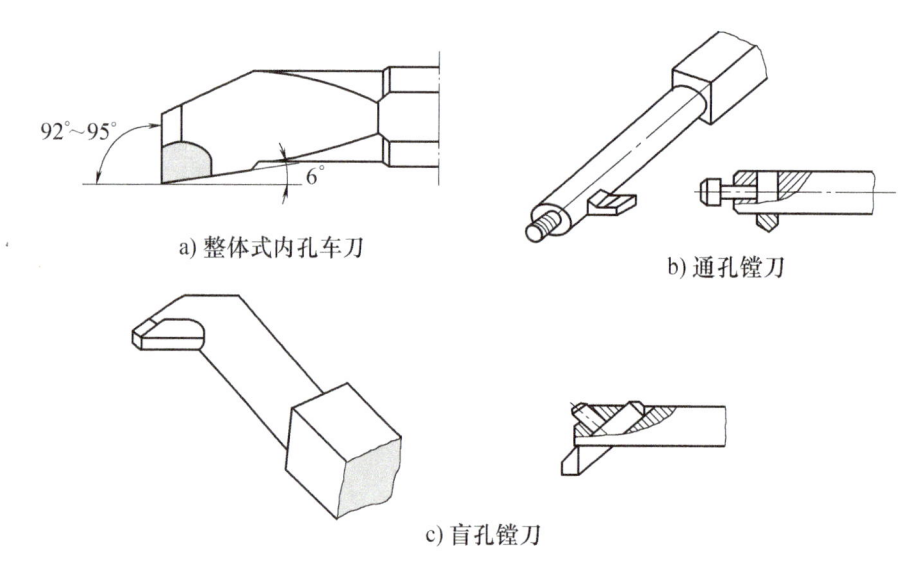

c) 盲孔镗刀

图 8-5　内孔车刀结构

杆尺寸以及镗孔刀的安装要注意以下几点：

1）安装内孔车刀时，刀尖应与工件中心等高或稍高。如果刀尖低于工件中心，由于切削力的作用，容易将刀杆压低而产生扎刀现象，并可造成孔径扩大。

2）为了增加镗孔刀的强度和刚度，应尽可能选用截面尺寸较大的刀杆。

3）为了增加刀杆强度，刀杆伸出长度应尽可能短些，只要刀杆伸出长度略大于孔深即可。如果刀杆需伸出较长尺寸，可在刀杆下面垫一块垫铁支撑刀杆，以免因刀杆伸出太长，刚度降低而引起振动。

4）刀杆要平行于工件轴线，否则车削时刀杆容易碰到内孔表面。

5）为了顺利排屑，精车通孔时要求切屑流向待加工表面（前排屑），可以采用刃倾角为正值的内孔车刀。加工盲孔时，应采用刃倾角为负值的内孔车刀，使切屑从孔口排出（后排屑）。

### 4. 套类零件的装夹

（1）一次装夹车削　在单件小批小量生产中，为了避免工件由于多次装夹而造成的定位误差，保证工件各个加工表面的相互位置精度，可以在卡盘上一次装夹车削内外表面和端面。这种装夹方法没有定位误差，如果车床精度较高，就可以获得较高的同轴度和垂直度。

（2）以外圆和端面为定位基准　当工件的外圆和一个端面在一次装夹中车削完后，可以用车好的外圆和端面作为定位基准装夹工件。具体方法如下：

1）反卡爪装夹法：当工件的位置精度要求不太高而且工件直径较大而长度

较短时，可选择圆跳度较低的卡盘将卡爪换上，然后将工件与反卡爪端面靠实后夹紧工件车削，如图 8-6a 所示。

2）端面挡铁定位法：将端面挡铁的锥柄插入机床主轴锥孔后，将挡铁端面精车一刀，使之与机床轴线垂直，然后把工件装上，使工件端面与挡铁端面靠平，夹紧后车削，如图 8-6b 所示。

（3）采用心轴以内孔为定位基准　车削中小型轴套、带轮、齿轮等工件时，一般可用已加工好的内孔为定位基准，采用心轴定位的方法进行车削。

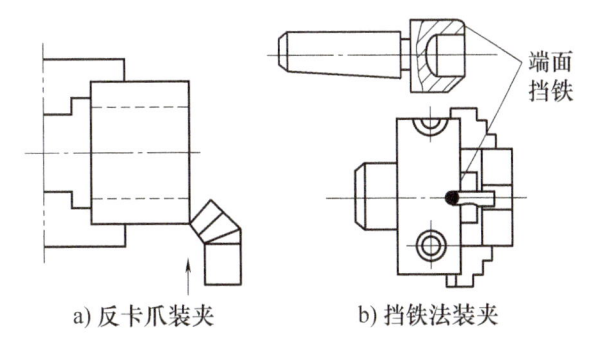

a) 反卡爪装夹　　b) 挡铁法装夹

图 8-6　以外圆和端面为定位基准

1）实体心轴：实体心轴有小锥度心轴（图 8-7）和圆柱心轴两种。小锥度心轴的特点是容易制造，定心精度高，但轴向无法定位，承受切削力小，装卸不方便。圆柱心轴一般都带台阶面（图 8-8），心轴与工件孔是较小的间隙配合，工件靠螺母压紧。其特点是一次可以装夹多个工件，若采用开口垫圈装卸工件就更加方便，但定心精度较低，只能保证 0.02mm 左右的同轴度。

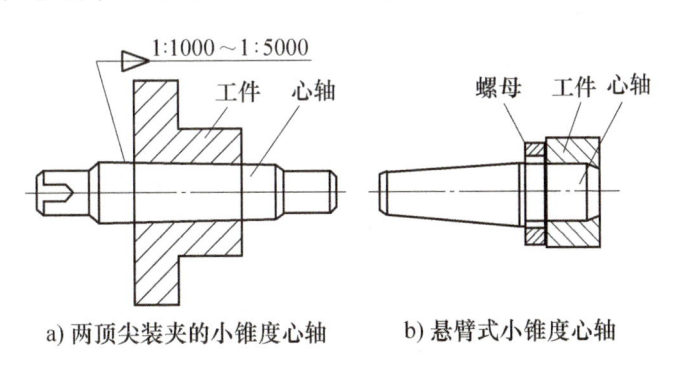

a) 两顶尖装夹的小锥度心轴　　b) 悬臂式小锥度心轴

图 8-7　小锥度心轴

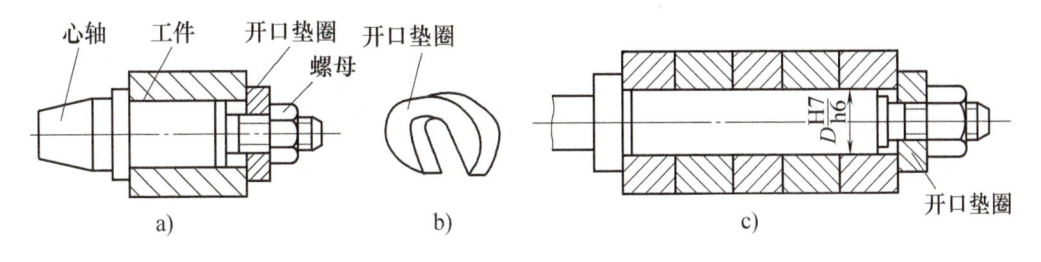

图 8-8　台阶式心轴

2) 胀力心轴：胀力心轴依靠材料弹性变形所产生的胀力来固定工件。胀力心轴装卸方便，定心精度高，故应用广泛，如图8-9所示。

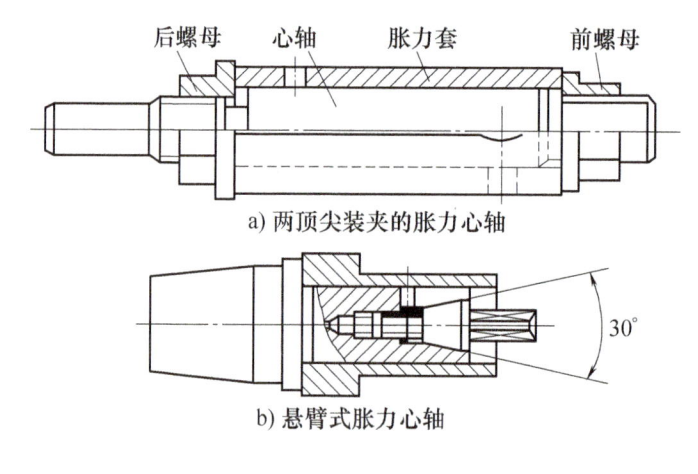

a) 两顶尖装夹的胀力心轴

b) 悬臂式胀力心轴

图 8-9 胀力心轴

（4）采用软卡爪以外圆为定位基准　工件以外圆为基准保证位置精度时，车床上一般应用软卡爪装夹工件。软卡爪是用未经过淬火的45钢制成。这种软卡爪本身在车床上车削成形，因此可以保证装夹精度，其次，当装夹已加工表面或软金属时，不易夹伤工件表面。

（5）薄壁型套类工件的装夹　车薄壁工件时，由于工件的刚性差，在夹紧力的作用下容易产生变形，为了防止或减少薄壁套类工件的变形，常采用下列装夹方式：

1）应用开缝套筒：应用开缝套筒来增大装夹的接触面积，使夹紧力均匀地分布在工件的外圆上，可减少夹紧变形。

2）应用轴向夹紧工具：工件在轴向用螺母压紧，使工件夹紧力沿工件轴向分布，这样可以防止夹紧变形。

### 【任务实施】

#### 1. 工艺分析

1）该零件毛坯为 $\phi50mm\times80mm$ 铝料，材料的长度足够长，夹持毛坯料伸出长度≥55mm，钻 $\phi20mm$ 孔，长度>50mm，调用外圆刀粗、精车 $\phi48mm$ 外圆。

2）调用内孔刀粗精车 $\phi32mm$ 内孔，对零件车断，调头保总长，倒角。

## 2. 根据图样填写导套加工工艺卡（表 8-2）

表 8-2 导套加工工艺卡

| 零件名称 | 材料 | 设备名称 | 毛坯 |||||||||
|---|---|---|---|---|---|---|---|---|---|---|---|
| 导套 | 2A12 | CKA6150 | 种类 || 圆铝棒 | 规格 || $\phi50\text{mm}\times80\text{mm}$ ||||
|| 任务内容 || 程序号 || 01 | 数控系统 || FANUC 0i MATE-TC ||||
| 工序号 | 工步 | 工步内容 | 刀号 | 刀具名称 || 主轴转速 $n/(\text{r/min})$ | 进给量 $f/(\text{mm/r})$ || 背吃刀量 $a_p/(\text{mm/r})$ | 余量/mm | 备注 |
| 1 | 1 | 钻孔 || $\phi20\text{mm}$ 钻头 || 400 ||||||
| 2 | 2 | 粗加工 $\phi48\text{mm}$ 外圆 | 1 | 90°外圆车刀 || 800 | 0.2 || 2.0 | 0.5 ||
|| 3 | 精加工 $\phi48\text{mm}$ 外圆 | 1 | 90°外圆车刀 || 1000 | 0.1 || 0.5 | 0 ||
| 3 | 4 | 粗加工 $\phi32\text{mm}$ 内孔 | 2 | $\phi16\text{mm}$ 内孔刀 || 600 | 0.2 || 2.0 | 0.5 ||
|| 5 | 精加工 $\phi32\text{mm}$ 内孔 | 2 | $\phi16\text{mm}$ 内孔刀 || 800 | 0.1 || 0.5 |||
| 4 | 6 | 零件车断 | 3 | 4mm 车槽刀 || 400 ||||||
| 5 | 7 | 调头平端面保总长 | 1 | 90°外圆车刀 || 800 ||||||
| 编制 ||||| 教师 ||| 共 1 页 || 第 1 页 ||

## 3. 准备材料、设备及工、量具（表 8-3）

表 8-3 准备材料、设备及工、量具

| 序号 | 材料、设备及工、量具名称 | 规格 | 数量 |
|---|---|---|---|
| 1 | 圆铝棒 | $\phi50\text{mm}\times80\text{mm}$ | 6 块 |
| 2 | 数控车床 | CKA6140 | 6 台 |
| 3 | 千分尺 | 25~50mm | 6 把 |
| 4 | 游标卡尺 | 0~150mm | 6 把 |
| 5 | 内孔百分表 | 18~35mm | 6 把 |
| 6 | 90°外圆车刀 | 20mm×20mm | 6 把 |
| 7 | 内孔刀 | $\phi16\text{mm}$ | 6 把 |

## 4. 加工参考程序

根据 FANUC 0i MATE-TC 编程要求制订的加工工艺，编写零件加工程序（参考）见表 8-4，表 8-5。

表 8-4　程序 1

| 程序段号 | 程序内容 | 说明注释 |
| --- | --- | --- |
| N10 | O8011； | 程序名 |
| N20 | G40　G97　G99； | 取消刀尖半径补偿,恒转速,转进给 |
| N30 | T0101； | 1号刀具1号刀补 |
| N40 | M03　S800； | 转速 800r/min |
| N50 | G00　X52.　Z2.； | 刀具定位点 |
| N60 | G01　X46.　F0.1； | |
| N70 | X48.　Z－1.； | |
| N80 | Z－55.； | |
| N90 | G00　X150.； | |
| N100 | Z200.； | |
| N110 | M30； | |

表 8-5　程序 2

| 程序段号 | 程序内容 | 说明注释 |
| --- | --- | --- |
| N10 | O8012 | 程序名 |
| N20 | G40　G97　G99 | 取消刀尖半径补偿,恒转速,转进给 |
| N30 | T0202； | 2号刀具2号刀补 |
| N40 | M03　S600； | 转速 600r/min |
| N50 | G00　X19.5　Z23； | 刀具定位点 |
| N60 | G71　U1.5　R0.5； | 粗加工循环,背吃刀量1.5mm,退刀量0.5mm |
| N70 | G71　P80　Q130　U－0.5　W0.05　F0.2； | X方向精加工余量0.5mm,Z方向精加工余量0.05mm |
| N80 | G42　G01　X30.　F0.1； | |
| N90 | Z0； | |
| N100 | X32.　Z－1.； | |
| N110 | G01　Z－53.； | |
| N120 | X19.5； | |
| N130 | G40　G00　Z2.； | |
| N140 | G70　P80　Q130； | 精加工循环指令 |
| N150 | G00　X150.； | 退刀 |
| N160 | Z200.； | 退刀 |
| N190 | M05； | 主轴停止 |
| N200 | M30； | 程序结束 |

## 5. 程序录入及轨迹仿真

用 FANUC 0i MATE-TC 数控系统进行程序录入及轨迹仿真的步骤见表 8-6。

表 8-6　FANUC 0i MATE-TC 数控系统进行程序录入及轨迹仿真的步骤

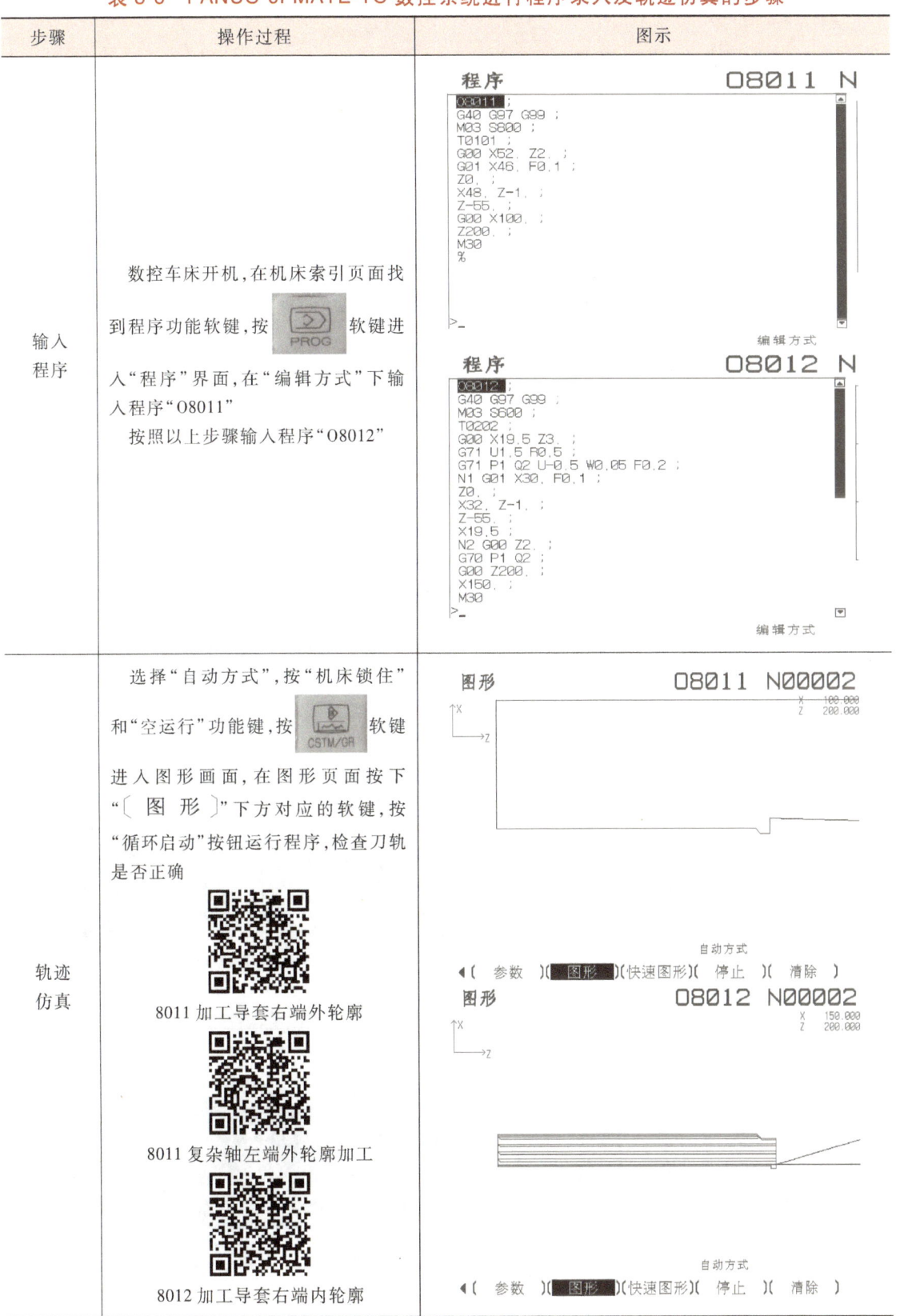

| 步骤 | 操作过程 | 图示 |
|---|---|---|
| 输入程序 | 数控车床开机，在机床索引页面找到程序功能软键，按 [PROG] 软键进入"程序"界面，在"编辑方式"下输入程序"O8011"<br><br>按照以上步骤输入程序"O8012" | 程序　　　　　　　　　　　O8011　N<br>O8011 ;<br>G40 G97 G99 ;<br>M03 S800 ;<br>T0101 ;<br>G00 X52. Z2. ;<br>G01 X46. F0.1 ;<br>Z0. ;<br>X48. Z-1. ;<br>Z-55. ;<br>G00 X100. ;<br>Z200. ;<br>M30<br>%<br>编辑方式<br><br>程序　　　　　　　　　　　O8012　N<br>O8012 ;<br>G40 G97 G99 ;<br>M03 S600 ;<br>T0202 ;<br>G00 X19.5 Z3. ;<br>G71 U1.5 R0.5 ;<br>G71 P1 Q2 U-0.5 W0.05 F0.2 ;<br>N1 G01 X30. F0.1 ;<br>Z0. ;<br>X32. Z-1. ;<br>Z-55. ;<br>X19.5 ;<br>N2 G00 Z2. ;<br>G70 P1 Q2 ;<br>G00 Z200. ;<br>X150. ;<br>M30<br>编辑方式 |
| 轨迹仿真 | 选择"自动方式"，按"机床锁住"和"空运行"功能键，按 [CSTM/GR] 软键进入图形画面，在图形页面按下"〔图 形〕"下方对应的软键，按"循环启动"按钮运行程序，检查刀轨是否正确<br><br>8011 加工导套右端外轮廓<br><br>8011 复杂轴左端外轮廓加工<br><br>8012 加工导套右端内轮廓 | 图形　　　　　　　　　　　O8011　N00002<br>　　　　　　　　　　　　　X　100.000<br>　　　　　　　　　　　　　Z　200.000<br><br>自动方式<br>◁（ 参数 ）〔图 形〕（快速图形）（ 停止 ）（ 清除 ）<br><br>图形　　　　　　　　　　　O8012　N00002<br>　　　　　　　　　　　　　X　150.000<br>　　　　　　　　　　　　　Z　200.000<br><br>自动方式<br>◁（ 参数 ）〔图 形〕（快速图形）（ 停止 ）（ 清除 ） |

### 6. 加工零件

加工零件操作步骤见表 8-7。

表 8-7 加工零件操作步骤

| 步骤 | 操作过程 | 图示 |
|---|---|---|
| 装夹零件毛坯 | 对数控车床进行安全检查,打开机床电源并开机,将毛坯装夹到卡盘上,伸出长度≥55mm | |
| 安装车刀 | 将90°外圆车刀安装在1号刀位,将内孔刀装到2号刀位,将车槽刀装在4号到位,利用垫刀片调整刀尖高度,并使用顶尖检验刀尖高度位置 | |
| 钻孔 | 将钻头固定在尾座上,移动尾座到合适位置固定住,摇动手轮,钻孔,长度≥55mm | |

（续）

| 步骤 | 操作过程 | 图示 |
|------|---------|------|
| 外圆车刀试切法 Z 轴对刀 | 主轴正转，用快速进给方式控制车刀靠近工件，然后用手轮进给方式的×10 档位慢速靠近毛坯端面，沿 X 向切削毛坯端面，切削深度约 0.5mm，刀具切削到毛坯中心，沿 X 向退刀。按 [OFS/SET] 软键切换至刀补测量页面，光标移到 01 号刀补位置，输入"Z0"后按【测量】键，完成 Z 轴对刀 | |
| 外圆车刀试切法 X 轴对刀 | 主轴正转，手动控制车刀靠近工件，然后用手轮方式的×10 档位慢速靠近工件 φ50mm 外圆面，切削毛坯料直径约 1mm，切削长度以方便卡尺测量为准，沿 Z 向退出车刀，主轴停止，测量工件外圆，按 [OFS/SET] 软键切换至刀补测量页面，光标移到 01 号刀补位置，输入测量值"X49.62"后按测量，完成 X 轴对刀 | |

项目八　加工套类零件

159

(续)

| 步骤 | 操作过程 | 图示 |
|---|---|---|
| 内孔车刀试切法Z轴对刀 | 主轴正转，用快速进给方式控制内孔车刀靠近工件，然后用手轮进给方式的×10档位慢速靠近毛坯端面，将内孔车刀尖轻轻靠在工件端面。按 [OFS/SET] 软键切换至刀补测量页面，光标移到02号刀补位置，输入"Z0"后按【测量】键，完成Z轴对刀 | |
| 内孔车刀试切法X轴对刀 | 主轴正转，手动控制内孔车刀靠近工件，然后用手轮方式的×10档位慢速靠近工件 $\phi$20mm 内孔面，沿Z方向切削，切削内孔0.5mm左右，切削长度以方便内径千分尺测量为准，沿Z向退出内孔车刀，主轴停止，测量工件内孔，按 [OFS/SET] 软键切换至刀补测量页面，光标移到02号刀补位置，输入测量值"X20.88"后按【测量】键，完成X轴对刀 | |

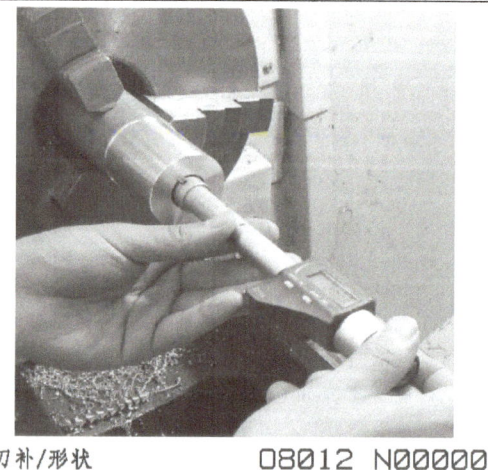

（续）

| 步骤 | 操作过程 | 图示 |
|---|---|---|
| 运行程序加工左端轮廓 | 手动方式将刀具退出一定距离，按  PROG 软键进入程序界面，检索到"O8011"程序，选择单段运行方式，按"循环启动"按钮，开始程序自动加工，当车刀完成一次单段运行后，可以关闭单段模式，让程序连续运行 |  |
| 测量工件修改刀补并精车外圆 | 程序运行结束后，用千分尺测量零件外径尺寸，根据实测值计算出刀补值，对刀补进行修整。按"循环启动"按钮，再次运行程序，完成工件加工，并测量各尺寸是否符合图样要求 |  |
| 运行程序加工内孔 | 手动方式将刀具退出一定距离，调用2号刀具，按  PROG 软键进入程序界面，检索到"O8012"程序，选择单段运行方式，按"循环启动"按钮，开始程序自动加工，当内孔车刀完成一次单段运行后，可以关闭单段模式，让程序连续运行 | 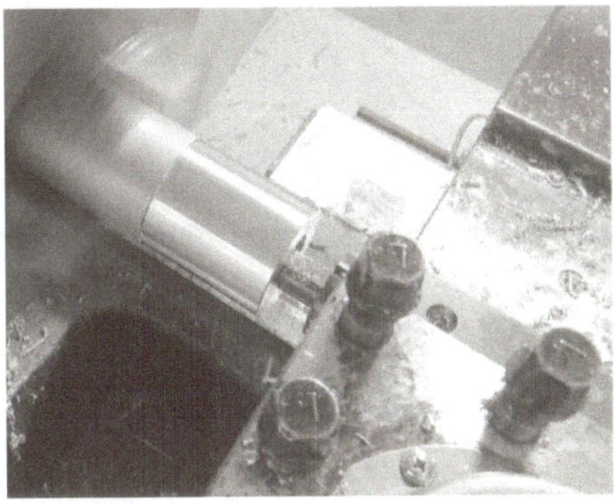 |

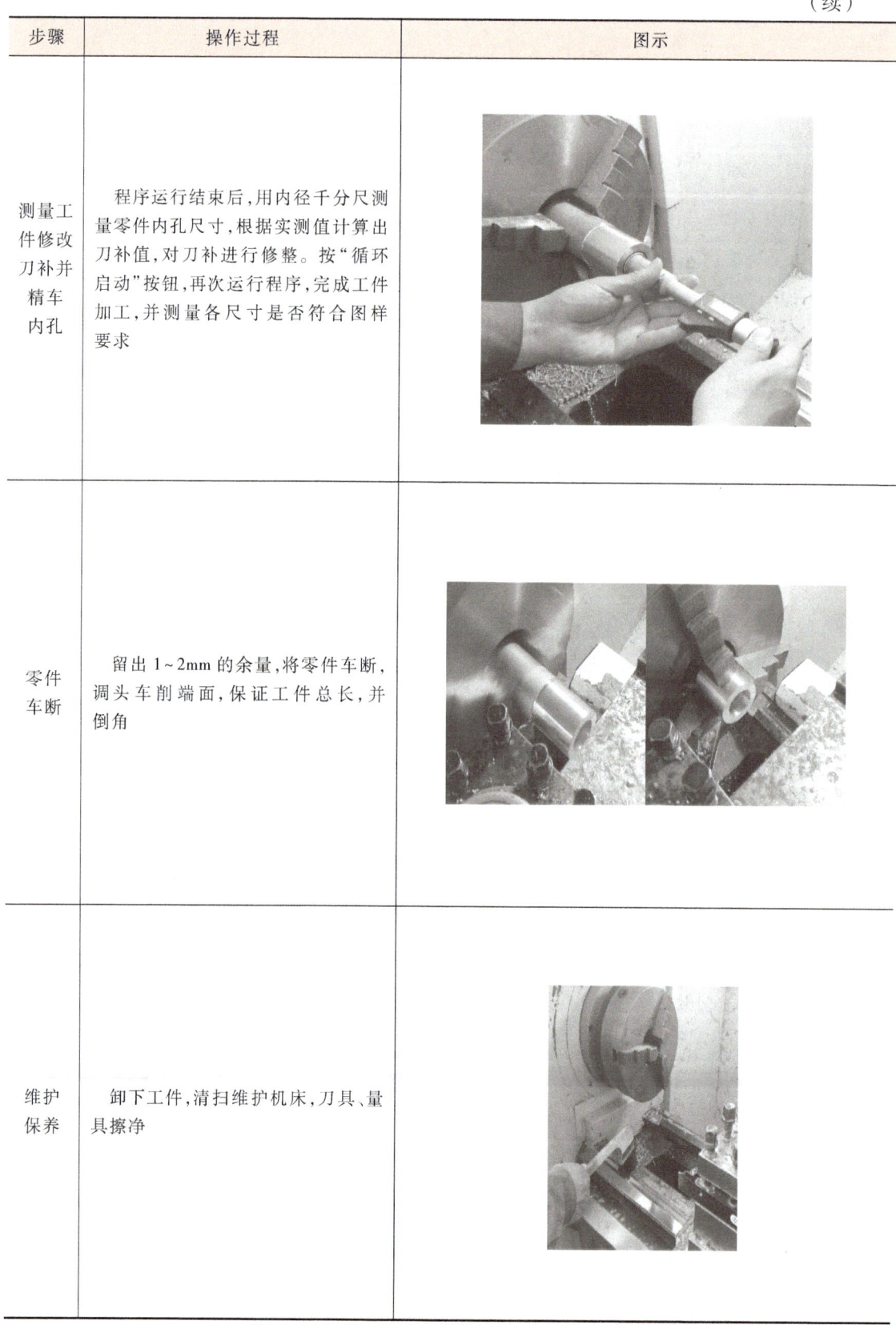

(续)

| 步骤 | 操作过程 | 图示 |
|---|---|---|
| 测量工件修改刀补并精车内孔 | 程序运行结束后,用内径千分尺测量零件内孔尺寸,根据实测值计算出刀补值,对刀补进行修整。按"循环启动"按钮,再次运行程序,完成工件加工,并测量各尺寸是否符合图样要求 | |
| 零件车断 | 留出1~2mm的余量,将零件车断,调头车削端面,保证工件总长,并倒角 | |
| 维护保养 | 卸下工件,清扫维护机床,刀具、量具擦净 | |

## 【任务检测】

小组成员分工检测零件，并将检测结果填入表8-8中。

表8-8 零件检测表

| 序号 | 检测项目 | 检测内容 | 配分/分 | 检测要求 | 学生自评 自测 | 学生自评 得分/分 | 老师测评 检测 | 老师测评 得分/分 |
|---|---|---|---|---|---|---|---|---|
| 1 | 直径 | $\phi 48_{-0.03}^{0}$ mm | 15 | 超差不得分 | | | | |
| 2 | 直径 | $\phi 32_{0}^{+0.21}$ mm | 15 | 超差不得分 | | | | |
| 3 | 长度 | $50_{-0.05}^{0}$ mm | 20 | 超差0.01mm扣3分 | | | | |
| 4 | 倒角 | C1 四处 | 10 | 超差不得分 | | | | |
| 5 | 表面质量 | $Ra1.6\mu m$ 两处 | 5 | 超差不得分 | | | | |
| 6 | 表面质量 | 去除毛刺飞边 | 5 | 未处理不得分 | | | | |
| 7 | 时间 | 工件按时完成 | 5 | 未按时完成不得分 | | | | |
| 8 | 现场操作规范 | 安全操作 | 10 | 违反操作规程按程度扣分 | | | | |
| 9 | 现场操作规范 | 工、量具使用 | 5 | 工、量具使用错误，每项扣2分 | | | | |
| 10 | 现场操作规范 | 设备维护保养 | 5 | 违反维护保养规程，每项扣2分 | | | | |
| 11 | 合计（总分） | | 100 | 机床编号 | | 总得分 | | |
| 12 | 开始时间 | | 结束时间 | | | 加工时间 | | |

## 【工作评价与鉴定】

### 1. 评价（90%）

综合评价表见表8-9。

### 2. 鉴定（10%）

实训鉴定表见表8-10。

表 8-9 综合评价表

| 项目 | 出勤情况（10%） | 工艺编制、编程（20%） | 机床操作能力（10%） | 零件质量（30%） | 职业素养（20%） | 成绩合计 |
| --- | --- | --- | --- | --- | --- | --- |
| 个人评价 | | | | | | |
| 小组评价 | | | | | | |
| 教师评价 | | | | | | |
| 平均成绩 | | | | | | |

表 8-10 实训鉴定表

| | |
| --- | --- |
| 自我鉴定 | 通过本节课我有哪些收获？<br><br><br>学生签名：＿＿＿＿＿＿＿＿＿＿<br>＿＿＿＿＿年＿＿＿月＿＿＿日 |
| 指导教师鉴定 | <br><br><br>指导教师签名：＿＿＿＿＿＿＿＿＿＿<br>＿＿＿＿＿年＿＿＿月＿＿＿日 |

### 【知识拓展】

钻孔前，先把工件端面车平，否则会影响定心；必须找正尾座，以防孔径变大和钻头折断；当钻小孔时可先用中心钻定心，再用麻花钻钻孔，以保证同轴度；应根据图样要求控制孔的深度，钻较深孔时，注意排屑；孔将要钻通时，进给量必须减小，以防损坏钻头。

#### 1. 钻头的装夹方法

麻花钻的柄部有直柄和锥柄两种。直柄麻花钻可用钻夹头装夹，再利用钻夹头的锥柄插入车床尾座套筒内使用；锥柄麻花钻可直接插入车床尾座套筒内或用锥形套过渡使用。如需通过编程自动钻孔加工时，可将钻头装在刀架上，用钻尖和横刃处轴线对刀建立工件坐标系。

(1) 钻孔加工时应注意的问题

1) 在钻孔前，先把工件端面车平，中心处不要留有凸头。

2) 钻头装入尾座套筒后，必须校正钻头轴线使之跟工件回转中心重合，以防孔径扩大和钻头折断。

3) 把钻头引向工件端面时，不可用力过大，以防止损坏工件和折断钻头。

4) 用较长钻头钻孔时，为了防止钻头跳动，可以在刀架上夹一铜棒或挡铁支住钻头头部，使它对准工件的回转中心，然后缓慢进给，当钻头在工件上已正确定心，并钻出一段台阶孔以后，再把铜棒或挡铁退出。

5) 加工孔时，可先用中心钻定心，再用麻花钻钻孔，使加工出的孔内外同轴，尺寸正确。

6) 当钻一段孔后，应把钻头退出，停机测量孔径，以防孔径扩大，工件报废。

7) 当钻较深孔时，切屑不易排出，必须经常退出钻头，清除切屑。

8) 当钻头将要把孔钻穿时，因为钻头横刃不再参加切削，阻力大大减小，进刀时就会觉得手轮摇起来很轻松，这时，必须减小进给量。

9) 当钻削不通孔时，为了控制深度，可应用尾座套筒上的刻度。如没有刻度标尺，可在钻头上用粉笔或记号笔做出标记。

(2) 冷却钻削钢材料时，为了不使钻头发热，必须加充足切削液。钻削铸铁材料时，一般不加切削液；钻削铝材料时，可以加煤油；钻削黄铜、青铜时，一般不加切削液，如需要，也可加乳化液；钻削镁合金时，不可以加切削液，因为加切削液后会引起氢化作用（助燃）而引起燃烧，甚至爆炸，只能用压缩空气来排屑和降温。

### 2. 内孔常用测量工具

(1) 游标卡尺　游标卡尺可以测量孔径的尺寸，测量时应注意尺身与工件端面平行，活动量爪沿圆周方向摆动，找到最大位置。

(2) 内径千分尺　这种千分尺刻度线方向和外径千分尺相反，当微分筒顺时针旋转时，活动爪向右移动，量值增大。

(3) 内径百分表　内径百分表是将百分表装夹在测架上构成，测量前先根据被测工件孔径大小更换固定测量头,用千分尺将内径百分表对准"零"位。摆动百分表取最小值为孔径的实际尺寸。

(4) 塞规  塞规是由通端、手持部位和止端组成,通端按孔的下极限尺寸制成,测量时应塞入孔内,止端按孔的上极限尺寸制成,测量时不允许插入孔内。当通端能塞入孔内,而止端插不进去时,说明该孔尺寸合格。

### 【巩固与提高】

请对图 8-10 所示的导套实施加工任务。

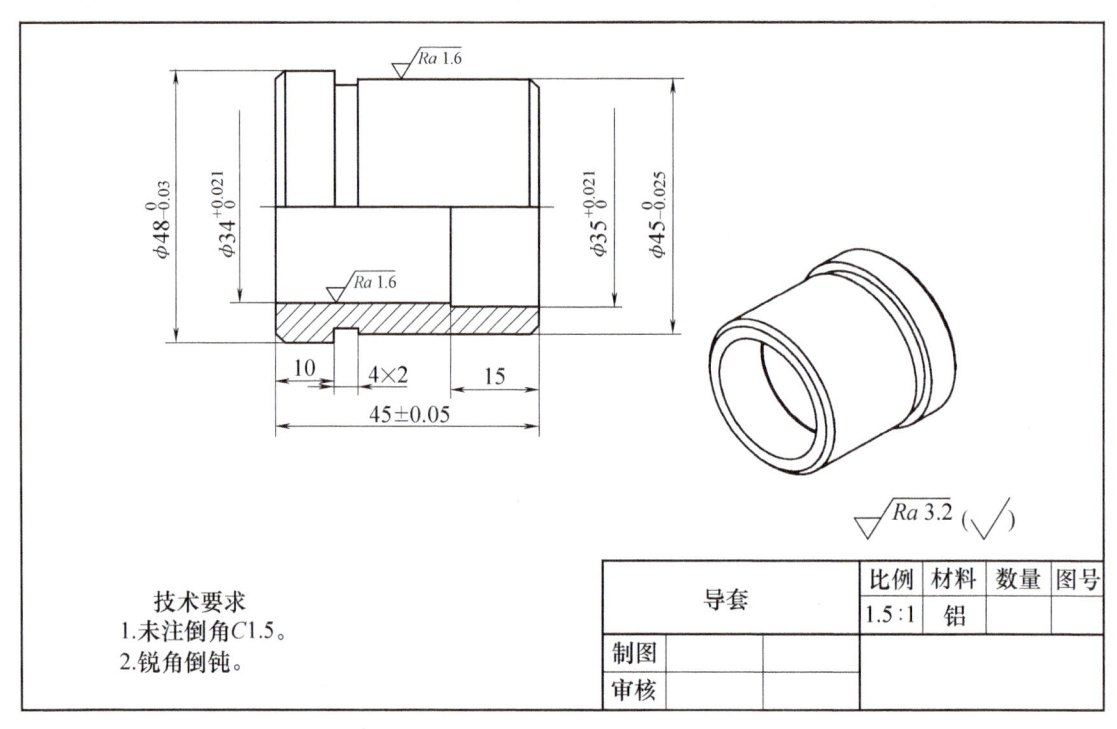

技术要求
1. 未注倒角C1.5。
2. 锐角倒钝。

图 8-10  导套

## 任务二  加工螺纹套

| 知识目标 | 1. 掌握螺纹套零件加工的工艺分析方法。<br>2. 掌握内沟槽、内螺纹的加工方法。 |
|---|---|
| 技能目标 | 1. 能够正确完成内螺纹零件的加工。<br>2. 熟练利用量具对内螺纹工件进行检测。 |
| 素养目标 | 1. 具有安全文明生产和遵守操作规程的意识。<br>2. 具有人际交往和团队协作能力。 |

## 【任务要求】

如图 8-11 所示的螺纹套零件，材料为 2A12 铝合金，请根据图样要求，合理制订加工工艺，安全操作机床，达到规定的精度和表面质量要求。

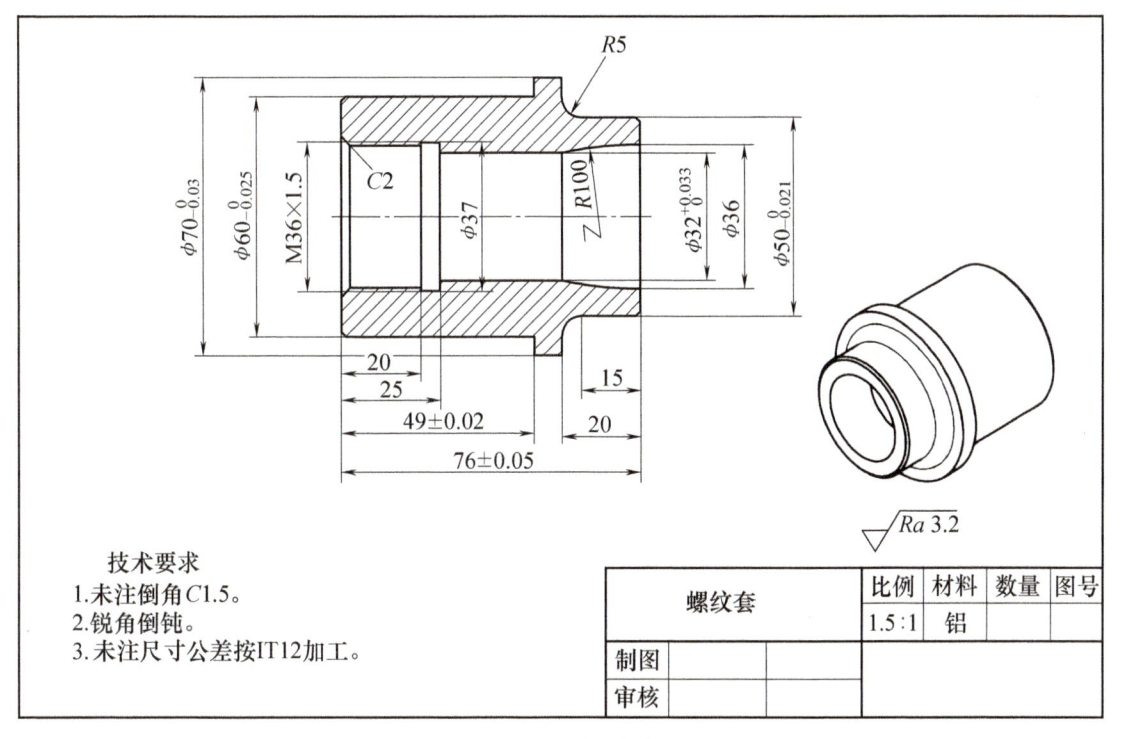

技术要求
1. 未注倒角 C1.5。
2. 锐角倒钝。
3. 未注尺寸公差按 IT12 加工。

图 8-11 螺纹套

## 【任务准备】

实训物品清单见表 8-11。

表 8-11 实训物品清单

| 序号 | 实训资源 | 种类 | 数量 | 备注 |
| --- | --- | --- | --- | --- |
| 1 | 机床 | CKA6150 型数控车床 | 6 台 | 或者其他数控车床 |
| 2 | 参考资料 | 《数控车床使用说明书》《FANUC 0i MATE-TC 车床编程手册》《FANUC 0i MATE-TC 车床操作手册》《FANUC 0i MATE-TC 车床连接调试手册》 | 各 6 本 | |
| 3 | 刀具 | 35°外圆车刀 | 6 把 | QEFD2020R10 |
| | | $\phi$16mm 内孔刀 | 6 把 | |
| | | $\phi$16mm 内车槽刀 | 6 把 | |
| | | $\phi$16mm 内螺纹刀 | 6 把 | |

（续）

| 序号 | 实训资源 | 种类 | 数量 | 备注 |
|---|---|---|---|---|
| 4 | 量具 | 0~150mm 游标卡尺 | 6 把 | |
| | | 0~100mm 千分尺 | 6 套 | |
| | | 百分表 | 6 块 | |
| 5 | 附具 | 百分表架 | 6 套 | |
| | | 内六角扳手 | 6 把 | |
| | | 套管 | 6 把 | |
| | | 卡盘扳手 | 6 把 | |
| | | 毛刷 | 6 把 | |
| 6 | 材料 | 2A12 | 6 根 | |
| 7 | 工具车 | | 6 辆 | |

【相关知识】

## 一、相关知识

复合螺纹切削循环指令 G76 可以完成一个螺纹段的全部加工任务。它的进刀方法有利于改善刀具的切削条件，在编程中应优先考虑应用该指令。

复合螺纹切削循环指令 G76。

指令格式：

G76　P(m)(r)(α) Q($\Delta d_{min}$) R(d);

G76　X(U)__Z(W)__R(i) P(k) Q($\Delta d$) F(f);

指令说明：

m：表示精车重复次数，1~99。

r：表示斜向退刀量单位数，或螺纹尾端倒角值，在 0.0f~9.9f 之间，以 0.1f 为一单位，（即为 0.1 的整数倍），用 00~99 之间的两位数字指定，（其中 f 为螺纹导程）。

α：表示刀尖角度；从 80°、60°、55°、30°、29°、0°六个角度中选择。

$\Delta d_{min}$：表示最小切削深度，当计算深度小于 $\Delta d_{min}$，则取 $\Delta d_{min}$ 作为切削深度。

d：表示精加工余量，用半径编程指定。

$\Delta d$：表示第一次粗切深（半径值）。

X、Z：表示螺纹终点的绝对坐标值。

U：表示增量坐标值。

W：表示增量坐标值。

i：表示锥螺纹的半径差，若 i = 0，则为直螺纹。

k：表示螺纹高度（X 方向半径值）。

f：表示螺纹导程。

指令中，Q、P、R 地址后的数值一般以无小数点形式表示。实际加工三角螺纹时，以上参数一般取：m = 2，r = 0.5L，α = 60°，表示为 P020560；$\Delta d_m$ = 0.1mm，d = 0.05mm，k = 0.65P；$\Delta d$ 根据零件材料、螺纹导程、刀具和机床刚性综合给定，建议取 0.7 ~ 1.5mm；其他参数由零件具体尺寸确定，如图 8-12 所示。

指令应用：

G76 指令用于多次自动循环加工切削螺纹，经常用于加工不带退刀槽的圆柱螺纹和圆锥螺纹。

图 8-12　G76 指令切削示意图

## 二、相关工艺知识

### 1. 内沟槽的种类和作用

根据内沟槽的结构形式和断面形状，它可以分为矩形、梯形、圆弧形（图 8-13）。内沟槽的形式不同，其作用也不一样。矩形槽用于加工时的越程和退刀；梯形内沟槽用于密封润滑油；圆弧形内沟槽常用于油、气通道。

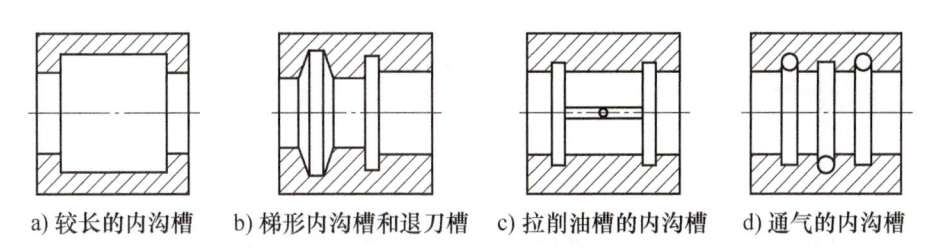

a) 较长的内沟槽　　b) 梯形内沟槽和退刀槽　　c) 拉削油槽的内沟槽　　d) 通气的内沟槽

图 8-13　槽的种类

### 2. 内沟槽车刀

内沟槽车刀的几何形状与切断刀基本相似，区别不过是在孔中车槽而已。其主后角具有内孔车刀的特点。在小孔加工时，内沟槽车刀常做成整体式

（图8-14a）。在较大直径的孔加工时，可采用刀排式（图8-14b）。

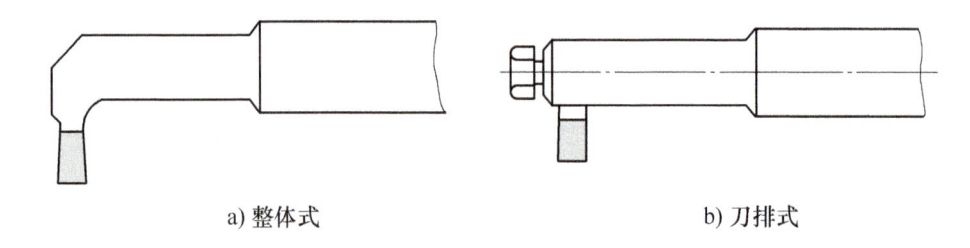

a) 整体式　　　　　　　　　b) 刀排式

图 8-14　内沟槽车刀

安装内沟槽车刀时，应使主切削刃与内孔中心等高或略高，两侧副偏角必须对称。刀头伸出刀杆的内侧长度应略大于槽深。同时，切削刃至刀杆后面的宽度应小于内孔直径（图8-15）。

### 3. 套类零件的装夹

工件以外圆为基准保证位置精度时，车床上一般应用软爪装夹工件。软爪是用未经过淬火的45钢制成。这种卡爪是在本身车床上车削成形，因此可以保证装夹精度，其次，当装夹已加工表面或软金属时，不易夹伤工件表面。

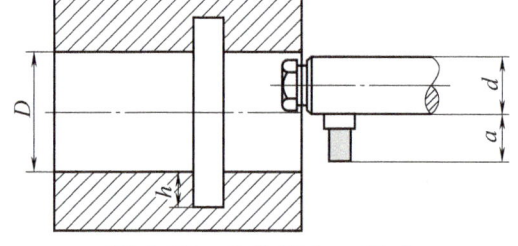

图 8-15　内沟槽车刀尺寸

车薄壁工件时，由于工件的刚性差，在夹紧力的作用下容易产生变形，为了防止或减少薄壁套类工件的变形，常采用下列装夹方式：

1）应用开缝套筒：应用开缝套筒来增大装夹的接触面积，使夹紧力均匀地分布在工件的外圆上，可减少夹紧变形。

2）应用轴向夹紧工具：工件在轴向用螺母压紧，使工件夹紧力沿工件轴向分布，这样可以防止夹紧变形。

## 【任务实施】

### 1. 工艺分析

1）该零件毛坯为 $\phi$75mm×80mm 铝料，该零件为典型的轴套类零件，主要由内孔、内槽、内螺纹、内圆弧等部分组成，结构稍微复杂。首先夹持毛坯料伸出长度≥58mm，粗车外圆→粗车内孔→精车外圆→精车内孔，对零件进行交叉车削，尽量避免零件的变形。

2）调用内槽刀切削内槽，保证槽宽，调用内螺纹刀切削内螺纹。调头切削端面，保证工件总长，粗车外圆→粗车内孔→精车外圆→精车内孔，保证零件的表面质量和尺寸精度。

## 2. 根据图样填写螺纹套加工工艺卡（表 8-12）

表 8-12 螺纹套加工工艺卡

| 零件名称 | 材料 | 设备名称 | 毛坯 | | | |
|---|---|---|---|---|---|---|
| 螺纹套 | 2A12 | CKA6150 | 种类 | 圆铝棒 | 规格 | φ75mm×80mm |
| 任务内容 | | 程序号 | O9011 | 数控系统 | FANUC 0i MATE-TC | |

| 工序号 | 工步号 | 内容 | 刀号 | 刀具名称 | 主轴转速 $n$/(r/min) | 进给量 $f$/(mm/r) | 背吃刀量 $a_p$(mm/r) | 余量/mm | 备注 |
|---|---|---|---|---|---|---|---|---|---|
| 1 | 1 | 钻孔 | | 钻头 | 400 | | | | |
| 2 | 2 | 粗加工左端轮廓 φ60mm、φ70mm 外圆 | 1 | 35°外圆车刀 | 800 | 0.2 | 1.5 | 0.5 | |
|  | 3 | 精加工 φ32mm 和 φ34.5mm 螺纹底孔 | 2 | φ16mm 内孔车刀 | 600 | 0.2 | 1.5 | 0.5 | |
| 3 | 4 | 精加工左端轮廓 φ60mm、φ70mm 外圆 | 1 | 90°外圆车刀 | 1000 | 0.1 | 0.5 | 0 | |
|  | 5 | 精加工 φ32mm 和 φ34.5mm 螺纹底孔 | 2 | φ16mm 内孔刀 | 800 | 0.1 | 0.5 | 0 | |
| 4 | 6 | 车削内槽 | 3 | φ20mm 内槽刀 | 400 | 0.1 | | 0 | |
| 5 | 7 | 车削内螺纹 | 4 | φ16mm 内螺纹刀 | 600 | | | | |
| 6 | 8 | 调头车端面保总长 | 1 | 35°外圆车刀 | 800 | 0.1 | 0.5 | 0 | |
| 7 | 9 | 粗车 φ50mm 外圆 | 1 | 35°外圆车刀 | 800 | 0.2 | 1.5 | 0.5 | |
| 8 | 10 | 粗车内孔 R100mm 圆弧 | 2 | φ16mm 内孔车刀 | 800 | 0.2 | 1.5 | 0.5 | |
| 9 | 11 | 精车 φ50mm 外圆 | 1 | 35°外圆车刀 | 1000 | 0.1 | 0.5 | 0 | |
| 10 | 12 | 精车内孔 R100mm 圆弧 | 2 | φ16mm 内孔车刀 | 1000 | 0.1 | 0.5 | 0 | |

### 3. 准备材料、设备及工、量具（表 8-13）

表 8-13　准备材料、设备及工、量具

| 序号 | 材料、设备及工、量具名称 | 规格 | 数量 |
| --- | --- | --- | --- |
| 1 | $\phi$75mm 圆铝棒 | $\phi$75mm×80mm | 6 块 |
| 2 | 数控车床 | CKA6150 | 6 台 |
| 3 | 千分尺 | 25～50mm | 6 把 |
| 4 | 千分尺 | 50～75mm | 6 把 |
| 5 | 游标卡尺 | 0～150mm | 6 把 |
| 6 | 内径千分尺 | 25～50mm | 6 把 |
| 7 | 螺纹塞规 | M36×1.5 | 6 把 |
| 8 | 35°外圆车刀 | 20mm×20mm | 6 把 |
| 9 | 内孔车刀 | $\phi$16mm | 6 把 |
| 10 | 内槽刀 | $\phi$20mm | 6 把 |
| 11 | 内螺纹刀 | $\phi$16mm | 6 把 |
| 12 | 钻头 | $\phi$20mm | 6 支 |

### 4. 加工参考程序

根据 FANUC 0i MATE-TC 编程要求制订的加工工艺，编写零件加工程序（参考）见表 8-14～表 8-18。

表 8-14　程序 1

| 程序段号 | 程序内容 | 说明注释 |
| --- | --- | --- |
| N10 | O9011; | 程序名 |
| N20 | G40　G97　G99; | 取消刀尖半径补偿,恒转速,转进给 |
| N30 | T0101; | 1号刀具1号刀补 |
| N40 | M03　S800; | 转速 800r/min |
| N50 | G00　X82.　Z2.; | 刀具定位点 |
| N60 | G71　U1.5　R0.5; | 粗加工循环,背吃刀量 1.5mm,退刀量 0.5mm |
| N70 | G71　P80　Q150　U0.5　W0.05　F0.2; | X方向精加工余量 0.5mm,Z方向精加工余量 0.05mm |
| N80 | G42　G01　X58.　F0.1; |  |
| N90 | Z0; |  |
| N100 | X60.　Z-1.; |  |
| N110 | Z-49.; |  |
| N120 | X70.; |  |
| N130 | Z-58.; |  |
| N140 | X80.; |  |

（续）

| 程序段号 | 程序内容 | 说明注释 |
|---|---|---|
| N150 | G40 G00 X82.; | |
| N160 | G70 P80 Q150; | 精加工循环指令 |
| N190 | G00 X150.; | 退刀 |
| N200 | Z200.; | 退刀 |
| N210 | M05; | 主轴停止 |
| N220 | M30; | 程序结束 |

表8-15 程序2

| 程序段号 | 程序内容 | 说明注释 |
|---|---|---|
| N10 | O9012; | 程序名 |
| N20 | G40 G97 G99; | 取消刀尖半径补偿，恒转速，转进给 |
| N30 | T0202; | 2号刀具2号刀补 |
| N40 | M03 S600; | 转速600r/min |
| N50 | G00 X19.5 Z3.; | 刀具定位点 |
| N60 | G71 U1.5 R0.5; | 粗加工循环，背吃刀量1.5mm，退刀量0.5mm |
| N70 | G71 P80 Q160 U-0.5 W0.05 F0.2; | X方向精加工余量0.5mm，Z方向精加工余量0.05mm |
| N80 | G41 G01 X37.5 F0.1; | |
| N90 | Z0; | |
| N100 | X34.5 Z-1.5; | |
| N110 | Z-25; | |
| N120 | X32.; | |
| N130 | Z-58.; | |
| N140 | X19.5.; | |
| N150 | G40 G00 Z2.; | |
| N160 | G70 P80 Q150; | 精加工循环指令 |
| N170 | G00 Z150.; | 退刀 |
| N180 | X200.; | 退刀 |
| N190 | M05; | 主轴停止 |
| N200 | M30; | 程序结束 |

表8-16 程序3

| 程序段号 | 程序内容 | 说明注释 |
|---|---|---|
| N10 | O7013; | 程序名 |
| N20 | G40 G97 G99; | 取消刀尖半径补偿，恒转速，转进给 |

（续）

| 程序段号 | 程序内容 | 说明注释 |
| --- | --- | --- |
| N30 | T0303; | 3号刀具3号刀补 |
| N40 | M03 S400; | 转速400r/min |
| N50 | G00 X32. Z2.; | 刀具定位点 |
| N60 | Z-25.; | |
| N70 | G01 X37. F0.1; | |
| N80 | G00 X32.; | |
| N90 | Z-24.; | |
| N100 | G01 X37. F0.1; | |
| N110 | Z-25.; | |
| N120 | X32.; | |
| N130 | G00 Z150.; | |
| N140 | X200.; | |
| N150 | M30; | |

表8-17 程序4

| 程序段号 | 程序内容 | 说明注释 |
| --- | --- | --- |
| N10 | O9014; | 程序名 |
| N20 | G40 G97 G99; | 取消刀尖半径补偿,恒转速,转进给 |
| N30 | T0404; | 4号刀具4号刀补 |
| N40 | M03 S600; | 转速600r/min |
| N50 | G00 X32. Z3.; | 刀具定位点 |
| N60 | G92 X35 Z-17. F1.5; | |
| N70 | X35.4; | |
| N80 | X35.7; | |
| N90 | X35.8; | |
| N100 | X35.9; | |
| N110 | X36.; | |
| N120 | X36.; | 重复切削,去除毛刺、飞边 |
| N130 | G00 Z150.; | |
| N140 | X200.; | |
| N150 | M30; | |

表 8-18　程序 5

| 程序段号 | 程序内容 | 说明注释 |
|---|---|---|
| N10 | O9015; | 程序名 |
| N20 | G40　G97　G99; | 取消刀尖半径补偿,恒转速,转进给 |
| N30 | T0101; | 2号刀具2号刀补 |
| N40 | M03　S800; | 转速 800r/min |
| N50 | G00　X82.　Z2.; | 刀具定位点 |
| N60 | G71　U1.5　R0.5; | 粗加工循环,背吃刀量 1.5mm,退刀量 0.5mm |
| N70 | G71　P80　Q140　U0.5　W0.05　F0.2; | X 方向精加工余量 0.5mm,Z 方向精加工余量 0.05mm |
| N80 | G42　G01　X48　F0.1; | |
| N90 | Z0; | |
| N100 | X50.　Z-1.; | |
| N110 | Z-15.; | |
| N120 | G02　X60.　Z-20.　R5.; | |
| N130 | G01　X80.; | |
| N140 | N140　G00　Z2.; | |
| N150 | G70　P80　Q140; | 精加工循环指令 |
| N160 | G00　X150.; | 退刀 |
| N170 | Z200.; | 退刀 |
| N180 | M05; | 主轴停止 |
| N190 | M30; | 程序结束 |

### 5. 程序录入及轨迹仿真

用 FANUC 0i MATE-TC 数控系统进行程序录入及轨迹仿真的步骤见表 8-19。

表 8-19　录入及轨迹仿真

| 步骤 | 操作过程 | 图示 |
|---|---|---|
| 输入程序 | 数控车床开机,在机床索引页面找到程序功能软键,按 PROG 软键进入"程序"界面,在"编辑方式"下输入程序"O9011" | (程序 O9011 N 界面截图) |

(续)

| 步骤 | 操作过程 | 图示 |
|---|---|---|
| 输入程序 | 按以上步骤输入程序"O9012" | 程序　　　　　　　　　　O9012　N<br>O9012 ;<br>G40 G97 G99 ;<br>M03 S600 ;<br>T0202 ;<br>G00 X19.5 Z3. ;<br>G71 U1.5 R0.5 ;<br>G71 P1 Q2 U-0.5 W0.05 F0.2 ;<br>N1 G01 X37.5 F0.1 ;<br>Z0. ;<br>X34.5 Z-1.5 ;<br>Z-25. ;<br>X32. ;<br>Z-58. ;<br>X19.5 ;<br>N2 G00 Z2. ;<br>G70 P1 Q2 ;<br>G00 Z200. ;<br>>_<br>编辑方式 |
| | 按以上步骤输入程序"O9013" | 程序　　　　　　　　　　O9013　N<br>O9013 ;<br>G40 G97 G99 ;<br>M03 S400 ;<br>T0303 ;<br>G00 X32. Z2. ;<br>Z-25. ;<br>G01 X37. F0.1 ;<br>G00 X32. ;<br>Z-24. ;<br>G01 X37. F0.1 ;<br>Z-25. ;<br>G00 X32. ;<br>Z2. ;<br>Z200. ;<br>X150. ;<br>M30 ;<br>%<br>>_<br>编辑方式 |
| | 按以上步骤输入程序"O9014" | 程序　　　　　　　　　　O9014　N<br>O9014 ;<br>G40 G97 G99 ;<br>M03 S600 ;<br>T0404 ;<br>G00 X32. Z3. ;<br>G92 X35. Z-22. F1.5 ;<br>X35.3 ;<br>X35.6 ;<br>X35.8 ;<br>X35.9 ;<br>X36. ;<br>X36. ;<br>G00 Z200. ;<br>X150. ;<br>M30 ;<br>%<br>>_<br>编辑方式 |

项目八　加工套类零件

(续)

| 步骤 | 操作过程 | 图示 |
|---|---|---|
| 输入程序 | 按以上步骤输入程序"O9015" | 程序　O9015 N<br>O9015 ;<br>G40 G97 G99 ;<br>M03 S800 ;<br>T0101 ;<br>G00 X82. Z2. ;<br>G71 U1.5 R0.5 ;<br>G71 P1 Q2 U0.5 W0.05 F0.2 ;<br>N1 G42 G01 X48. F0.1 ;<br>Z0. ;<br>X50. Z-1. ;<br>Z-15. ;<br>G02 X60. Z-20. R5. ;<br>G01 X80. ;<br>N2 G40 G00 X82. ;<br>G70 P1 Q2. ;<br>G00 X150. ;<br>Z200. ;<br>编辑方式 |
| 输入程序 | 按以上步骤输入程序"O9016" | 程序　O9016 N<br>O9016 ;<br>G40 G97 G99 ;<br>M03 S600 ;<br>T0202 ;<br>G00 X19.5 Z2. ;<br>G71 U1.5 R0.5 ;<br>G71 P1 Q2 U-0.5 W0.05 F0.2 ;<br>N1 G41 G01 X36. F0.1 ;<br>Z0. ;<br>G02 X32. Z-20. R100. ;<br>G01 X19.5 ;<br>N2 G40 G00 Z2. ;<br>G70 P1 Q2. ;<br>G00 Z200. ;<br>X150. ;<br>M30<br>%<br>编辑方式 |
| 轨迹仿真 | 选择"自动方式",按"机床锁住"和"空运行"功能键,按 CSTM/GR 软键进入图形画面,在图形页面按下"〔图形〕"下方对应的软键,按"循环启动"按钮运行程序,检查刀轨是否正确 | 图形　O9011 N00002<br>X 150.000<br>Z 200.000<br>自动方式<br>◀( 参数 )( 图形 )(快速图形)( 停止 )( 清除 )<br>图形　O9012 N00002<br>X 150.000<br>Z 200.000<br>自动方式<br>◀( 参数 )( 图形 )(快速图形)( 停止 )( 清除 ) |

（续）

| 步骤 | 操作过程 | 图示 |
|---|---|---|
| 轨迹仿真 | 选择"自动方式"，按"机床锁住"和"空运行"功能键，按 CSTM/GR 软键进入图形画面，在图形页面按下"〔图 形〕"下方对应的软键，按"循环启动"按钮运行程序，检查刀轨是否正确 | O9013 N00002<br>O9014 N00002<br>O9015 N00002<br>O9016 N00002 |

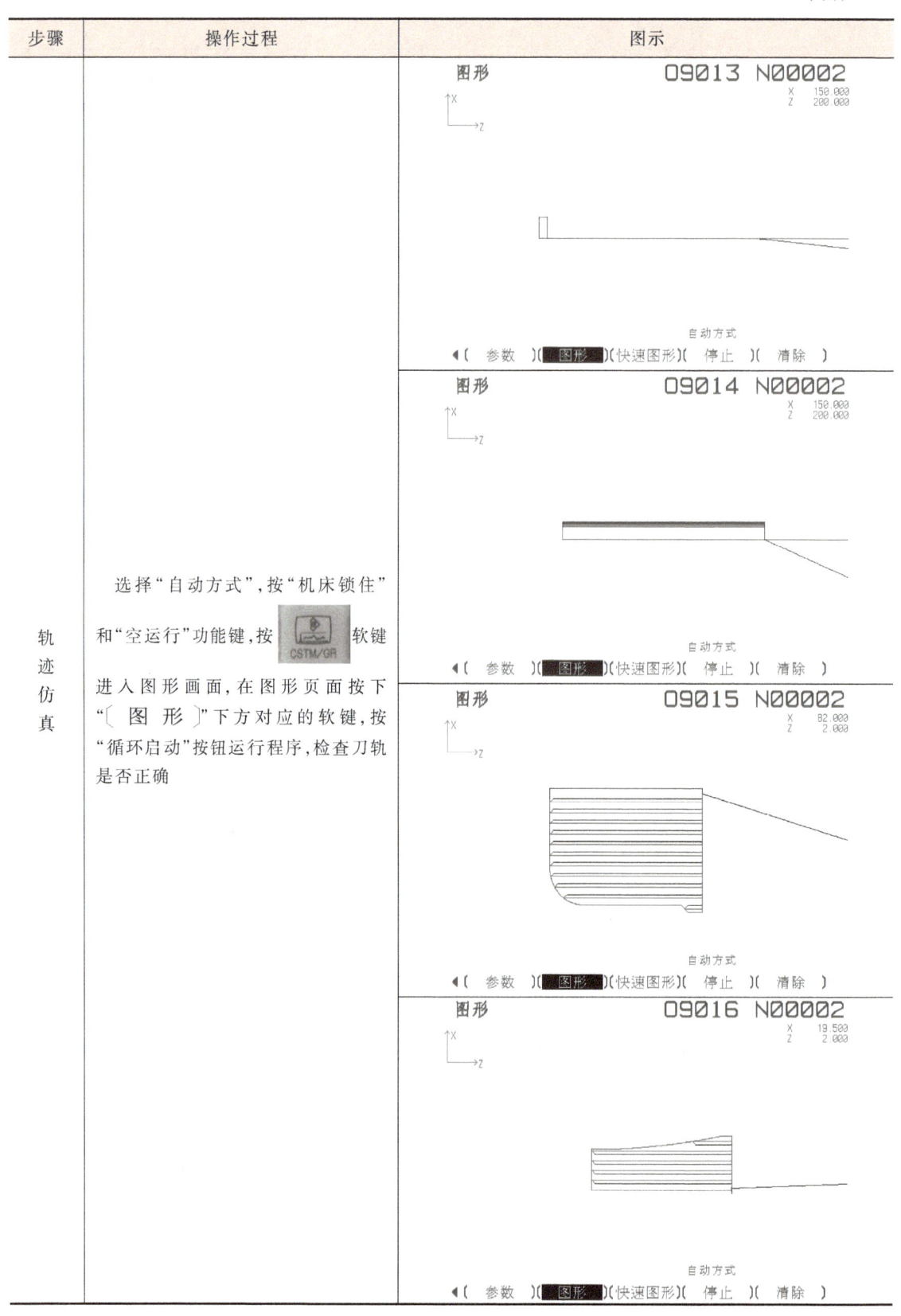

## 6. 加工零件

加工零件操作步骤见表 8-20。

表 8-20　加工零件操作步骤

| 步骤 | 操作过程 | 图示 |
|---|---|---|
| 装夹零件毛坯 | 对数控车床进行安全检查，打开机床电源并开机，将毛坯装夹到卡盘上，伸出长度 ≥ 58mm | |
| 安装车刀 | 将 35°外圆车刀安装在 1 号刀位，将内孔车刀装在 2 号刀位，内槽刀安装在 3 号刀位，内螺纹刀装在 4 号刀位，利用垫刀片调整刀尖高度，并使用顶尖检验刀尖高度位置 | |
| 钻孔 | 将钻头固定在尾座上，移动尾座到合适位置固定住，摇动手轮，钻通孔 | |

(续)

| 步骤 | 操作过程 | 图示 |
|---|---|---|
| 外圆车刀试切法Z轴对刀 | 主轴正转,用快速进给方式控制车刀靠近工件,然后用手轮进给方式的×10档位慢速靠近毛坯端面,沿X向切削毛坯端面,切削深度约0.5mm,刀具切削到毛坯中心,沿X向退刀。按 [OFS/SET] 软键切换至刀补测量页面,光标移到01号刀补位置,输入"Z0"后按【测量】键,完成Z轴对刀 | |
| 外圆车刀试切法X轴对刀 | 主轴正转,手动控制车刀靠近工件,然后用手轮方式的×10档位慢速靠近工件φ80mm外圆面,沿Z方向切削外圆约1mm,切削长度以方便卡尺测量为准,沿Z向退出车刀,主轴停止,测量工件外圆,按 [OFS/SET] 软键切换至刀补测量页面,光标移到01号刀补位置,输入测量值"X78.92"后按【测量】键,完成X轴对刀 | |

（续）

| 步骤 | 操作过程 | 图示 |
|---|---|---|
| 运行程序加工左端外圆 | 手动方式将刀具退出一定距离，按 [PROG] 软键进入程序界面，检索到"O9011"程序，选择单段运行方式，按"循环启动"按钮，开始程序自动加工，当车刀完成一次单段运行后，可以关闭单段模式，让程序连续运行 | |
| 测量工件修改刀补并精车外圆 | 程序运行结束后，用千分尺测量零件外径尺寸，根据实测值计算出刀补值，对刀补进行修整。按"循环启动"按钮，再次运行程序，完成工件加工，并测量各尺寸是否符合图样要求 | |
| 内孔车刀Z轴对刀 | 主轴正转，用快速进给方式控制内孔车刀靠近工件，然后用手轮进给方式的×10档位慢速靠近毛坯端面，将内孔刀尖轻轻靠在工件端面。按 [OFS/SET] 软键切换至刀补测量页面，光标移到02号刀补位置，输入"Z0"后按【测量】键，完成Z轴对刀 | |

181

(续)

| 步骤 | 操作过程 | 图示 |
|---|---|---|
| 内孔车刀 X 轴对刀 | 主轴正转，手动控制内孔车刀靠近工件，然后用手轮方式的×10 档位慢速靠近工件 φ20mm 内孔面，沿 Z 方向切削，切削内孔约 0.5mm 左右，切削长度以方便内径千分尺测量为准，沿 Z 向退出内孔车刀，主轴停止，测量工件内孔，按 [OFS/SET] 软键切换至刀补测量页面，光标移到 02 号刀补位置，输入测量值"X21.25"后按【测量】键，完成 X 轴对刀 | |
| 内槽刀 Z 轴对刀 | 主轴正转，用快速进给方式控制内槽刀靠近工件，然后用手轮进给方式的×10 档位慢速靠近毛坯端面，将内槽刀尖轻轻靠在工件端面。按 [OFS/SET] 软键切换至刀补测量页面，光标移到 03 号刀补位置，输入"Z0"后按【测量】键，完成 Z 轴对刀 | |

（续）

| 步骤 | 操作过程 | 图示 |
|---|---|---|
| 内槽刀 X 轴对刀 | 主轴正转，手动控制内槽刀靠近工件，然后用手轮方式的×10 档位慢速靠近工件 φ20mm 内孔面，沿 Z 方向切削，切削内孔约 0.1mm 左右，切削长度以方便内径千分尺测量为准，沿 Z 向退出内槽刀，主轴停止，测量工件内孔，按 【OFS/SET】 软键切换至刀补测量页面，光标移到 03 号刀补位置，输入测量值"X21.32"后按【测量】键，完成 X 轴对刀 | |
| 内螺纹刀 Z 轴对刀 | 主轴正转，用快速进给方式控制内螺纹刀靠近工件，然后用手轮进给方式的×10 档位慢速靠近毛坯端面，目测刀尖和工件端面对齐。按 【OFS/SET】 软键切换至刀补测量页面，光标移到 04 号刀补位置，输入"Z0"按【测量】键，完成 Z 轴对刀 | |

(续)

| 步骤 | 操作过程 | 图示 |
|---|---|---|
| 内螺纹刀X轴对刀 | 主轴正转,手动控制内螺纹刀靠近工件,然后用手轮方式的×10档位慢速靠近工件φ20mm内孔面,沿Z方向切削,切削内孔约0.1mm左右,切削长度以方便内径千分尺测量为准,沿Z向退出内螺纹刀,主轴停止,测量工件内孔,按 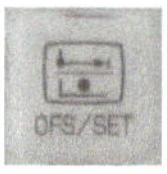 [OFS/SET] 软键切换至刀补测量页面,光标移到04号刀补位置,输入测量值"X21.4"后按【测量】键,完成X轴对刀 | |
| 运行程序加工左端内孔 | 手动方式将刀具退出一定距离,按 [PROG] 软键进入程序界面,检索到"O9012"程序,选择单段运行方式,按"循环启动"按钮,开始程序自动加工,当车刀完成一次单段运行后,可以关闭单段模式,让程序连续运行 | 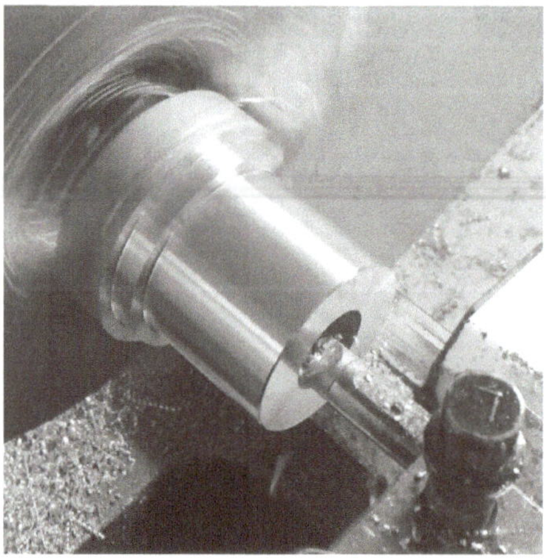 |

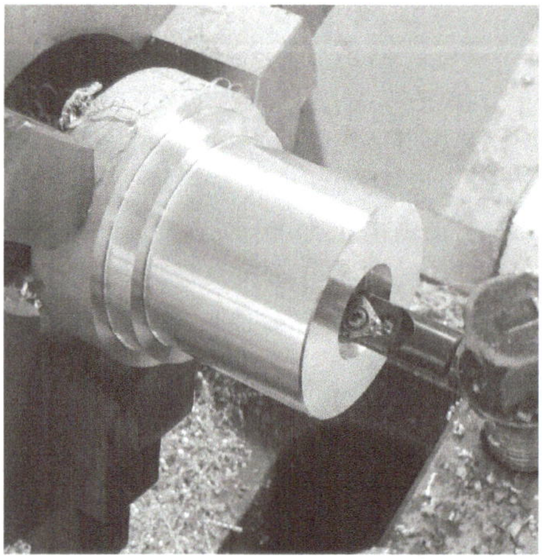

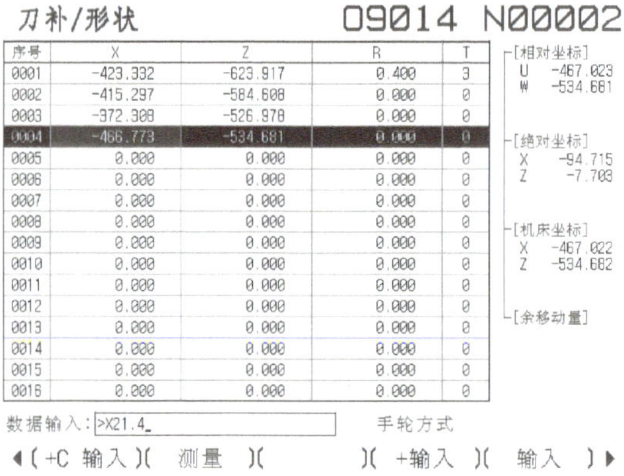

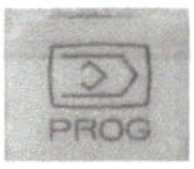

项目八　加工套类零件

（续）

| 步骤 | 操作过程 | 图示 |
| --- | --- | --- |
| 测量工件修改刀补并精车内孔 | 程序运行结束后，用内径千分尺测量零件外径尺寸，根据实测值计算出刀补值，对刀补进行修整。按"循环启动"按钮，再次运行程序，完成工件加工，并测量各尺寸是否符合图样要求 | 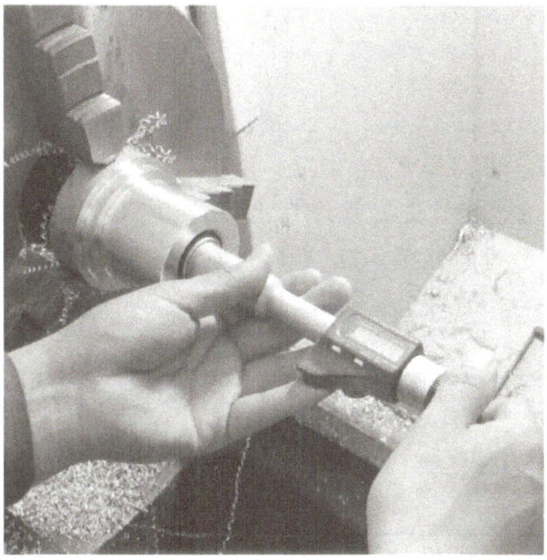 |
| 运行程序加工左端内槽 | 手动方式将刀具退出一定距离，按  [PROG] 软键进入程序界面，检索到"O9013"程序，选择单段运行方式，按"循环启动"按钮，开始程序自动加工，刀具准确定位后，可以关闭单段模式，让程序连续运行 |  |
| 运行程序加工左端内螺纹 | 手动方式将刀具退出一定距离，按  [PROG] 软键进入程序界面，检索到"O9014"程序，选择单段运行方式，按"循环启动"按钮，开始程序自动加工，当内螺纹刀完成一次单段运行后，可以关闭单段模式，让程序连续运行 |  |

(续)

| 步骤 | 操作过程 | 图示 |
|---|---|---|
| 测量螺纹修改刀补并精车螺纹 | 程序运行结束后,用螺纹塞规检测,根据实测值计算出刀补值,对刀补进行修整。按"循环启动"钮,再次运行程序,完成螺纹加工 | |
| 零件调头车削 | 调头装夹零件,车削端面,保证工件总长 | |
| 左端外轮廓切削 | 手动方式将刀具退出一定距离,按 PROG 软键进入程序界面,检索到"O9015"程序,选择单段运行方式,按"循环启动"按钮,开始程序自动加工,当车刀完成一次单段运行后,可以关闭单段模式,让程序连续运行 | |
| 测量工件修改刀补并精车工件 | 程序运行结束后,用千分尺测量零件外径尺寸,根据实测值计算出刀补值,对刀补进行修整。按"循环启动"按钮,再次运行程序,完成工件加工,并测量各尺寸是否符合图样要求 | |

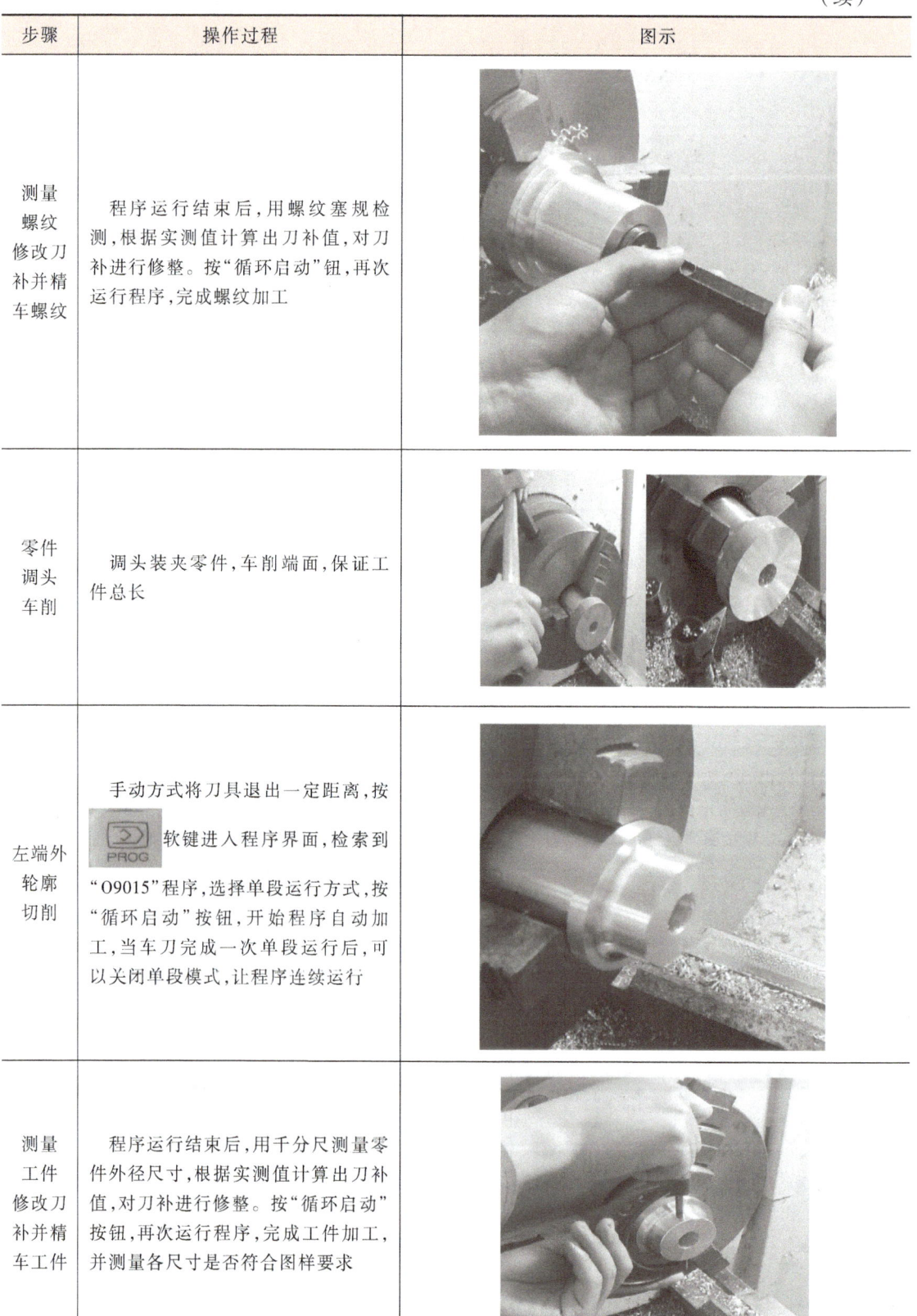

（续）

| 步骤 | 操作过程 | 图示 |
|---|---|---|
| 左端外轮廓切削 | 手动方式将刀具退出一定距离，按 [PROG] 软键进入程序界面，检索到"O9016"程序，选择单段运行方式，按"循环启动"按钮，开始程序自动加工，当车刀完成一次单段运行后，可以关闭单段模式，让程序连续运行 | |
| 测量工件修改刀补并精车工件 | 程序运行结束后，用千分尺测量零件外径尺寸，根据实测值计算出刀补值，对刀补进行修整。按"循环启动"按钮，再次运行程序，完成工件加工，并测量各尺寸是否符合图样要求 | |
| 维护保养 | 卸下工件，清扫维护机床，刀具、量具擦净 | |

## 【任务检测】

小组成员分工检测零件，并将检测结果填入表 8-21 中。

表 8-21　零件检测表

| 序号 | 检测项目 | 检测内容 | 配分/分 | 检测要求 | 学生自评 自测 | 学生自评 得分/分 | 老师测评 检测 | 老师测评 得分/分 |
|---|---|---|---|---|---|---|---|---|
| 1 | 直径 | $\phi 70_{-0.03}^{0}$ mm | 8 | 超差不得分 | | | | |
| 2 | 直径 | $\phi 60_{-0.025}^{0}$ mm | 8 | 超差不得分 | | | | |
| 3 | 直径 | $\phi 50_{-0.021}^{0}$ mm | 8 | 超差不得分 | | | | |
| 4 | 直径 | $\phi 32_{0}^{+0.033}$ mm | 8 | 超差不得分 | | | | |
| 5 | 长度 | 25mm | 8 | 超差不得分 | | | | |
| 6 | 长度 | 49mm±0.02mm | 8 | 超差不得分 | | | | |
| 7 | 长度 | 20mm | 8 | 超差不得分 | | | | |
| 8 | 长度 | 76mm±0.05mm | 5 | 超差不得分 | | | | |
| 9 | 螺纹 | M36×1.5 | 8 | 环规检测 | | | | |
| 10 | 圆角 | R5mm | 2 | 半径样板检测 | | | | |
| 11 | 倒角 | C1.5 两处，C2 一处 | 3 | 超差不得分 | | | | |
| 12 | 表面质量 | Ra3.2μm | 4 | 超差不得分 | | | | |
| 13 | 表面质量 | 去除毛刺飞边 | 2 | 未处理不得分 | | | | |
| 14 | 时间 | 工件按时完成 | 5 | 未按时完成不得分 | | | | |
| 15 | 现场操作规范 | 安全操作 | 5 | 违反操作规程按扣分 | | | | |
| 16 | 现场操作规范 | 工、量具使用 | 5 | 工、量具使用错误，每项扣 2 分 | | | | |
| 17 | 现场操作规范 | 设备维护保养 | 5 | 违反维护保养规程，每项扣 2 分 | | | | |
| 18 | 合计（总分） | | 100 | 机床编号 | 总得分 | | | |
| 19 | 开始时间 | | 结束时间 | | 加工时间 | | | |

## 【工作评价与鉴定】

**1. 评价（90%）**

综合评价表见表 8-22。

表 8-22　综合评价表

| 项目 | 出勤情况（10%） | 工艺编制、编程（20%） | 机床操作能力（10%） | 零件质量（30%） | 职业素养（20%） | 成绩合计 |
|---|---|---|---|---|---|---|
| 个人评价 | | | | | | |
| 小组评价 | | | | | | |
| 教师评价 | | | | | | |
| 平均成绩 | | | | | | |

## 2. 鉴定（10%）

实训鉴定表见表 8-23。

表 8-23　实训鉴定表

| | |
|---|---|
| 自我鉴定 | 通过本节课我有哪些收获？<br><br><br>学生签名：_____<br>　　　年　　月　　日 |
| 指导教师鉴定 | <br><br><br>指导教师签名：_____<br>　　　年　　月　　日 |

### 【知识拓展】

端面槽/钻孔切削循环指令 G74 的指令格式和参数说明如下：

指令格式：

G74　R(e);

G74　X(U)＿　Z(W)＿　P(△i)　Q(△k)　R(△d)　F＿；

参数说明：

e——退刀量。

X——B 点的 X 方向的绝对坐标值。

U——由 A 点至 B 点的增量坐标值。

Z——C 点的 Z 方向的绝对坐标值。

W——由 A 点至 C 点的增量坐标值。

△i——每次切削 X 方向移动量，用不带小数点的数值表示，其单位为 0.001mm（半径值，不带符号）。

△k——Z 方向的背吃刀量，用不带小数点的数值表示，其单位为 0.001mn（不带符号）。

△d——在切削底部刀具退回量（一般不设定值，防止撞刀）。

F——进给量。

如图 8-16 所示，G74 指令适用于端面槽的切削加工，如果在刀架上安装钻孔刀具，G74 指令中 X(U) 和 P 值省略，则可用于钻孔切削循环。也有两种特殊情况，分别如下所述：

1）刀架上安装钻孔刀具，主轴带动工件转动，刀具只做进给运动，这种情况只能加工在轴线上的孔。

2）刀架上安装动力钻孔刀具，钻孔时工件不动，钻孔刀具转动并做进给运动，可以在任意的 X 坐标处钻孔，主轴做分度运动，一般用于车削中心。

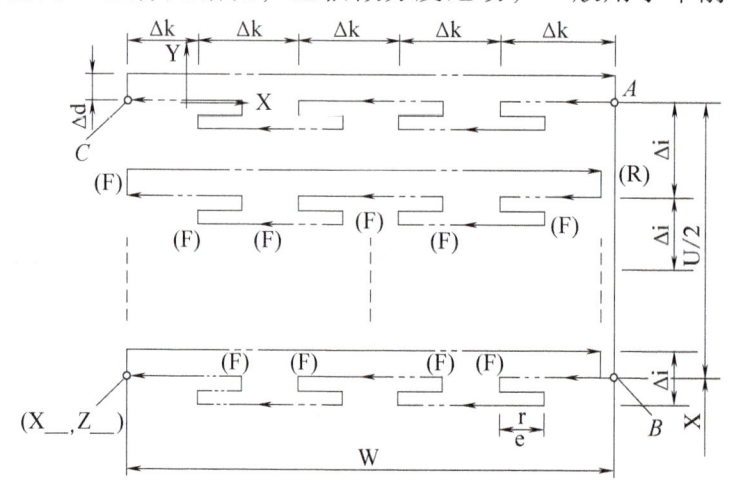

图 8-16　G74 指令加工轨迹

## 【巩固与提高】

请对图 8-17 所示螺纹套实施加工任务。

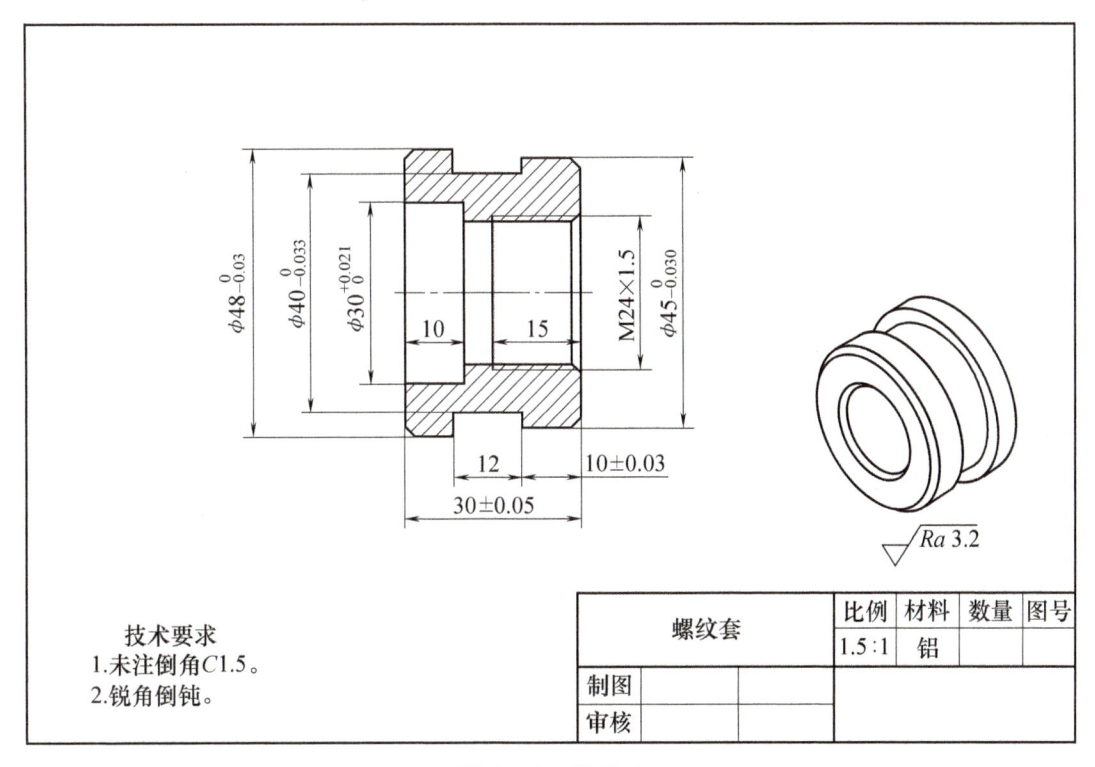

技术要求
1. 未注倒角C1.5。
2. 锐角倒钝。

图 8-17　螺纹套

# 项目九　　加工复杂螺纹轴

| 知识目标 | 1. 掌握形状复杂的轴类零件加工的相关工艺知识和工艺分析方法。<br>2. 掌握应用循环指令编制复杂轴类零件的加工方法。 |
|---|---|
| 技能目标 | 1. 能进行复杂轴类零件的加工操作与程序的调试。<br>2. 能分析和处理复杂轴类工件的加工质量问题。<br>3. 能够加工出合格的较复杂的轴类零件。 |
| 素养目标 | 1. 通过现场加工，养成安全操作意识。<br>2. 培养与他人合作解决问题的能力。 |

## 【任务要求】

如图 9-1 所示的复杂螺纹轴零件，材料为 2A12 铝合金，请根据图样要求，合理制订加工工艺，安全操作机床，达到规定的精度和表面质量要求。

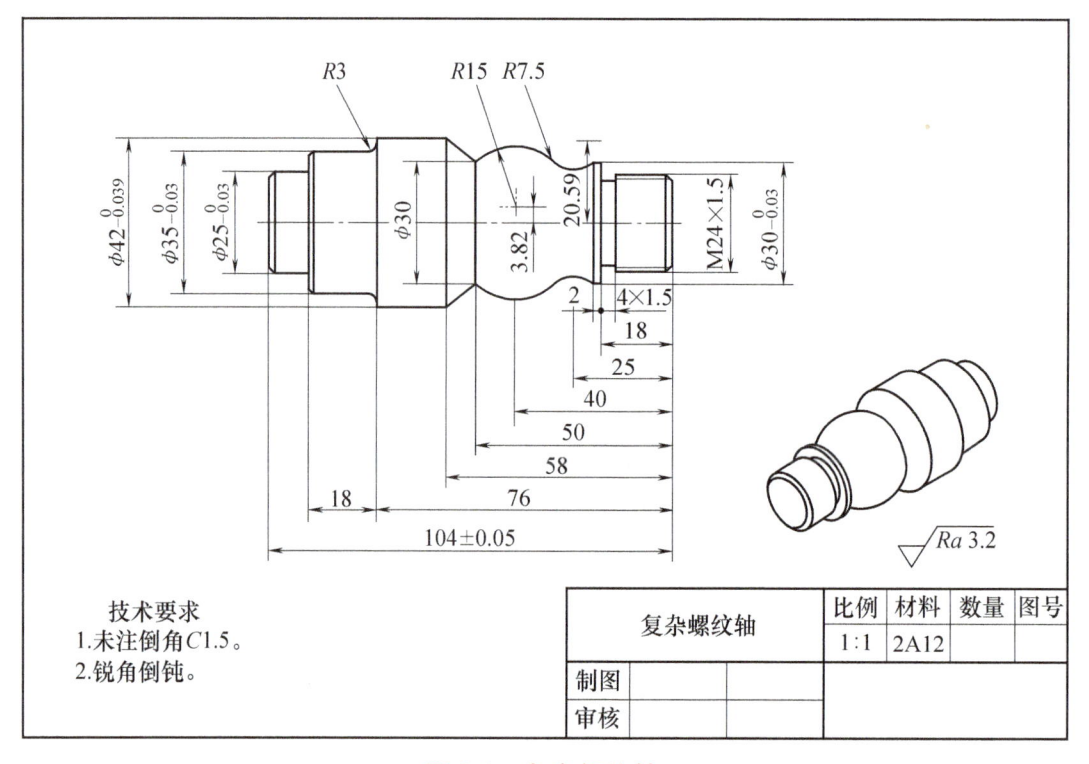

图 9-1　复杂螺纹轴

## 【任务准备】

实训物品清单见表 9-1。

表 9-1  实训物品清单

| 序号 | 实训资源 | 种类 | 数量 | 备注 |
|---|---|---|---|---|
| 1 | 机床 | CKA6150 型数控车床 | 6 台 | 或者其他数控车床 |
| 2 | 参考资料 | 《数控车床使用说明书》<br>《FANUC 0i MATE-TC 车床编程手册》<br>《FANUC 0i MATE-TC 车床操作手册》<br>《FANUC 0i MATE-TC 车床连接调试手册》 | 各 6 本 | |
| 3 | 刀具 | 35°外圆车刀 | 6 把 | |
|   |   | 4mm 车槽刀 | 6 把 | |
|   |   | 外螺纹车刀 | 6 把 | |
| 4 | 量具 | 0~150mm 游标卡尺 | 6 把 | |
|   |   | 0~100mm 千分尺 | 6 把 | |
|   |   | 百分表 | 6 块 | |
| 5 | 附具 | 百分表架 | 6 套 | |
|   |   | 内六角扳手 | 6 把 | |
|   |   | 套管 | 6 把 | |
|   |   | 卡盘扳手 | 6 把 | |
|   |   | 毛刷 | 6 把 | |
| 6 | 材料 | 2A12 | 6 根 | |
| 7 | 工具车 |  | 6 辆 | |

## 【相关知识】

## 一、相关知识

### 1. 宏程序的应用

在加工椭圆和抛物线的非圆曲线时,一般采用直线插补拟合的方法,在这里就用到了宏编程,宏程序就是用定义变量进行直线插补的一种编程方法。

### 2. 指令符号

变量符号:#

逻辑运算:

| 等于：EQ | 格式：#j　EQ　#k |
| 不等于：NE | 格式：#j　NE　#k |
| 大于：GT | 格式：#j　GT　#k |
| 小于：LT | 格式：#j　LT　#k |
| 大于或等于：GE | 格式：#j　GE　#k |
| 小于或等于：LE | 格式：#j　LE　#k |

### 3. 宏程序的两种转移语句

（1）无条件转移语句

程序段格式 GOTO　N　其中 N 为程序段号。

如：GOTO　100　表示无条件执行 N100 的程序段，不管 N100 的程序段在程序的什么地方，都要执行 GOTO　100 的语句，则程序段立刻转移到 N100 的程序段上。

（2）条件转移语句

WHILE［判断式］　DOm（m=1,2,3,……）

　　　　　　　编程函数计算式

ENDm

当条件满足时，从 DOm 到 ENDm 之间的程序就被重复执行。

当条件不满足时，程序就执行 ENDm 下一条语句。

### 4. 宏程序的编写类型

宏程序的编写方法如图 9-2 所示。

（1）调用公式编写

$$\frac{x^2}{a^2}+\frac{z^2}{b^2}=1$$

公式为：$X=\pm\sqrt{\left[1-\frac{(z-Z_1)^2}{b^2}\right]\times a^2}$

或　　$Z=\pm\sqrt{\left[1-\frac{(X-X_1)^2}{a^2}\right]\times b^2}$

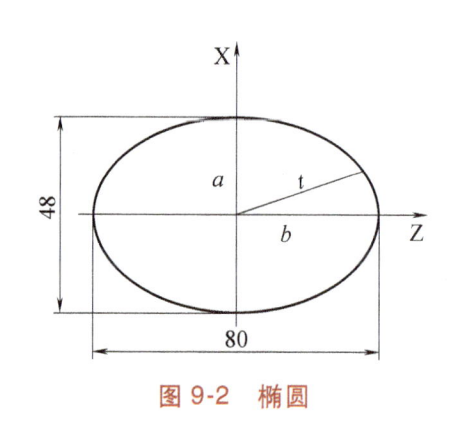

图 9-2　椭圆

（2）数学处理

X=a*SQRT[1-Z*Z/b/b]

Z=b*SQRT[1-X*X/a/a]

## 5. 宏程序的编写步骤

1) 设变量（为非圆曲线的起点但不是圆心点）。

2) 变量赋初值。

3) 判断转移。

4) 编程函数计算式。

5) 程序插补。

6) 变量自增或自减。

7) 终值处理。

## 6. 编程示例，如图 9-3 所示。

长半轴 $a=40$mm，短半轴 $b=24$mm

O0001;

G97  G99  M03  S800  T0101;

G00  X57  Z2;

G42  G01  X0  F0.1;

Z0;

#1=40;

WHILE ［#1GE0］ DO1;

#2=24*SQRT［1-#1*#1/1600］;

G01  X［2*#2］  Z［#1-40］  F0.1;

#1=#1-1;

END1;

G01  X54;

Z-70;

G0  X100;

Z100;

M30;

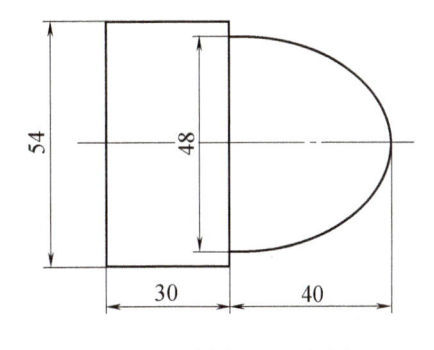

图 9-3 椭圆编程实例

## 7. 编写宏程的注意事项

1) 宏程序编程时，一定把椭圆的圆心位置偏移到对刀点（即编程零点，0，0点），计算Z向走步距时，减去一个椭圆中心到工件零点（0，0）的距离，否则编写的宏程序不在对称中心点。

2) 若椭圆不在工件的中心线上，而是在轴线上方，则应减去一个工件中心线到椭圆轴线的距离。

若为凸椭圆时则加上一个工件中心线到椭圆轴线的距离，距离为 X 的直径值。

## 二、相关工艺知识

在螺纹的切削加工中，要车好螺纹，必须正确刃磨螺纹车刀，螺纹车刀按加工性质属于成形刀具，其切削部分的形状应当和螺纹牙型的轴向剖面形状相符合，即车刀的刀尖角应该等于牙型角。

### 1. 三角形螺纹车刀的几何角度

1）刀尖角应该等于牙型角。车普通螺纹时为 60°，车寸制螺纹时为 55°。

2）前角一般为 0°~10°。因为螺纹车刀的纵向前角对牙型角有很大影响，所以精车或车削精度要求高的螺纹时，径向前角应取得小一些，一般为 0°~5°。

3）后角一般为 5°~10°。因受螺纹升角的影响，进刀方向一面的后角应磨得稍大一些。但大直径、小螺距的三角形螺纹，这种影响可忽略不计。

### 2. 三角形螺纹车刀的刃磨

（1）刃磨要求

1）根据粗、精车的要求，刃磨出合理的前角、后角。粗车刀前角大、后角小，精车刀则相反。

2）车刀的左右切削刃必须对称，无崩刃。

3）刀头不歪斜，牙型半角相等。

4）内螺纹车刀刀尖角平分线必须与刀杆垂直。

5）内螺纹车刀后角应适当大些，一般磨有两个后角。

（2）刀尖角的刃磨和检查　由于螺纹车刀刀尖角要求高、刀头体积小，因此刃磨起来比一般车刀困难。在刃磨高速钢螺纹车刀时，若感到发热烫手，必须及时用水冷却，否则容易引起刀尖退火；刃磨硬质合金车刀时，应注意刃磨顺序，一般是先将刀头后面适当粗磨，随后再刃磨两侧面，以免产生刀尖爆裂。在精磨时，应注意防止压力过大而震碎刀片，同时要防止刀具在刃磨时骤冷而损坏刀具。

为了保证磨出准确的刀尖角，在刃磨时可用螺纹角度样板测量，如图 9-4 所示。测量时把刀尖角与样板贴合，对准光源，仔细观察两边贴合的间隙，并进行修磨。

对于具有纵向前角的螺纹车刀可以用一种厚度较厚的特制螺纹样板来测量刀

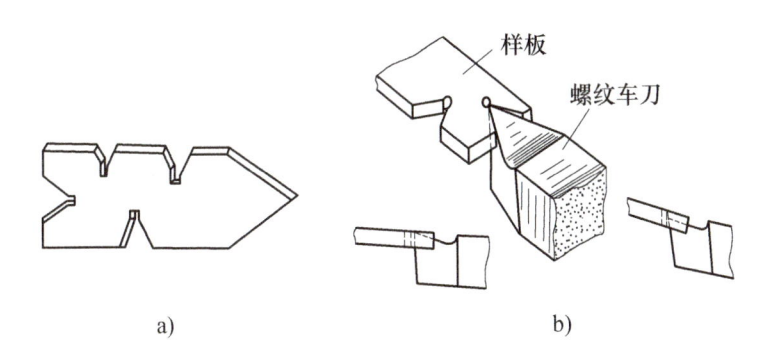

图 9-4 角度样板

尖角，如图 9-4b 所示。测量时样板应与车刀底面平行，用透光法检查，这样量出的角度近似等于牙型角。

### 3. 三角形螺纹切削刃磨过程（图 9-5）

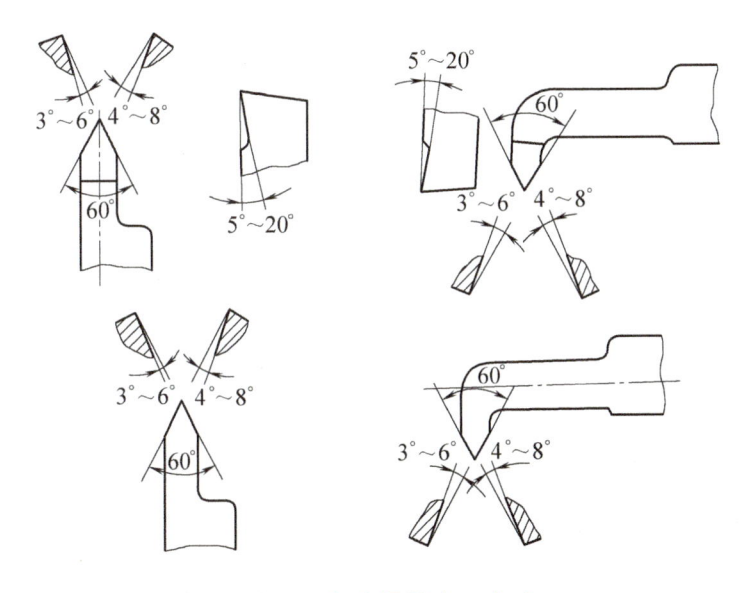

图 9-5 内孔螺纹车刀角度

1）粗磨主、副后面（刀尖角初步形成）。
2）粗、精磨前面或前角。
3）精磨主、副后面，刀尖角用样板检查修正。
4）车刀刀尖倒棱宽度一般为 0.1×螺距。用油石研磨。

### 4. 刃磨螺纹车刀容易出现的问题和注意事项

1）磨刀时，刃磨角度要正确，特别在刃磨整体式内螺纹车刀内侧切削刃时，位置错误就会使刀尖角磨歪。

2) 刃磨高速钢车刀时，宜选用80#氧化铝砂轮，磨刀时压应小于一般车刀，并及时蘸水冷却，以免过热而失去切削刃硬度。

3) 粗磨时也要用样板检查刀尖角，若磨有纵向前角的螺纹车刀，粗磨后的刀尖角要略大于牙型角，待磨好前角后再修正刀尖角。

4) 刃磨螺纹车刀的切削刃时，要稍带移动，这样容易使切削刃平直。

5) 刃磨车刀时要注意安全。

### 5. 螺纹车刀的安装

1) 安装车刀时，刀尖一般应对准工件中心（可根据尾座顶尖高度检查）。

2) 车刀刀尖角的对称中心线必须与工件轴线垂直，装刀时可用样板来对刀，如图9-6a所示。如果把车刀装歪，就会产生如图9-6b所示的牙型歪斜。

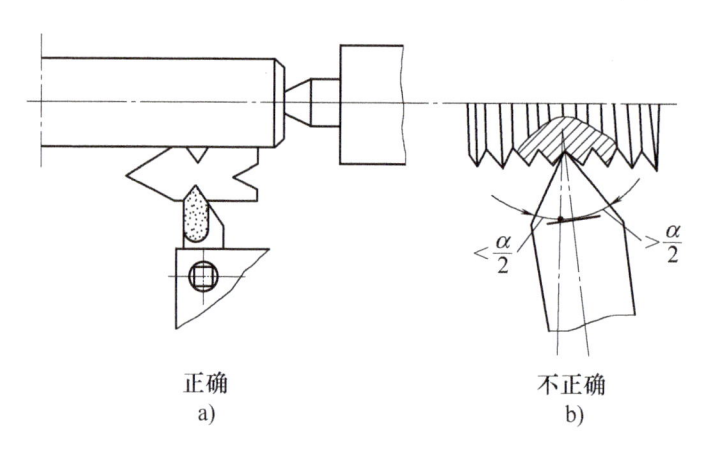

图 9-6 样板对刀

### 6. 螺纹切削的相关参数及计算

螺纹加工中比较重要的是尺寸的计算，只有正确地计算好尺寸才能加工出合格的螺纹。特别是螺纹理论尺寸与实际加工尺寸的不同会给初学者带来很多困难，所以有必要把理论尺寸和实际加工尺寸之间的关系讲明白，让螺纹的加工变得更准确。

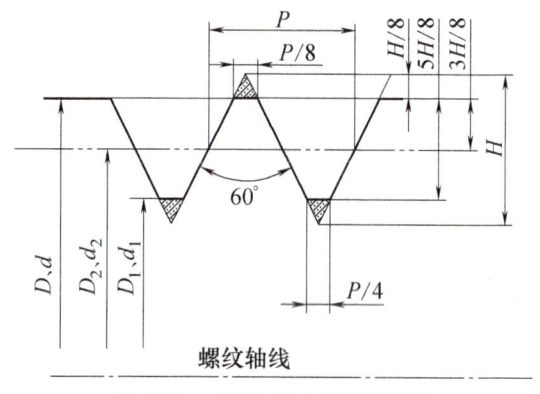

图 9-7 螺纹基本牙型参数

### 7. 普通三角形螺纹的基本牙型及尺寸计算

1) 普通三角形螺纹的基本牙型如图9-7所示。

2) 普通三角形螺纹的尺寸计算（表9-2）。

表 9-2　普通三角形螺纹的尺寸计算

| | 名称 | 代号 | 计算公式 |
|---|---|---|---|
| 外螺纹 | 牙型角 | α | 60° |
| | 原始三角形高度 | H | $H = 0.886P$（$P$ 为螺距） |
| | 牙型高度 | h | $h = \dfrac{5}{8}H = \dfrac{5}{8} \times 0.886P = 0.5413P$ |
| | 中径 | $d_2$ | $d_2 = d - 2 \times \dfrac{3}{8}H = d - 0.6495P$（$d$ 为螺纹大径） |
| | 小径 | $d_1$ | $d_1 = d - 2h = d - 1.0825P$ |
| 内螺纹 | 中长 | $D_2$ | $D_2 = d_2$ |
| | 小径 | $D_1$ | $D_1 = d_1$ |
| | 大径 | $D$ | $D = d =$ 公称直径 |

## 【任务实施】

### 1. 工艺分析

1）该零件毛坯为 φ45mm×108mm 铝料，零件采用调头装夹的方式，夹持毛坯料伸出长度≥50mm，粗、精车 φ25mm、φ35mm、φ42mm 外圆，保证尺寸精度。

2）调头夹持 φ42mm 外圆，平端面保证工件总长，粗、精车右端外轮廓，调用车槽刀车削 4mm×1.5mm 窄槽，调用车槽刀车削 M24×1.5 螺纹。

### 2. 根据图样填写复杂螺纹轴加工工艺卡（表 9-3）

表 9-3　复杂螺纹轴加工工艺卡

| 零件名称 | 材料 | 设备名称 | 毛坯 ||||
|---|---|---|---|---|---|---|
| 复杂螺纹轴 | 2A12 | CKA6150 | 种类 | 圆铝棒 | 规格 | φ45mm×108mm |
| 任务内容 || 程序号 | O1011 | 数控系统 || FANUC 0i MATE-TC |

| 工序号 | 工步 | 工步内容 | 刀号 | 刀具名称 | 主轴转速 $n/(\text{r/min})$ | 进给量 $f/(\text{mm/r})$ | 背吃刀量 $a_p/(\text{mm/r})$ | 余量/mm | 备注 |
|---|---|---|---|---|---|---|---|---|---|
| 1 | 1 | 粗加工 φ25mm、φ35mm、φ42mm 外圆 | 1 | 35°外圆车刀 | 800 | 0.2 | 1.5 | 0.5 | |
| | 2 | 精加工外圆各表面 | 1 | 35°外圆车刀 | 1000 | 0.08 | 0.5 | 0 | |
| 2 | 3 | 车端面保证总长 | 1 | 35°外圆车刀 | 800 | 0.08 | 0.5 | 0 | |

（续）

| 工序号 | 工步 | 工步内容 | 刀号 | 刀具名称 | 主轴转速 $n/(r/min)$ | 进给量 $f/(mm/r)$ | 背吃刀量 $a_p/(mm/r)$ | 余量/mm | 备注 |
|---|---|---|---|---|---|---|---|---|---|
| 3 | 4 | 粗加工 $\phi24mm$ 外圆,$R7.5mm$ 和 $R15mm$ 圆弧 | 1 | 35°外圆车刀 | 800 | 0.2 | 1.5 | 0.5 | |
| | 5 | 精加工 $\phi24mm$ 外圆,$R7.5mm$ 和 $R15mm$ 圆弧 | 1 | 35°外圆车刀 | 1000 | 0.1 | 0.5 | 0 | |
| 4 | 6 | 车槽 | 2 | 车槽刀 | 400 | | | 0 | |
| 5 | 7 | 车削螺纹 | 3 | 螺纹刀 | 600 | | | | |
| 编制 | | | | 教师 | | | 共 1 页 | 第 1 页 | |

## 3. 准备材料、设备及工、量具（表9-4）

表9-4 准备材料、设备及工、量具

| 序号 | 材料、设备及工、量具名称 | 规格 | 数量 |
|---|---|---|---|
| 1 | $\phi45mm$ 铝料 | $\phi45mm\times108mm$ | 6 块 |
| 2 | 数控车床 | CKA6140 | 6 台 |
| 3 | 千分尺 | 25~50mm | 6 把 |
| 4 | 游标卡尺 | 0~150mm | 6 把 |
| 5 | 螺纹环规 | M24×1.5 | 6 套 |
| 6 | 35°外圆车刀 | 20mm×20mm | 6 把 |
| 7 | 车槽刀 | 4~25mm | 6 把 |
| 8 | 内螺纹刀 | | 6 把 |

## 4. 加工参考程序

根据 FANUC 0i MATE-TC 编程要求制订的加工工艺，编写零件加工程序（参考）见表9-5~表9-8。

表9-5 程序1

| 程序段号 | 程序内容 | 说明注释 |
|---|---|---|
| N10 | O1101; | 程序名 |
| N20 | G97 G99; | 恒转速,转进给 |
| N30 | T0101; | 1号刀具1号刀补 |
| N40 | M03 S800; | 转速800r/min |
| N50 | G00 X47. Z2.; | 刀具定位点 |
| N60 | G71 U1.5 R0.5; | 粗加工循环,背吃刀量1.5mm,退刀量0.5mm |

(续)

| 程序段号 | 程序内容 | 说明注释 |
|---|---|---|
| N70 | G71 P80 Q200 U0.5 W0.05 F0.2; | X方向精加工余量0.5mm,Z方向精加工余量0.05mm |
| N80 | G42 G01 X22. F0.1; | |
| N90 | Z0; | |
| N100 | X25 Z-1.5; | |
| N110 | Z-10.; | |
| N120 | X32.; | |
| N130 | X35. Z-11.5; | |
| N140 | Z-25.; | |
| N150 | G02 X41. Z-28. R3.; | |
| N160 | G01 X42.; | |
| N190 | Z-48.; | |
| N200 | G40 G00 X47.; | |
| N210 | G70 P80 Q200; | 精加工循环指令 |
| N220 | G00 X150. Z200.; | 退刀 |
| N240 | M05; | 主轴停止 |
| N250 | M30; | 程序结束 |

表9-6 程序2

| 程序段号 | 程序内容 | 说明注释 |
|---|---|---|
| N10 | O1102; | 程序名 |
| N20 | G40 G97 G99; | 取消刀尖半径补偿,恒转速,转进给 |
| N30 | T0101; | 1号刀具1号刀补 |
| N40 | M03 S800; | 转速800r/min |
| N50 | G00 X47. Z2.; | 刀具定位点 |
| N60 | G73 U10 W0R8; | X轴最大退刀距离,Z轴最大退刀距离,循环次数 |
| N70 | G73 P80 Q200 U0.5 W0.05 F0.2; | X方向精加工余量0.5mm,Z方向精加工余量0.05mm |
| N80 | G42 G01 X21. F0.1; | |
| N90 | Z0; | |
| N100 | X24 Z-1.5; | |
| N110 | Z-18.; | |
| N120 | X30.; | |
| N130 | Z-20.; | |
| N140 | G02 X30. Z-30. R7.5; | |

（续）

| 程序段号 | 程序内容 | 说明注释 |
|---|---|---|
| N150 | G03 X30. Z-50. R15.; | |
| N160 | G01 X42. Z-58.; | |
| N190 | X45.; | |
| N200 | G40 G00 X47.; | |
| N210 | G70 P80 Q200; | 精加工循环指令 |
| N220 | G00 X150. Z200.; | 退刀 |
| N240 | M05; | 主轴停止 |
| N250 | M30; | 程序结束 |

表9-7 程序3

| 程序段号 | 程序内容 | 说明注释 |
|---|---|---|
| N10 | O1103; | 程序名 |
| N20 | G97 G99; | 恒转速,转进给 |
| N30 | T0202; | 2号刀具2号刀补 |
| N40 | M03 S400; | 转速400r/min |
| N50 | G00 X32. Z2.; | 刀具定位点 |
| N60 | Z-18.; | |
| N70 | G01 X21. F0.1; | |
| N80 | G04 X3.; | |
| N90 | G00 X32.; | |
| N100 | X150. Z200.; | |
| N120 | M30; | |

表9-8 程序4

| 程序段号 | 程序内容 | 说明注释 |
|---|---|---|
| N10 | O1104; | 程序名 |
| N20 | G40 G97 G99; | 取消刀尖半径补偿,恒转速,转进给 |
| N30 | T0303; | 3号刀具3号刀补 |
| N40 | M03 S600; | 转速600r/min |
| N50 | G00 X26. Z3.; | 刀具定位点 |
| N60 | G92 X23.4 Z-16. F1.5; | 螺纹循环指令 |
| N70 | X23.; | |
| N80 | X22.7; | |
| N90 | X22.4; | |
| N100 | X22.2; | |

（续）

| 程序段号 | 程序内容 | 说明注释 |
|---|---|---|
| N110 | X22.1； | |
| N120 | X22.05； | |
| N130 | X22.05； | 重复切削 去除毛刺、飞边 |
| N140 | G00 X150.； | |
| N150 | Z200.； | |
| N160 | M30； | |

### 5. 程序录入及轨迹仿真

用 FANUC 0i MATE-TC 数控系统进行程序录入及轨迹仿真的步骤见表 9-9。

表 9-9　FANUC 0i MATE-TC 程序录入及轨迹仿真

| 步骤 | 操作过程 | 图示 |
|---|---|---|
| 输入程序 | 数控车床开机，在机床索引页面找到程序功能软键，按 PROG 软键进入"程序"界面，在"编辑方式"下输入程序"O1101" | 程序 O1101<br>O1101;<br>G40 G97 G99;<br>T0101;<br>M03 S800;<br>G00 X47. Z2.;<br>G71 U1.5 R0.5;<br>G71 P1 Q2 U0.5 W0.05 F0.2;<br>N1 G42 G01 X22. F0.1;<br>Z0.;<br>X25. Z-1.5;<br>Z-10.;<br>X32.;<br>X35. Z-11.5;<br>Z-25.;<br>G02 X41. Z-28. R3.;<br>G01 X42.;<br>Z-48.; |
| | 按以上步骤输入程序"O1102" | 程序 O1102<br>O1102;<br>G40 G97 G99;<br>M03 S800;<br>T0101;<br>G00 X47. Z2.;<br>G73 U10. W0. R8.;<br>G73 P1 Q2 U0.5 W0.05 F0.2;<br>N1 G42 G01 X21. F0.1;<br>Z0.;<br>X24. Z-1.5;<br>Z-18.;<br>X30.;<br>Z-20.;<br>G02 X30. Z-30. R7.5;<br>G03 X30. Z-50. R15.;<br>G01 X42. Z-58.;<br>X45.; |
| | 按以上步骤输入程序"O1103" | 程序 O1103<br>O1103;<br>G40 G97 G99;<br>M03 S400;<br>T0202;<br>G00 X32. Z2.;<br>Z-18.;<br>G01 X21. F0.1;<br>G04 X3.;<br>G00 X32.;<br>X150.;<br>Z200.;<br>M30<br>% |

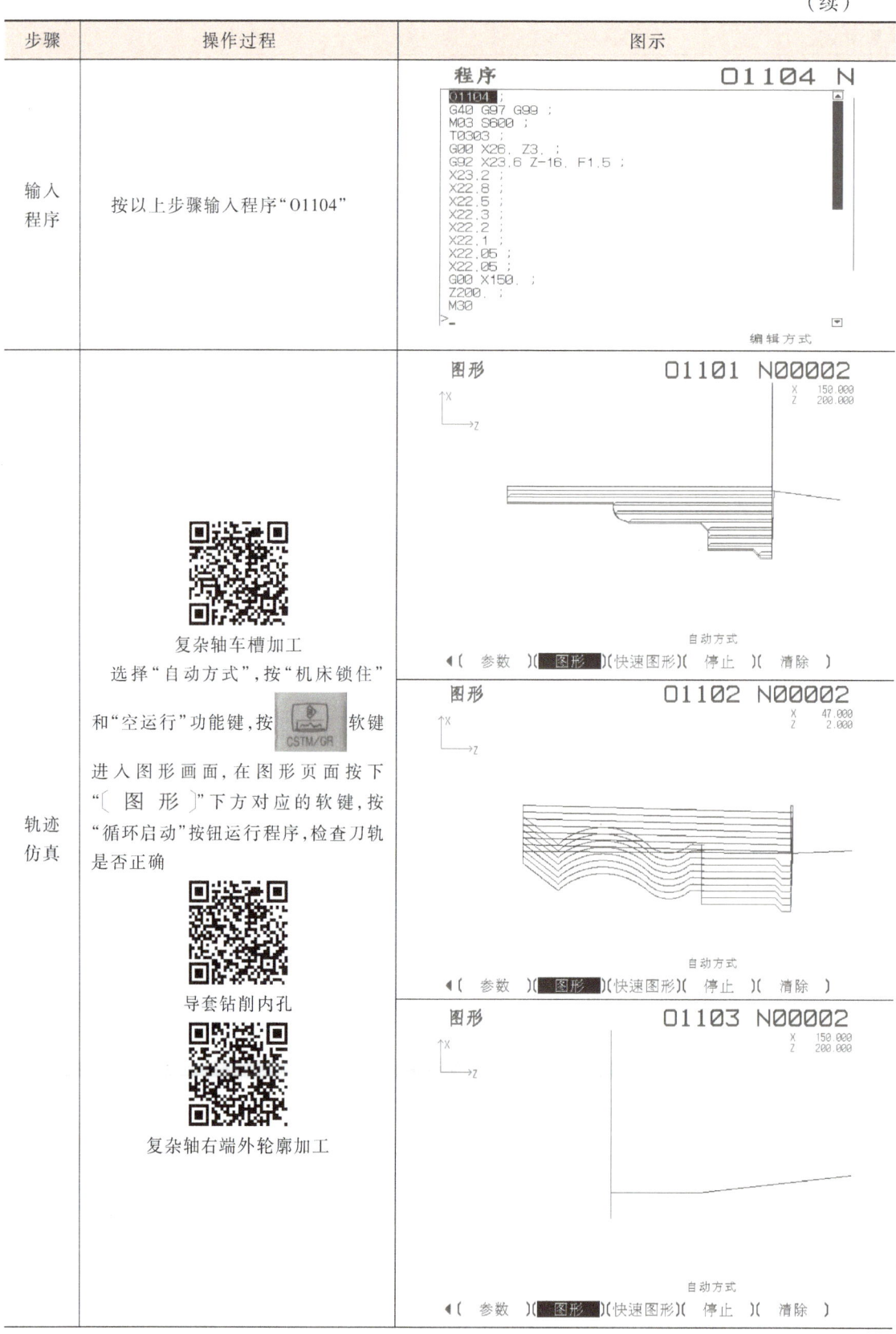

（续）

| 步骤 | 操作过程 | 图示 |
|---|---|---|
| 输入程序 | 按以上步骤输入程序"O1104" | 程序                 O1104 N<br>O1104 ;<br>G40 G97 G99 ;<br>M03 S600 ;<br>T0303 ;<br>G00 X26. Z3. ;<br>G92 X23.6 Z-16. F1.5 ;<br>X23.2 ;<br>X22.8 ;<br>X22.5 ;<br>X22.3 ;<br>X22.2 ;<br>X22.1 ;<br>X22.05 ;<br>X22.05 ;<br>G00 X150. ;<br>Z200. ;<br>M30<br>>_<br>编辑方式 |
| 轨迹仿真 | 复杂轴车槽加工<br><br>选择"自动方式"，按"机床锁住"和"空运行"功能键，按 [CSTM/GR] 软键进入图形画面，在图形页面按下"〔 图 形 〕"下方对应的软键，按"循环启动"按钮运行程序，检查刀轨是否正确<br><br>导套钻削内孔<br><br>复杂轴右端外轮廓加工 | （O1101 N00002 图形轨迹）<br>自动方式<br>（ 参数 ）（ 图形 ）（快速图形）（ 停止 ）（ 清除 ）<br><br>（O1102 N00002 图形轨迹）<br>自动方式<br>（ 参数 ）（ 图形 ）（快速图形）（ 停止 ）（ 清除 ）<br><br>（O1103 N00002 图形轨迹）<br>自动方式<br>（ 参数 ）（ 图形 ）（快速图形）（ 停止 ）（ 清除 ） |

（续）

| 步骤 | 操作过程 | 图示 |
|---|---|---|
| 轨迹仿真 | 复杂轴螺纹加工 | 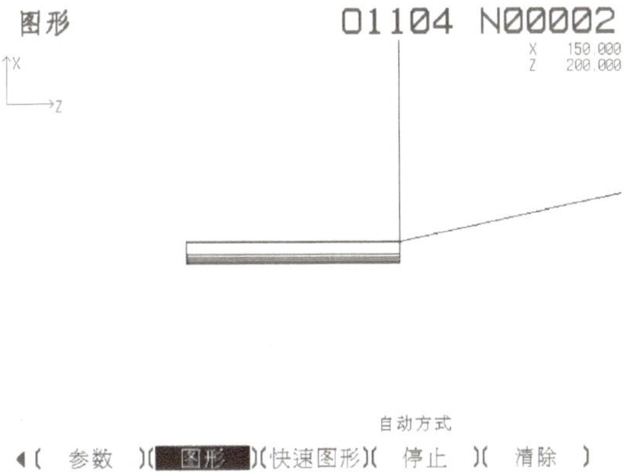 |

## 6. 加工零件

加工零件操作步骤见表 9-10。

表 9-10　加工零件操作步骤

| 步骤 | 操作过程 | 图示 |
|---|---|---|
| 装夹零件毛坯 | 对数控车床进行安全检查，打开机床电源并开机，将毛坯装夹到卡盘上，伸出长度≥50mm | 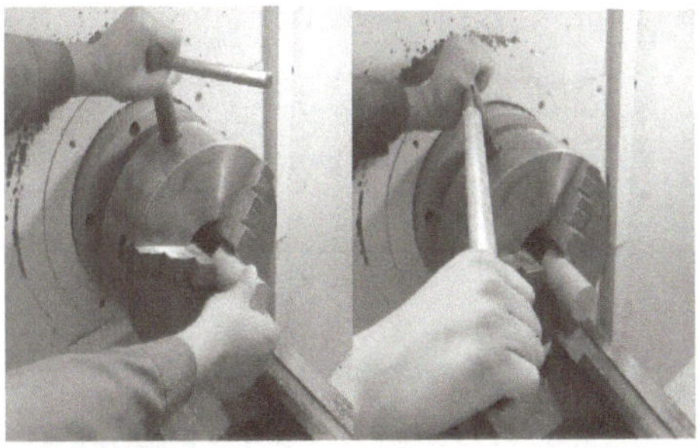 |
| 安装车刀 | 将35°外圆车刀安装在1号刀位，将车槽刀装在2号刀位，螺纹刀安装在3号刀位，利用垫刀片调整刀尖高度，并使用顶尖检验刀尖高度位置 | 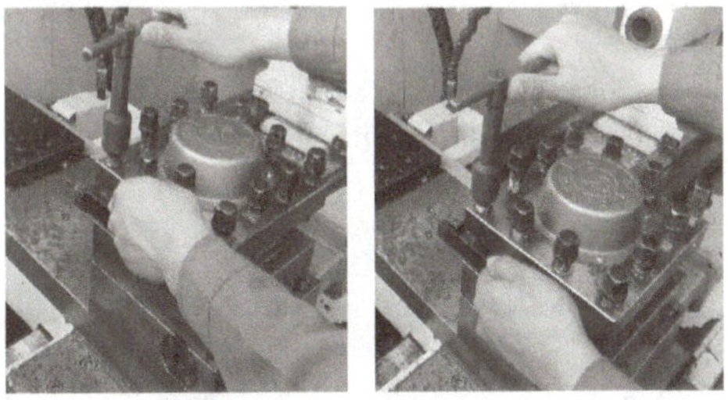  |

205

(续)

| 步骤 | 操作过程 | 图示 |
|---|---|---|
| 外圆车刀试切法 Z 轴对刀 | 主轴正转，用快速进给方式控制车刀靠近工件，然后用手轮进给方式的×10 档位慢速靠近毛坯端面，沿 X 向切削毛坯端面，切削深度约 0.5mm，刀具切削到毛坯中心，沿 X 向退刀。按 [OFS/SET] 软键切换至刀补测量页面，光标移到 01 号刀补位置，输入"Z0"后按【测量】键，完成 Z 轴对刀 | |
| 外圆车刀试切法 X 轴对刀 | 主轴正转，手动控制车刀靠近工件，然后用手轮方式的×10 档位慢速靠近工件 $\phi$45mm 外圆面，沿 Z 方向切削毛坯料约 1mm，切削长度以方便卡尺测量为准，沿 Z 向退出车刀，主轴停止，测量工件外圆，按 [OFS/SET] 软键切换至刀补测量页面，光标移到 01 号刀补位置，输入测量值"X43.86"后按【测量】键，完成 X 轴对刀 | |

(续)

| 步骤 | 操作过程 | 图示 |
|---|---|---|
| 运行程序加工左端外圆 | 手动方式将刀具退出一定距离，按  PROG 软键进入程序界面，检索到"O1101"程序，选择单段运行方式，按"循环启动"按钮，开始程序自动加工，当车刀完成一次单段运行后，可以关闭单段模式，让程序连续运行 | 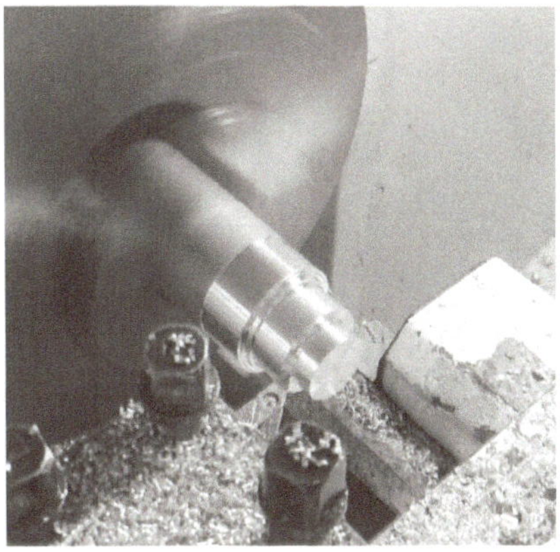 |
| 测量工件修改刀补并精车外圆 | 程序运行结束后，用千分尺测量零件外径尺寸，根据实测值计算出刀补值，对刀补进行修整。按"循环启动"按钮，再次运行程序，完成工件加工，并测量各尺寸是否符合图样要求 | 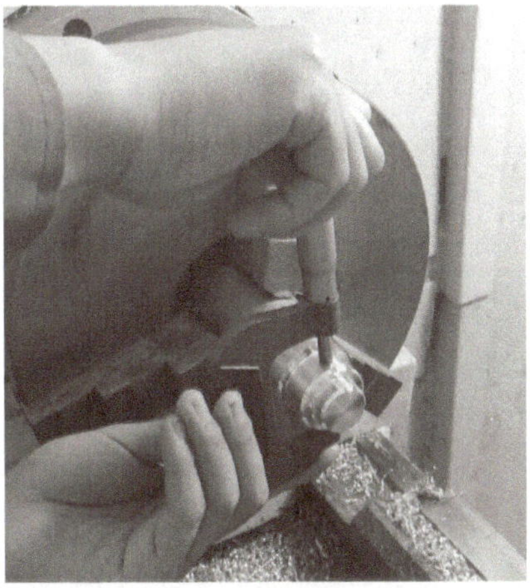 |
| 零件调头切削 | 调头装夹零件，切削端面，保证工件总长 | 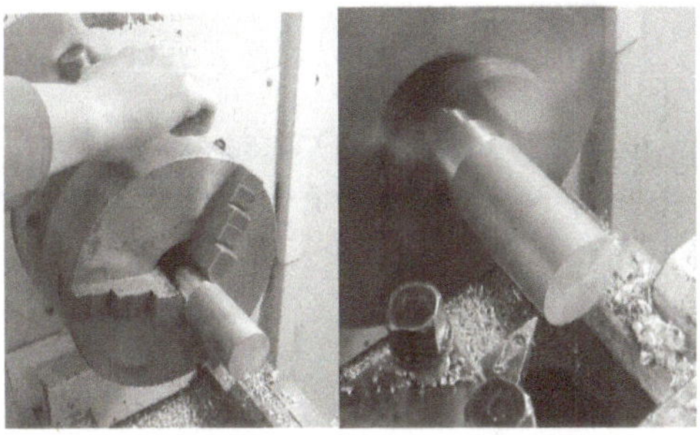 |

207

（续）

| 步骤 | 操作过程 | 图示 |
|---|---|---|
| 车槽刀试切法Z轴对刀 | 主轴正转，用快速进给方式控制车槽刀靠近工件，然后用手轮进给方式的×10档位慢速靠近毛坯端面，将车槽刀左刀尖轻轻靠在工件端面，沿X向退刀。按 [OFS/SET] 软键切换至刀补测量页面，光标移到02号刀补位置，输入"Z0"后按【测量】键，完成Z轴对刀 | |
| 车槽刀试切法X轴对刀 | 主轴正转，手动控制车槽刀靠近工件，然后用手轮方式的×10档位慢速靠近工件φ30mm外圆面，沿Z方向切削，切削余量0.2mm左右，切削长度以方便卡尺测量为准，沿Z向退出车刀，主轴停止，测量工件外圆，按 [OFS/SET] 软键切换至刀补测量页面，光标移到02号刀补位置，输入测量值"X43.72"后按【测量】键，完成X轴对刀 | |

（续）

| 步骤 | 操作过程 | 图示 |
|---|---|---|
| 螺纹刀Z轴对刀 | 主轴正转，用快速进给方式控制螺纹刀靠近工件，然后用手轮进给方式的×10档位慢速靠近工件外圆，沿Z方向移动，目测刀尖和端面对齐，按 [OFS/SET] 软键切换至刀补测量页面，光标移到03号刀补位置，输入"Z0"后按【测量】键，完成Z轴对刀 | |
| 螺纹刀X轴对刀 | 主轴正转，手动控制螺纹刀靠近工件，然后用手轮方式的×10档位慢速靠近工件外圆面，沿Z方向切削，切削余量0.1mm左右，切削长度以方便卡尺测量为准，沿Z向退出车刀，主轴停止，测量工件外圆，按 [OFS/SET] 软键切换至刀补测量页面，光标移到03号刀补位置，输入测量值"X43.68"后按【测量】键，完成X轴对刀 | |

209

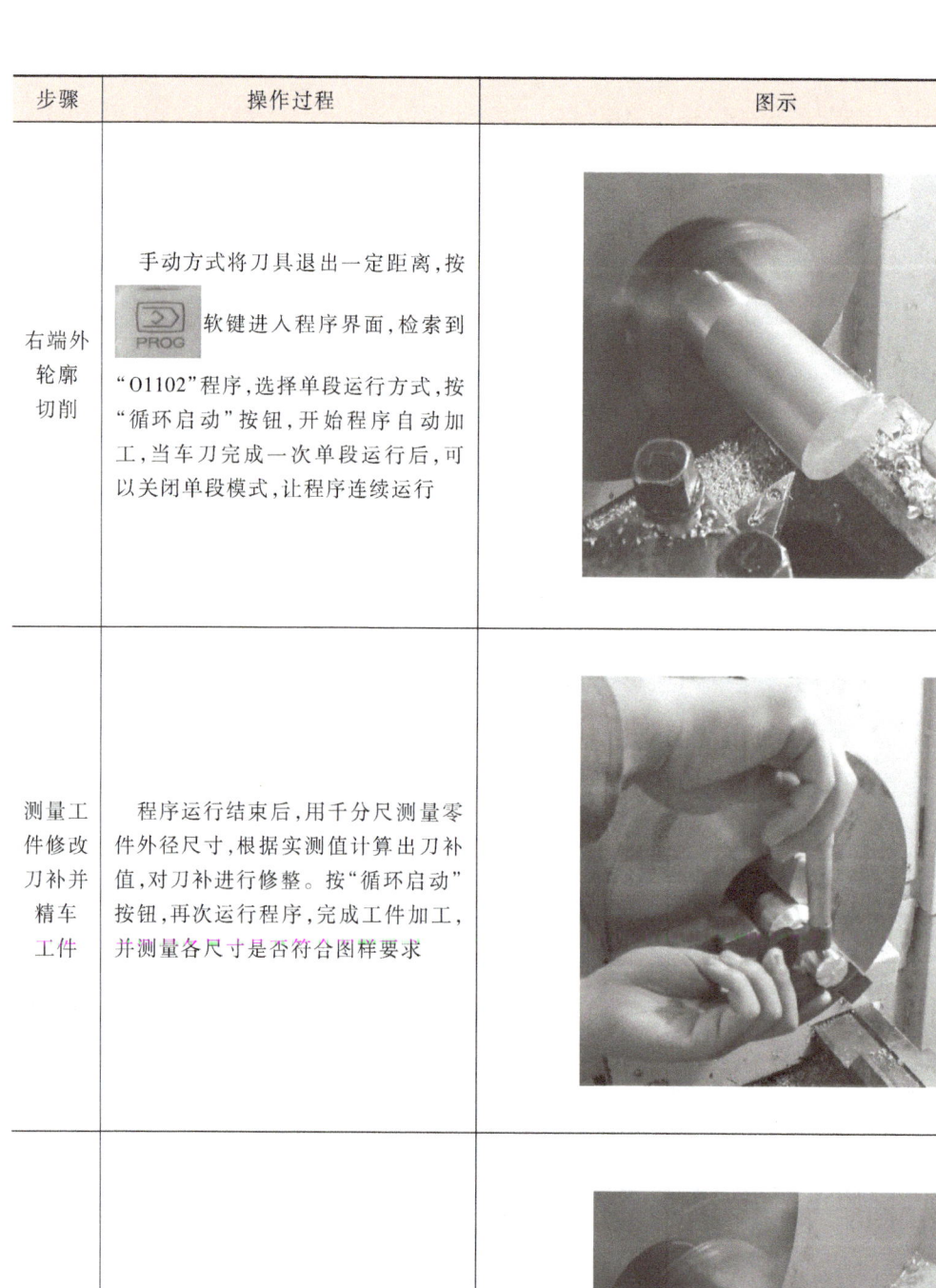

（续）

| 步骤 | 操作过程 | 图示 |
|---|---|---|
| 右端外轮廓切削 | 手动方式将刀具退出一定距离,按 [PROG] 软键进入程序界面,检索到"O1102"程序,选择单段运行方式,按"循环启动"按钮,开始程序自动加工,当车刀完成一次单段运行后,可以关闭单段模式,让程序连续运行 | |
| 测量工件修改刀补并精车工件 | 程序运行结束后,用千分尺测量零件外径尺寸,根据实测值计算出刀补值,对刀补进行修整。按"循环启动"按钮,再次运行程序,完成工件加工,并测量各尺寸是否符合图样要求 | |
| 车槽 | 手动方式将刀具退出一定距离,按 [PROG] 软键进入程序界面,检索到"O1103"程序,选择单段运行方式,按"循环启动"按钮,开始程序自动加工 | |

(续)

| 步骤 | 操作过程 | 图示 |
|---|---|---|
| 测量工件修改刀补并精车工件 | 程序运行结束后,用卡尺测量工件外径尺寸,根据实测值计算出刀补值,对刀补进行修整。按"循环启动"按钮,再次运行程序,完成工件加工,并测量各尺寸是否符合图样要求 | |
| 车削螺纹 | 手动方式将刀具退出一定距离,按 PROG 软键进入程序界面,检索到"O1104"程序,开始程序自动加工 | |
| 测量工件修改刀补并精车工件 | 程序运行结束后,用螺纹环规测量螺纹,根据实测值计算出刀补值,对刀补进行修整。按"循环启动"按钮,再次运行程序,完成工件加工,并测量各尺寸是否符合图样要求 | |
| 维护保养 | 卸下工件,清扫维护机床,刀具、量具擦净 | |

## 【任务检测】

小组成员分工检测零件，并将检测结果填入表9-11中。

表9-11 零件检测表

| 序号 | 检测项目 | 检测内容 | 配分/分 | 检测要求 | 学生自评 自测 | 学生自评 得分/分 | 老师测评 检测 | 老师测评 得分/分 |
|---|---|---|---|---|---|---|---|---|
| 1 | 直径 | $\phi25_{-0.03}^{0}$ mm | 8 | 超差不得分 | | | | |
| 2 | 直径 | $\phi35_{-0.03}^{0}$ mm | 8 | 超差不得分 | | | | |
| 3 | 直径 | $\phi42_{-0.039}^{0}$ mm | 8 | 超差不得分 | | | | |
| 4 | 直径 | $\phi30_{-0.03}^{0}$ mm | 8 | 超差0.01mm扣3分 | | | | |
| 5 | 长度 | 18mm | 8 | 超差不得分 | | | | |
| 6 | 长度 | 104mm±0.05mm | 8 | 超差不得分 | | | | |
| 7 | 长度 | 4mm | 8 | 超差0.01mm扣3分 | | | | |
| 8 | 螺纹 | M24×1.5 | 8 | 环规检测 | | | | |
| 9 | 圆弧 | $R$7.5mm | 3 | 半径样板检测 | | | | |
| 9 | 圆弧 | $R$15mm | 3 | 半径样板检测 | | | | |
| 9 | 圆弧 | $R$3mm | 2 | 半径样板检测 | | | | |
| 10 | 倒角 | $C$1.5 三处 | 3 | 超差不得分 | | | | |
| 11 | 表面质量 | $Ra$3.2μm | 4 | 超差不得分 | | | | |
| 12 | 表面质量 | 去除毛刺飞边 | 1 | 未处理不得分 | | | | |
| 13 | 时间 | 工件按时完成 | 5 | 未按时完成不得分 | | | | |
| 14 | 现场操作规范 | 安全操作 | 5 | 违反操作规程度扣分 | | | | |
| 15 | 现场操作规范 | 工、量具使用 | 5 | 工、量具使用错误，每项扣2分 | | | | |
| 16 | 现场操作规范 | 设备维护保养 | 5 | 违反维护保养规程，每项扣2分 | | | | |
| 17 | 合计（总分） | | 100 | 机床编号 | 总得分 | | | |
| 18 | 开始时间 | | 结束时间 | | 加工时间 | | | |

## 【工作评价与鉴定】

### 1. 评价（90%）

综合评价表见表9-12。

表9-12　综合评价表

| 项目 | 出勤情况（10%） | 工艺编制、编程（20%） | 机床操作能力（10%） | 零件质量（30%） | 职业素养（20%） | 成绩合计 |
|---|---|---|---|---|---|---|
| 个人评价 | | | | | | |
| 小组评价 | | | | | | |
| 教师评价 | | | | | | |
| 平均成绩 | | | | | | |

### 2. 鉴定（10%）

实训鉴定表见表9-13。

表9-13　实训鉴定表

| | |
|---|---|
| 自我鉴定 | 通过本节课我有哪些收获？<br><br><br><br>学生签名：＿＿＿＿＿＿<br>＿＿＿＿年＿＿月＿＿日 |
| 指导教师鉴定 | <br><br><br><br>指导教师签名：＿＿＿＿＿＿<br>＿＿＿＿年＿＿月＿＿日 |

## 【知识拓展】

### 1. 制订复杂轴加工方案时应注意的事项

复杂轴的外形轮廓要比简单轴类零件复杂得多,所以在制订加工方案时应根据零件的形状特点、技术要求、加工数量和安装方法综合考虑。

1)如果毛坯余量大又不均匀或要求精度较高时,应分粗车、半精车和精车等几个阶段。

2)对于长轴类的工件可以采用一夹一顶方式装夹。双顶尖装夹方式适用于轴的两端有较高同轴度及圆跳动等几何公差和需要多次装夹及有后道精加工(如磨削加工)工序的情况。在编程时应注意Z向退刀不要撞到尾座。

3)对于复杂的轴类工件要经过两次装夹。由于对刀及刀架刀位数的限制,一般应把第一端粗车、精车全部完成后再调头。这与卧式车床不一样,调头装夹时,注意应垫铜皮或采用开口套或采用软卡爪。

4)车削时一般应先车端面,这样有利于确定长度方向的尺寸及简化编程时的长度方向尺寸换算。在车铸铁材料工件时应先车倒角,避免刀尖首先与外皮和型砂接触而产生过大的磨损。

### 2. 轴类工件的加工工序编排原则

1)粗、精加工分开原则,这样有利于保证轴上有较高尺寸精度要求的部位。

2)编写工序时,应考虑尽可能减少刀具的种类及换刀次数,在不影响加工精度的情况下,优先采用按刀具划分工序,这样可以减少换刀次数,避免因重复换刀影响加工精度,还能简化编程。

3)工序编排时,还应注意以下几个事项:前道工序加工完成后不能对下几道工序的工件加工刚性产生太大的影响,对加工后会较大削弱工件刚性的那些工序应尽量放在后面;前道工序加工完成后,不能影响下道工序的装夹问题。复杂轴类工件主要的工序划分方法有以下几种:

① 按照工件加工部位来划分工序,比较适用于批量生产方式。
② 按照刀具的使用顺序来划分工序,比较适用于单件生产方式。
③ 综合前两种方式进行工序划分,应用较广泛。

## 【巩固与提高】

请对图9-8所示复杂螺纹轴实施加工任务。

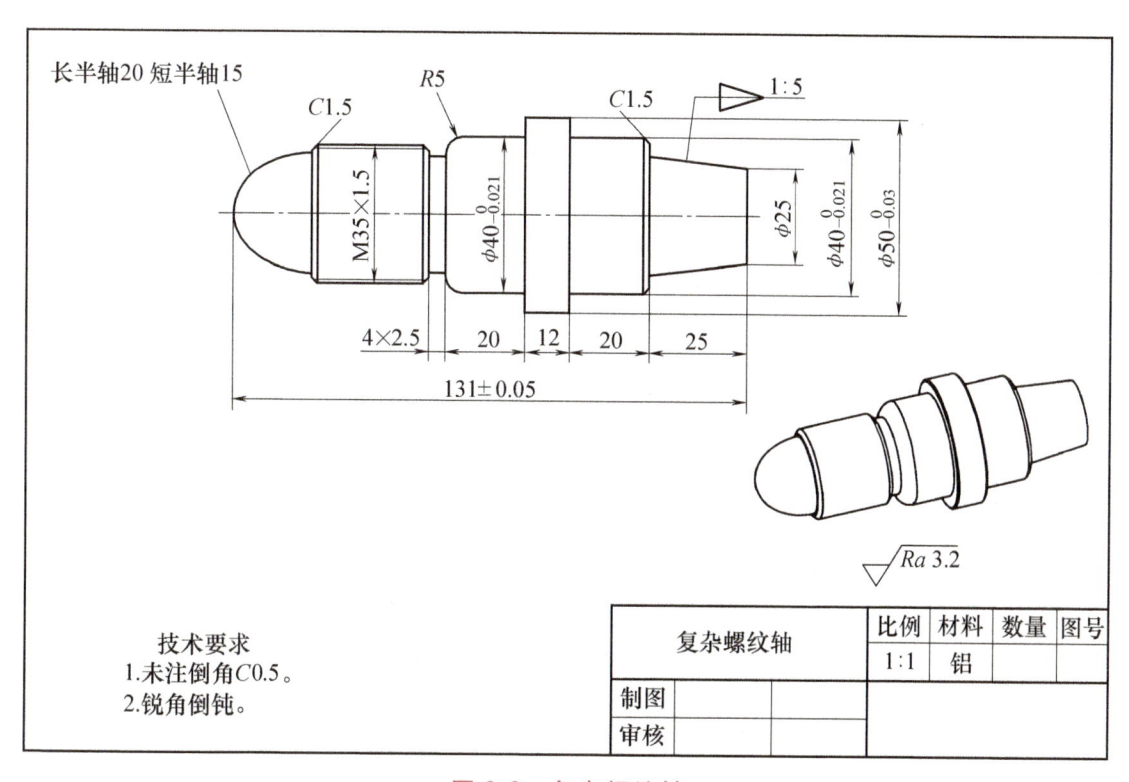

长半轴20 短半轴15　　C1.5　　R5　　C1.5　　▽ 1:5

M35×1.5　　$\phi 40_{-0.021}^{0}$　　$\phi 25$　　$\phi 40_{-0.021}^{0}$　　$\phi 50_{-0.03}^{0}$

4×2.5　20　12　20　25

131±0.05

$\sqrt{Ra\ 3.2}$

技术要求
1. 未注倒角C0.5。
2. 锐角倒钝。

| 复杂螺纹轴 | 比例 | 材料 | 数量 | 图号 |
|---|---|---|---|---|
|  | 1:1 | 铝 |  |  |
| 制图 |  |  |  |  |
| 审核 |  |  |  |  |

图 9-8　复杂螺纹轴

# 项目十　数控车床的简单维护

## 任务一　数控车床的安全操作规程

| | |
|---|---|
| 知识目标 | 1. 了解数控车床的安全操作规程。<br>2. 掌握工作前的准备工作。<br>3. 掌握工作过程中的安全注意事项。 |
| 技能目标 | 1. 能够按照数控车床的安全操作规程来操作机床。<br>2. 能够正确完成数控车床操作的准备工作。<br>3. 能够按照机床的安全注意事项进行工作。 |
| 素养目标 | 1. 具有安全文明生产和遵守操作规程的意识。<br>2. 具有人际交往和团队协作能力。 |

数控车床是一种高精度、高效率、高价格的机电一体化设备，每一个操作者都应该做到安全操作，并做好日常维护工作。

数控车床的安全操作规程是保证车床安全、高效运行的重要措施之一。操作者在操作数控车床之前，必须牢记数控车床安全操作规程，时刻把安全放在第一位。数控车床的安全操作包括以下几个方面：

### 一、安全操作基本注意事项

1）工作时请穿好工作服、安全鞋，戴好工作帽及防护镜，不允许戴手套操作机床。

2）注意不要移动或损坏安装在机床上的警告标牌。

3）注意不要在机床周围放置障碍物，工作空间应足够大。

4）某一项工作如需要两人或多人共同完成时，应注意相互间的协调一致。

5）不允许采用压缩空气清洁机床、电气柜及 NC 单元。

## 二、工作前的准备工作

1）机床工作开始前要有预热，认真检查润滑系统工作是否正常，如机床长时间未开机，可先采用手动方式向各部分供油润滑。

2）使用的刀具应与机床允许的规格相符，有严重破损的刀具要及时更换。

3）不要将调整刀具所用的工具遗忘在机床内。

4）检查大尺寸轴类零件的中心孔是否合适，中心孔如太小，工作中易发生危险。

5）刀具安装好后应进行一、二次试切削。

6）检查卡盘夹紧时的工作状态。

7）开机前，必须关好机床防护门。

## 三、工作过程中的安全注意事项

1）禁止用手接触刀尖和铁屑，铁屑必须要用铁钩子或毛刷来清理。

2）禁止用手或其他任何方式接触正在旋转的主轴、工件或其他运动部位。

3）禁止加工过程中测量、变速，更不能用棉丝擦拭工件，也不能清扫机床。

4）车床运转中，操作者不得离开岗位，机床发现异常现象立即停机。

5）经常检查轴承温度，过高时应找有关人员进行检查。

6）在加工过程中，不允许打开机床防护门。

7）严格遵守岗位责任制，机床由专人使用，他人使用须经本人同意。

8）工件伸出车床100mm以外时，须在伸出位置设防护物。

9）学生必须在对操作步骤完全清楚时进行操作，遇到问题立即向教师询问，禁止在不知道规程的情况下进行尝试性操作，操作中如机床出现异常，必须立即向指导教师报告。

10）手动原点回归时，注意机床各轴位置要距离原点-100mm以上，机床原点回归顺序为：首先+X轴，其次+Z轴。

11）使用手轮或快速移动方式移动各轴位置时，一定要看清机床X轴、Z轴各方向"+、-"号标牌后再移动。移动时先慢转手轮观察机床移动方向无误后方可加快移动速度。

12）学生编完程序或将程序输入机床后，须先进行图形模拟，准确无误后再进行机床试运行，并且刀具应离开工件端面100mm以上。

13）程序运行注意事项：

① 对刀应准确无误，刀具补偿号应与程序调用刀具号符合。

② 检查机床各功能按键的位置是否正确。

③ 光标要放在主程序头。

④ 加注适量切削液。

⑤ 站立位置应合适，启动程序时，右手做按停止按钮准备，程序在运行当中手不能离开停止按钮，如有紧急情况立即按下停止按钮。

14）加工过程中认真观察切削及冷却状况，确保机床、刀具的正常运行及工件的加工质量。并关闭防护门以免铁屑、润滑油飞出。

15）在程序运行中须测量工件尺寸时，要待机床完全停止、主轴停转后方可进行测量，以免发生人身事故。

16）关机时，要等主轴停转 3min 后方可关机。

17）未经许可，禁止打开电器箱。

18）各手动润滑点，必须按说明书要求润滑。

19）修改程序的钥匙，在程序调整完后，要立即拔出，不得插在机床上，以免无意中改动程序。

20）无论机床何时使用，每日必须使用切削液循环 0.5h，冬天时间可稍短一些，切削液要定期更换，一般在 1~2 个月更换一次。

21）机床若数天不使用，则每隔一天应对 NC 及 CRT 通电 2~3h。

## 任务二　数控车床的维护

| | |
|---|---|
| 知识目标 | 1. 掌握数控车床的日常维护知识。<br>2. 掌握数控车床开机检查维护内容。 |
| 技能目标 | 1. 能够按照数控车床的日常维护知识来维护机床。<br>2. 能够正确完成数控车床开机检查维护工作。 |
| 素养目标 | 1. 具有安全文明生产和遵守操作规程的意识。<br>2. 具有人际交往和团队协作能力。 |

### 一、日常维护

对数控车床进行日常维护保养的目的，就是减少机械零部件的磨损，延长零部件的使用寿命，保证数控车床长时间稳定、可靠地运行。

### 1. 润滑系统

用户应熟悉车床需润滑的部位、润滑方式、润滑时间和润滑材料。定时、定期对车床的油路进行检查，确保油路的畅通及供油器件的正常。建立岗位责任制，制定严格的规章制度，定时、定期安排专职人员加油。数控车床润滑示意图如图 10-1 所示。

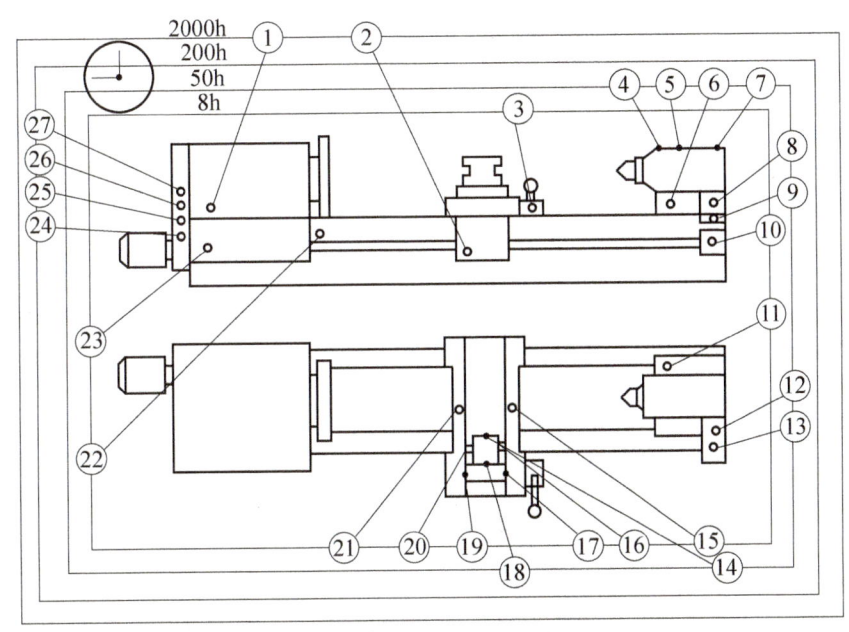

a) 润滑部位及间隔时间

| 润滑部位编号 | ① | ② | ③ | ④~㉓ | ㉔~㉗ |
|---|---|---|---|---|---|
| 润滑方法 | | | | | |
| 润滑油牌号 | L-A N46 | L-A N46 | L-A N46 | L-A N46 | 油脂 |
| 润滑油过滤精度/μm | 65 | 15 | 5 | 65 | — |

b) 润滑方法及材料

图 10-1 数控车床润滑

### 2. 传动系统

定期检查主轴的径向跳动、轴向窜动以及主轴箱内齿轮和轴承的情况。检查 X 向和 Z 向的丝杠间隙，并及时调整。清理丝杠上的杂物。要注意检查并及时调整主轴带、同步带的松紧度，防止带打滑。注意传动系统发出的异常声响，如有故障应及时排除。

### 3. 数控系统

定期检查接插件的松紧，有无氧化和虚焊。记录系统的重要参数，如电子齿轮比、各类时间常数等，并根据机械特性及时调整。

#### 4. 电器系统

定期检查连接线有无松动、破损，检查继电器、接触器触点有无异常，应及时清洁电器箱内的杂物和灰尘。定期检查超程限位功能和机床的机械零点，检查各个电动机的绝缘度。

#### 5. 防护系统

定期检查机床的安全防护功能，保障操作人员的人身安全。注意避免切削液的泄漏，注意检查各部位防护罩的完好情况，避免水进入数控系统和电动机内。检查散热风扇是否转动，防止尘埃进入引起短路。

## 二、开机检查维护

#### 1. 通电前的维护

（1）机床电器检查　打开机床电控箱，检查继电器、接触器、熔断器有无损坏；检查伺服控制单元插座、主轴电动机控制单元插座等有无松动，如有松动应恢复正常状态；有锁定装置的接插件一定要锁紧；有转接盒的机床，一定要检查转接盒上的插座，检查接线有无松动，有锁定装置的一定要锁紧。

（2）CNC（计算机数控系统）电箱检查　打开CNC电箱门，检查各类接口插座、伺服电动机反馈线插座、主轴脉冲发生器插座、手摇脉冲发生器插座、CRT（阴极射线管显示器）插座等，如有松动要重新插好，有锁定装置的一定要锁紧。按照说明书检查各个印制电路板上的短路端子的设置情况，一定要符合机床生产厂设定的状态，确实有误的应重新设置，一般情况下无须重新设置，但用户一定要对短路端子的设置状态做好原始记录。

（3）接线质量检查　检查所有的接线端子，包括强、弱电部分在装配时机床生产厂自行接线的端子及各电动机电源线的接线端子，每个端子都要用工具紧固一次，直到用工具拧不动为止，各电动机插座一定要拧紧。

（4）电磁阀检查　所有电磁阀都要用手推动数次，以防止长时间不通电造成的动作不良，如发现异常，应做好记录，以备通电后确认修理或更换。

（5）限位开关检查　检查所有限位开关动作的灵活性及固定是否牢固，发现动作不良或固定不牢的应立即处理。

（6）按钮及开关检查　对操作面板上按钮及开关进行检查，检查操作面板上所有的按钮、开关、指示灯的接线，发现有误应立即处理；检查CRT单元上的插座及接线。

(7) 地线检查　要求有良好的地线。测量机床地线，接地电阻不能大于1Ω。

(8) 电源相序检查　用相序表检查输入电源的相序，确认输入电源的相序与机床上各处标定的电源相序绝对一致。

(9) 其他检查　有二次接线的设备，如电源变压器等，必须确认二次接线的相序的一致性。要保证各处相序的绝对正确，此时应测量电源电压，并做好记录。

### 2. 机床总电源的接通

1) 接通机床总电源，检查CNC电箱，主轴电动机冷却风扇和机床电器箱冷却风扇的转向是否正确，润滑、液压等处的油标指示及机床照明灯是否正常；各熔断器有无损坏，如有异常应立即停电检修，无异常时可以继续进行。

2) 测量强电各部分的电压，特别是供CNC及伺服单元用的电源变压器的初、次级电压，并做好记录。

3) 观察有无漏油，特别是供转塔转位、卡紧和主轴换挡以及卡盘卡紧等处的液压缸和电磁阀，如有漏油应立即停电修理或更换。

### 3. CNC电箱通电

1) 按CNC电源按扭，接通CNC电源，观察CRT显示，直到出现正常画面为止。如果出现ALARM显示，应该寻找故障并排除，此时应重新通电检查。

2) 打开CNC电源，根据有关资料上给出的测试端子的位置测量各级电压，有偏差的应调整到给定值，并做好记录。

3) 将状态开关置于适当的位置，如日本的FANUC系统应设置在MDI状态，选择参数页面，并逐条逐位地核对参数，这些参数应与随机所带参数表符合。如发现有不一致的参数，应搞清各个参数的意义后再决定是否修改，如齿隙补偿的数值可能与参数表不一致，这在实际加工中可随时进行修改。

4) 将状态选择开关放置在JOG（点动）位置，将点动速度放在最低挡，分别进行各坐标正反方向的点动操作，同时用手按与点动方向相对应的超程保护开关，验证其保护作用的可靠性，然后再进行慢速的超程试验，验证超程撞块安装的正确性。

5) 将状态开关置于回零位置，完成回零操作，参考点返回的动作不完成，就不能进行其他操作。因此，遇此情况应首先进行本项操作，然后再进行第4)项操作。

6) 将状态开关置于JOG位置或MDI位置，进行手动变挡试验。验证后将主轴调速开关放在最低位置，进行各挡的主轴正反转试验，观察主轴运转的情况和速度显示的正确性，然后再逐渐升速到最高转速，观察主轴运转的稳定性。

7）进行手动导轨润滑试验，使导轨有良好的润滑。

8）逐渐调整快移超调开关和进给倍率开关，随意点动刀架，观察速度变化的正确性。

### 4. MDI 试验

（1）测量主轴实际转速　将机床锁住开关放在接通位置，用手动数据输入指令，进行主轴任意变挡、变速试验，测量主轴实际转速，并观察主轴速度显示值，调整其误差应限定在5%之内。

（2）进行转塔或刀座的选刀试验　其目的是检查转塔或刀座的正反转和定位精度的正确性。

（3）功能试验　因机床订货的情况不同，功能也不同，故可根据具体情况对各个功能进行试验。为防止意外情况发生，最好先将机床锁住进行试验，然后再放开机床进行试验。

（4）编辑 EDIT 功能试验　将状态选择开关置于 EDIT 位置，自行编制一简单程序，尽可能多地包括各种功能指令和辅助功能指令，移动尺寸以机床最大行程为限，同时进行程序的增加、删除和修改。

（5）自动状态试验　将机床锁住，用编制的程序进行空运转试验，验证程序的正确性；然后放开机床，分别将进给倍率开关、快速超调开关、主轴速度超调开关进行多种变化，使机床在上述各开关的多种变化的情况下进行充分地运行；最后将各超调开关置于100%处，使机床充分运行，观察整机的工作情况是否正常。

## 任务三　数控车床的维修技术简介

| | |
|---|---|
| 知识目标 | 1. 了解数控车床的故障初步诊断方法。<br>2. 掌握数控系统故障诊断法。<br>3. 掌握数控系统故障排除法。 |
| 技能目标 | 1. 能够按照数控车床的故障初步诊断方法来确定数控机床的故障。<br>2. 能够根据数控系统故障诊断来确定故障原因。<br>3. 能够排除数控系统简单故障。 |
| 素养目标 | 1. 具有安全文明生产和遵守操作规程的意识。<br>2. 具有人际交往和团队协作能力。 |

现场维修是对数控车床出现的故障（主要是数控系统部分）进行诊断，找出故障部位，以相应的正常备件更换，使车床恢复正常运行。这一过程的关键是诊断，即对系统或外围电路进行检测，确定有无故障，并对故障定位，能指出故障的确切位置，从整机定位到插线板位置，在某些场合下甚至定位到元器件，这是整个维修工作的主要部分。

## 一、数控系统的故障诊断

### 1. 初步判别

通常在资料较全时，可通过资料分析，判别故障所在，或根据故障现象，采取接口信号法判别可能发生故障的部位，而后再按照故障与这一部位的具体特点，逐个部位检查，初步判别。在实际应用中，可能用一种方法就可查到并排除故障，有时需要多种方法并用。对各种故障点判别方法的掌握程度主要取决于对故障设备的原理与结构掌握的深度。

### 2. 报警处理

（1）系统报警的处理　数控系统发生故障时，一般在显示屏或操作面板上会给出故障信号和相应的信息。通常数控系统的操作手册或调整手册中都有详细的报警号、报警内容和处理方法。由于系统的报警设置单一、齐全、严密、明确，维修人员可根据每一报警号后面给出的信息与处理方法自行处理。

（2）机床报警和操作信息的处理　机床制造厂根据机床的电气特点，应用PLC程序将一些能反映机床接口电气控制方面的故障或操作信息以特定的标志，通过显示器给出，并可通过特定键，看到更详尽的报警说明。这类报警可以根据机床厂提供的排除故障手册进行处理，也可以利用操作面板或编程器，根据电路图和PLC程序查出相应的信号状态，按逻辑关系找出故障点进行处理。

### 3. 无报警或无法报警的故障处理

当系统的PLC无法运行，系统已停机或系统没有报警但工作不正常时，需要根据故障发生前后的系统状态信息，运用已掌握的理论基础知识，进行分析并做出正确的判断。下面介绍这种故障的诊断和排除方法。

## 二、数控系统的故障诊断方法

### 1. 常规检查法

（1）目测　目测故障印制电路板，仔细检查有无熔丝烧断，元器件烧焦、烟熏、开裂现象，有无因异物造成的短路现象。以此可判断板内有无过电流、过电压、短路等问题。

（2）手摸　用手摸并轻摇元器件（尤其是电阻、电容元件），确定半导体器件有无松动之感，以此可检查出一些断脚、虚焊等问题。

（3）通电　首先用万用表检查各种电源之间有无断路，如无断路，即可接入相应的电源，目测有无冒烟、打火等现象，手摸元器件有无异常发热，以此可发现一些较为明显的故障，缩小检修范围。

### 2. 仪器测量法

当系统发生故障后，采用常规电工检测仪器、工具，按系统电路图及机床电路图对故障部分的电压、电源、脉冲信号等进行实测，判断故障所在。如电源的输入电压超限，引起电源电压变化，监控时可用电压表测量网络电压，或用电压测试仪实时监控以排除其他原因。如发生位置环故障，可用示波器检查测量回路的信号状态，或用示波器观察其信号输出是否缺损，有无干扰。例如，某厂在排除故障中，系统报警为位置环硬件故障，用示波器检查发现有干扰信号，在电路中用接电容的方法将其滤掉使系统工作正常。如出现系统无法回基准点的情况，可用示波器检查是否有零标记脉冲，若没有可判断是测量系统损坏。

## 三、故障排除方法

### 1. 初始化复位法

一般情况下，由于瞬时故障引起的系统报警，可用硬件复位或开关系统电源接通依次来清除故障。若系统工作存储区由于断电、拔插电路板或电池欠电压造成混乱，则必须对系统进行初始化清除，清除前应注意做好数据复制记录，若初始化后故障仍无法排除，则进行硬件诊断。

### 2. 参数更改、程序更正法

系统参数是确定系统功能的依据，参数设定错误就可能造成系统的故障或某功能无效。例如，在某厂数控车床上采用了测量循环系统，这一功能要求有一个背景存储器，调试时发现这一功能无法实现。检查发现确定背景存储器存在的数据位没有设定，经设定后该功能正常。有时由于用户程序错误，也可造成故障而停机，对此可以采用系统的模块搜索功能进行检查，改正所有错误，以确保系统正常运行。

#### 3. 调节和最佳化调整法

调节是一种最简单易行的方法，可以通过对电位计的调节消除系统故障。如在某厂的数控系统维修中，其系统显示器画面混乱，经调节后正常。又如在某厂的数控机床维修中，其主轴在启动和制动时发生带打滑，原因是主轴负载转矩大，而驱动装置的上升时间设定过小，经调节后正常。

#### 4. 备件替换法

用好的备件替换诊断出的坏电路板，并做出相应的初始化启动，使机床迅速投入正常运行，然后将坏电路板修理或返修，这是目前最常用的排除故障方法。

#### 5. 改善电源质量法

目前一般采用稳压电源来改善电源波动。对于高频干扰可以采用电容滤波法，通过这些预防性措施来减少电源板的故障。

#### 6. 维修信息跟踪法

一些大的制造公司根据实际工作中由于设计缺陷造成的偶然故障，不断修改和完善系统软件或硬件。这些修改以维修信息的形式不断提供给维修人员，以此作为故障排除的依据，可正确、彻底地排除故障。

### 四、维修中应注意的事项

1）从整机上取出某块电路板时，应注意记录其相对应的位置及连接的电缆号，对于固定安装的电路板，还应按前后对取下的相应的连接部件及螺钉做记录。拆卸下的部件及螺钉应放在专门的盒内，以免丢失；装配后，盒内的东西应全部用上，否则装配不完整。

2）电烙铁应放在顺手的前方，远离维修电路板。烙铁头应做适当的修整，以适应集成电路的焊接，并避免焊接时碰伤别的元器件。

3）测量电路间的阻值时，应断开电源，测量阻值时应红、黑表笔互换测量两次，以阻值大的为参考值。

4）电路板上大多刷有阻焊膜，因此，测量时应找到相应的焊点作为测试点，不要铲除阻焊膜。有的电路板全部刷有绝缘层，则应在焊点处用刀片刮开绝缘层。

5）不应随意切断印制电路。有的维修人员具有一定的家电维修经验，习惯断线检查，但数控设备上的电路板大多是双面金属孔板或多层化孔板，印制电路细而密，一旦切断不易焊接，且切线时易切断相邻的线。而且对有的故障点，在切断某一根线时，并不能使其与电路脱离，需要同时切断几根线才行。

6）不应随意拆换元器件。有的维修人员在没有确定故障元器件的情况下，只是凭感觉认为哪一个元器件坏了，就立即拆换，这样误判率较高，拆下元器件的人为损坏率也较高。

7）拆卸元器件时应使用吸锡器及吸锡绳，切忌硬取。同一焊盘不应长时间加热及重复拆卸，以免损坏焊盘。

8）更换新的元器件时，其引脚应做适当的处理，焊接中不应使用酸性焊油。

9）记录电路上的开关，其跳线位置不应随意改变。进行两极以上的对照检查时，或互换元器件时，应注意标记各电路板上的元器件，以免弄错，致使好板不能工作。

10）查清电路板的电源配置及种类，根据检查的需要，可分别供电或全部供电。应注意高压危险，有的电路板直接接入高压，或板内有高压发生器，需适当绝缘，操作时应特别注意。

# 参 考 文 献

[1] 龙卫平，郑如祥，赵荣欢. 数控车削编程与加工技能训练［M］. 北京：清华大学出版社，2017.

[2] 刘萍萍. 数控编程与操作项目式教程［M］. 北京：机械工业出版社，2020.

[3] 吴光明. 数控编程与操作［M］. 北京：机械工业出版社，2010.

[4] 周智敏. 数控加工工艺［M］. 北京：机械工业出版社，2021.

[5] 余英良. 数控车削加工实训及案例解析［M］. 北京：化学工业出版社，2007.

[6] 向成刚，侯先勤. 数控车床编程与实训［M］. 北京：清华大学出版社，2009.

[7] 王姬，徐敏. 数控车床编程与加工技术［M］. 北京：清华大学出版社，2009.

[8] 陈冲锋. 数控车床编程与实训项目教程［M］. 北京：化学工业出版社，2015.